井下作业司钻安全操作技术

长庆安全生产技术培训中心　编

石 油 工 业 出 版 社

内容提要

本书介绍了井下作业司钻概述及安全基础知识、井下作业常见危险源及防护措施、井下作业设备及安全操作技术、井下作业工序及安全操作技术、井下作业井控设备及安全操作技术、井下作业应急管理及应急预案演练、井下作业事故案例分析及预防措施等内容。

本书依照国家安全生产监督管理总局对特种作业人员培训考核的规定，结合油田实际确定编写内容，适合于井下作业（修井、试油）司钻安全技术培训使用，也可供相关操作、管理、技术人员学习。

图书在版编目（CIP）数据

井下作业司钻安全操作技术/长庆安全生产技术培训中心编.
北京：石油工业出版社，2014.10
ISBN 978-7-5183-0390-8

Ⅰ.井…
Ⅱ.长…
Ⅲ.井下作业-油气钻井-安全技术-教材
Ⅳ.TE28

中国版本图书馆CIP数据核字（2014）第209060号

出版发行：石油工业出版社
（北京安定门外安华里2区1号　100011）
网　址：www.petropub.com.cn
编辑部：（010）64523738　发行部：（010）64523620
经　销：全国新华书店
印　刷：保定彩虹印刷有限公司

2014年10月第1版　2014年10月第1次印刷
787×1092毫米　开本：1/16　印张：17
字数：390千字

定价：80.00元
（如出现印装质量问题，我社发行部负责调换）

《井下作业司钻安全操作技术》
编 委 会

主　编：裴润有

副主编：王录军　雒继忠

成　员：谷怀栋　胡同建　王亚新　李永权　王　营
惠雄鹏　宋　辉　姚晓翔　郭少华　雷九龙
杜春龙　白金亮　田应国　宏　岩　李益民

序

XU

在石油与天然气勘探开发过程中，井下作业是确保油井、气井、水井正常生产的技术手段和油气田生产管理的重要内容。井下作业在野外进行，其特点是流动性大、环境艰苦、工程复杂、工序交错、连续作业、高压高危、易燃易爆，危险因素和安全隐患较为复杂，保障安全生产尤为重要。在井下作业(试油、修井)过程中，司钻通常既是通井机或修井机的主要操作者，又是当班作业的直接生产组织者。司钻属于特种作业人员，他的综合素质直接影响着井下作业安全生产管理水平及自身的安全与健康。

《中华人民共和国安全生产法》第23条规定："生产经营单位的特种作业人员必须按照国家有关规定经专门的安全作业培训，取得特种作业操作资格证书，方可上岗作业。"对井下作业司钻进行严肃认真、切合实际的安全技术培训，是考取特种作业操作资格证，依法按规持证上岗的需要，也是提高员工安全意识和操作技能的重要途径，更是油田安全生产基础管理的一项重点工作，须常抓不懈，坚持抓好。

依照《特种作业人员安全技术培训考核管理规定》(国家安监总局第30号令)的相关规定，结合油田井下作业安全生产管理实际，在认真分析调研的基础上，以长庆油田安全生产技术培训中心为主，相关同志积极协作，组织编写了《井下作业司钻安全操作技术》。该书内容合理、重点突出、符合实际、图文并茂、实用性强，能够作为井下作业(试油、修井)司钻考取特种作业操作资格证书的培训教材。希望油田从事特种作业安全技术培训的同志再接再厉，不断进取，恪尽职守，真抓实干，注重实效，为油田实现本质化安全生产发挥更加积极的作用。

杨再生

2014年8月

前言

QIANYAN

井下作业司钻属特种作业人员。为更好地贯彻执行国家法律法规及企业规章制度对特种作业人员持证(特种作业操作资格证书)上岗的明确规定，切实提高井下作业司钻人员的综合素质和安全技术水平，推动井下作业安全技术培训迈向制度化、规范化、科学化，为油田有质量、有效益、可持续发展提供安全生产保障，我们结合井下作业工艺技术发展的现状，在认真调研、讨论、座谈，广泛交流，学习借鉴的基础上，编写了本书。

合格司钻人员除必须熟练掌握相应的专业知识和操作技能外，还必须掌握井控、现场应急救援等相关知识。此书较为系统地阐述了井下作业设备、工序和工艺等方面的理论和安全操作知识，同时通过相关事故案例分析，提高司钻人员的风险预防及突发事件处置能力。

本书在编写过程中得到了长庆油田分公司相关职能处室与油气田生产单位有关专业管理人员的支持与帮助，得到了贾春虎、梁桂海、蔡金海、黄湛、冯伟、梁德平、韩兴林、岑学文等同志的悉心指导，在此表示真诚的感谢！

由于编者水平有限，加之编写时间较紧，错误与不足之处在所难免，恳请读者批评指正。

编　者

2014 年 8 月

目 录

MULU

第一章　井下作业司钻概述及安全基础知识

石油司钻是国家安全生产监督管理总局(以下简称国家安全监管总局)明文规定的一项特种作业人员种类。作为司钻，学习掌握有关的安全基础知识及法律法规知识，对提高安全意识，严格执行安全操作规章，确保安全生产有重要意义。本章介绍井下作业司钻、安全技术培训、安全生产法规、劳动防护用品、安全标志及安全管理等方面的基本知识。

第一节　井下作业司钻概述

井下作业是油气田开发过程中的一项重要工作内容，其作业环境复杂，作业过程中存在较大危险性，容易发生安全生产事故。司钻作为井下作业生产过程中的一个重要岗位，对安全生产有着较大影响。本节介绍了井下作业司钻的定义、分类、基本条件和特点等内容。

一、司钻的定义

国家安全监管总局《司钻作业人员安全技术培训大纲和考核标准》(2011 年)中司钻的定义：司钻是指从事石油天然气陆上海上钻井、井下作业主要设备操作并组织班组人员进行现场作业的专职人员。

二、司钻的分类

根据作业类型和施工队伍类别可分为：钻井司钻、作业司钻和勘探司钻。

(1)钻井司钻：即钻井队司钻。

(2)作业司钻：即试油队、修井队司钻。

(3)勘探司钻：即地质勘查、钻探队司钻。

三、司钻的职责

(1)掌握本岗位存在的风险因素和防范措施，严格执行安全生产规章制度和岗位操作规程。

(2)负责动力设备的规范化安装。

(3)正确维护保养设备，熟练掌握故障排除方法，保持设备正常运转。

(4)参与定期组织的应急演练，熟知救援流程及各岗位的职责。

(5)必须持证上岗，定期进行复审，有权拒绝无证人员操作设备。

四、司钻的基本条件

根据国家安全监管总局《司钻作业人员安全技术培训大纲和考核标准》（2011 年）规定，司钻需满足以下条件：

(1)具有初中及以上文化程度；

(2)具有三年及以上石油钻井、修井和试油现场作业工作经历；

(3)身体健康、身高不低于 1.6m，无色盲、夜盲、听觉障碍、眩晕和突发性昏厥等疾病，无妨碍本岗位工作的生理缺陷；

(4)掌握石油司钻岗位必要的石油钻井、修井、试油安全操作标准、现场作业技术、设备知识，并具有一定的班组组织管理能力。

五、井下作业司钻的特点

(1)井下作业是野外作业，流动性大，设备拆装比较频繁，增加了安全生产管理难度。

(2)司钻经常与各种运转机械、易燃易爆气体、有毒有害物质、高压流体和电器等危险设备及物质接触。

(3)司钻需要与其他岗位人员协同工作。

(4)井下作业工艺复杂，工序繁多，作业过程中存在着大量的不安全因素，对司钻的操作技能及应急能力要求比较高。

(5)司钻必须参加国家规定的特种作业人员安全技术培训，取得相应的安全操作资格证后方可上岗。

六、井下作业司钻的作用

(1)司钻良好的安全意识，能够及时发现、识别安全风险隐患，并通过有效的预防控制措施，防止事故发生。

(2)司钻熟练的安全操作技能，能够消除或减少因操作不当造成的机械伤害、井喷等事故。

(3)司钻丰富的工作经验，能够在事故发生的初期，及时采取有效的应急措施，避免事故扩大。

第二节　安全技术培训

安全技术培训对于贯彻国家法律法规，增强员工安全意识，提高其安全技能，减少井下作业事故具有重要意义。国家颁布的《中华人民共和国安全生产法》、《中华人民共和国劳动法》和国家安全监管总局下发的《特种作业人员安全技术培训考核管理规定》等法律法规均明确规定对特种作业人员必须进行安全技术培训。本节简要介绍了安全技术培训的依据与目的。

一、培训依据

1. 国家法律规定

1)《中华人民共和国安全生产法》

《中华人民共和国安全生产法》简称《安全生产法》，自 2002 年 11 月 1 日起施行，新修订版本自 2014 年 12 月 1 日起施行。

(1)第 25 条规定：生产经营单位应当对从业人员进行安全生产教育和培训，保证从业人员具备必要的安全生产知识，熟悉有关的安全生产规章制度和安全操作规程，掌握本岗位的安全操作技能，了解事故应急处理措施，知悉自身在安全生产方面的权利和义务。未经安全生产教育和培训合格的从业人员，不得上岗作业。

生产经营单位使用被派遣劳动者的，应当将被派遣劳动者纳入本单位从业人员统一管理，对被派遣劳动者进行岗位安全操作规程和安全操作技能的教育和培训。劳务派遣单位应当对被派遣劳动者进行必要的安全生产教育和培训。

生产经营单位接收中等职业学校、高等学校学生实习的，应当对实习学生进行相应的安全生产教育和培训，提供必要的劳动防护用品。学校应当协助生产经营单位对实习学生进行安全生产教育和培训。

生产经营单位应当建立安全生产教育和培训档案，如实记录安全生产教育和培训的时间、内容、参加人员以及考核结果等情况。

(2)第 27 条规定：生产经营单位的特种作业人员必须按照国家有关规定经专门的安全作业培训，取得相应资格，方可上岗作业。

(3)第 44 条规定：生产经营单位应当安排用于配备劳动防护用品、进行安全生产培训的经费。

2)《中华人民共和国劳动法》

《中华人民共和国劳动法》简称《劳动法》，自 1995 年 1 月 1 日起施行。

(1)第 55 条规定：从事特种作业的劳动者必须经过专门培训并取得特种作业资格。

(2)第 68 条规定：用人单位应当建立职业培训制度，按照国家规定提取和使用职业培训经费，根据本单位实际，有计划地对劳动者进行职业培训。

3)《中华人民共和国劳动合同法》

《中华人民共和国劳动合同法》简称《劳动合同法》，自 2008 年 1 月 1 日起施行，新修订版本自 2013 年 7 月 1 日起施行。

(1)第 22 条规定：用人单位为劳动者提供专项培训费用，对其进行专业技术培训的，可以与该劳动者订立协议，约定服务期。

(2)第 55 条规定：用工单位应当对在岗被派遣劳动者进行工作岗位所必需的培训。

4）《中华人民共和国职业病防治法》

《中华人民共和国职业病防治法》简称《职业病防治法》，自 2002 年 5 月 1 日起施行，新修订版本自 2011 年 12 月 31 日起施行。

第 35 条规定：用人单位的主要负责人和职业卫生管理人员应当接受职业卫生培训，遵守职业病防治法律、法规，依法组织本单位的职业病防治工作。

用人单位应当对劳动者进行上岗前的职业卫生培训和在岗期间的定期职业卫生培训，普及职业卫生知识，督促劳动者遵守职业病防治法律、法规、规章和操作规程，指导劳动者正确使用职业病防护设备和个人使用的职业病防护用品。

劳动者应当学习和掌握相关的职业卫生知识，增强职业病防范意识，遵守职业病防治法律、法规、规章和操作规程，正确使用、维护职业病防护设备和个人使用的职业病防护用品，发现职业病危害事故隐患应当及时报告。

2. 国家安全监管总局规定

1）《生产经营单位安全培训规定》

《生产经营单位安全培训规定》（修改）2013 年 8 月 29 日施行。

（1）第 4 条规定：生产经营单位应当进行安全培训的从业人员包括主要负责人、安全生产管理人员、特种作业人员和其他从业人员。

生产经营单位从业人员应当接受安全培训，熟悉有关安全生产规章制度和安全操作规程，具备必要的安全生产知识，掌握本岗位的安全操作技能，增强预防事故、控制职业危害和应急处理的能力。未经安全生产培训合格的从业人员，不得上岗作业。

（2）第 18 条规定：生产经营单位的特种作业人员，必须按照国家有关法律、法规的规定接受专门的安全培训，经考核合格，取得特种作业操作资格证书后，方可上岗作业。

（3）第 28 条第四款规定：对生产经营单位特种作业人员未按照规定经专门的安全作业培训并取得特种作业操作资格证书，上岗作业的，应责令其限期改正；逾期未改正的，责令停产停业整顿，可以并处二万元以下的罚款。

2）《特种作业人员安全技术培训考核管理规定》

《特种作业人员安全技术培训考核管理规定》自 2010 年 7 月 1 日起施行。

（1）第 5 条规定：特种作业人员必须经专门的安全技术培训并考核合格，取得《中华人民共和国特种作业操作证》（以下简称特种作业操作证）后，方可上岗作业。

（2）第 9 条规定：特种作业人员应当接受与其所从事的特种作业相应的安全技术理论培训和实际操作培训。

（3）第 32 条规定：离开特种作业岗位 6 个月以上的特种作业人员，应当重新进行实际操作考试，经确认合格后方可上岗作业。

3. 中国石油天然气集团公司反违章禁令

为进一步规范员工安全行为，防止和杜绝“三违”现象，保障员工生命安全和企业生产经营的顺利进行，中国石油天然气集团公司于 2008 年 2 月 5 日制定了《中国石油天然气集团公司反违章禁令》(以下简称《禁令》)。

1) 内容

(1) 严禁特种作业无有效操作证人员上岗操作；

(2) 严禁违反操作规程操作；

(3) 严禁无票证从事危险作业；

(4) 严禁脱岗、睡岗和酒后上岗；

(5) 严禁违反规定运输民爆物品、放射源和危险化学品；

(6) 严禁违章指挥、强令他人违章作业。

员工违反上述《禁令》，给予行政处分；造成事故的，解除劳动合同。

2) 有关条文解释

(1)《禁令》第一条中的当无有效特种作业操作证的人员上岗作业时，处理的责任主体是岗位员工。安排无有效特种作业操作证人员上岗作业的责任人的处理按第六条执行。特种作业范围，按照国家有关规定包括电工作业、金属焊接切割作业、锅炉作业、压力容器作业、压力管道作业、电梯作业、起重机械作业、场(厂)内机动车辆作业、制冷作业、爆破作业及井控作业、海上作业、放射性作业、危险化学品作业等。

(2)《禁令》中的行政处分是指根据情节轻重，对违反《禁令》的责任人给予警告、记过、记大过、降级、撤职等处分。

(3)《禁令》中的危险作业是指高处作业、用火作业、动土作业、临时用电作业、进入有限空间作业等。

(4)《禁令》中的事故是指一般生产安全事故 A 级及以上。

(5)《禁令》是针对严重违章的处罚，凡不在本禁令规定范围内的违章行为的处罚，仍按原规定执行。

(6) 国家法律法规有新的规定时，按照国家法律法规执行。

二、培训目的

1. 符合国家法律法规的要求

《安全生产法》、《劳动法》等法律法规明确规定，特种作业人员必须经安全生产教育和培训，取得相应资格，方可上岗作业。由此可见，特种作业人员安全技术培训是一种强制性的培训，充分体现了安全技术培训工作的重要性。

2. 增强安全操作意识

通过安全技术培训，可以增强司钻的安全意识，使其能够严格按照规程进行操作，实现安全生产。

3. 提高安全操作技能

安全操作技能是经过训练而获得的标准化、规范化的操作方式。通过安全技术培训，可以提高司钻的安全操作技能水平，有效避免盲目蛮干及违章操作。

4. 有效预防井下作业事故

通过安全技术培训，使司钻能及时发现潜在的不安全因素，并及时采取有效的处置措施，把事故消灭在萌芽状态，从而有效预防井下事故的发生。

第三节　安全生产法律法规

安全生产法律法规是法的组成部分，是保护劳动者在生产经营活动过程中生命安全和身体健康的有关法律、法规、规章等法律文件的总称。本节介绍了我国的安全生产方针和相关法律法规等基本知识。

一、安全生产方针

《安全生产法》第 3 条规定，安全生产工作应当以人为本，坚持安全发展，坚持安全第一、预防为主、综合治理的方针，强化和落实生产经营单位的主体责任，建立生产经营单位负责、职工参与、政府监管、行业自律和社会监督的机制。

“安全第一”就是要求我们在工作中始终把安全放在第一位，切实保护劳动者的生命安全和身体健康。当安全与生产、效益、进度相冲突时，必须首先保证安全，即生产必须安全，不安全不能生产。

“预防为主”就是要求我们在工作中时刻注意预防安全事故的发生。在生产各环节，要严格遵守安全生产管理制度和安全技术操作规程，认真履行岗位安全职责，防微杜渐，防患于未然，发现事故隐患要立即处理，自己不能处理的要及时上报，要积极主动地预防事故的发生。

“综合治理”就是综合运用经济、法律、行政等手段，人管、法治、技防多管齐下，并充分发挥社会、从业人员、舆论的监督作用，实现安全生产的齐抓共管。

“安全第一、预防为主、综合治理”的安全生产方针是一个有机统一的整体。

安全第一为预防为主和综合治理提供了思想支撑和整治依据。不坚持安全第一，预防为主很难落实；坚持安全第一，才能自觉地、科学地预防事故发生，达到安全生产的预期目的。

预防为主是实现安全第一的根本途径。只有把安全生产的重点放在事故隐患预防上，超前防范，才能有效避免事故发生，减少事故损失。

综合治理是落实安全第一、预防为主的手段和方法。只有不断健全和完善综合治理工作机制，才能真正地把安全第一、预防为主落到实处。

二、安全生产相关法律

为了保障劳动者的生命财产安全，有效遏制生产安全事故的发生，我国颁布了以《安全生产法》为代表的一系列法律法规，从法律上保证了安全生产的顺利进行。

1. 《安全生产法》

《安全生产法》是我国第一部规范安全生产的综合性基础法律。该法与从业人员有关的内容如下。

1)从业人员安全生产的权利

(1)劳动保护权。

从业人员有要求用人单位保障从业人员的劳动安全、防止职业危害的权利。从业人员与用人单位建立劳动关系时，应当要求订立劳动合同，劳动合同应当载明为从业人员提供符合国家法律法规标准规定的劳动安全卫生条件和必要的劳动防护用品；工作场所存在的职业危害因素以及有效的防护措施；对从事有毒有害作业的从业人员定期进行健康检查；依法为从业人员办理工伤保险等。

(2)知情权。

从业人员有权了解作业场所和工作岗位存在的危险因素、危害后果，以及针对危险因素应采取的防范措施和事故应急措施，用人单位必须向从业人员如实告知，不得隐瞒和欺骗。如果用人单位没有如实告知，从业人员有权拒绝工作，用人单位不得因此做出对从业人员不利的处分。

(3)建议权。

从业人员有权参加本单位安全生产工作的民主管理和民主监督，对本单位的安全生产工作提出意见和建议，用人单位应重视和尊重从业人员的意见和建议，并及时做出答复。

(4)安全生产教育培训权。

从业人员享有参加安全生产教育培训的权利。用人单位应依法对从业人员进行安全生产法律法规、规程及相关标准的教育培训，使从业人员掌握从事岗位工作所必须具备的安全生产知识和技能。用人单位没有依法对从业人员进行安全生产教育培训的，从业人员可拒绝上岗作业。

(5)职业健康防治权。

对于从事接触职业危害因素，可能导致职业病的从业人员，有权获得职业健康检查并了解检查结果。被诊断为患有职业病的从业人员有依法享受职业病待遇，接受治疗、康复和定期检查的权利。

(6)拒绝违章指挥权。

违章指挥是指用人单位的有关管理人员违反安全生产的法律法规和有关规程、规章制度的规定，指挥从业人员进行作业的行为；强令冒险作业是指用人单位的有关管理人员，明知开始或继续作业可能会有重大危险，仍然强迫从业人员进行作业的行为。违章指挥、强令冒险作业违背了安全生产方针，侵犯了从业人员的合法权益，从业人员有权拒绝。用人单位不得因从业人员拒绝违章指挥和强令冒险作业而打击报复，降低其工资、福利等待遇或解除与其订立的劳动合同。

(7)紧急避险权。

从业人员发现直接危及人身安全的紧急情况时，有权停止作业，或者在采取可能的应急措施后，撤离作业场所。用人单位不得因从业人员在紧急情况下停止作业或者采取紧急撤离措施而降低其工资、福利待遇或者解除与其订立的劳动合同。但从业人员在行使这一权利时要慎重，要尽可能正确判断险情危及人身安全的程度。

(8)工伤保险和民事索赔权。

用人单位应当依法为从业人员办理工伤保险，为从业人员缴纳工伤保险费。从业人员因安全生产事故受到伤害，除依法应当享受工伤保险外，还有权向用人单位要求民事赔偿。工伤保险和民事赔偿不能互相取代。

(9)提请劳动争议处理权。

当从业人员的劳动保护权益受到伤害，或者与用人单位因劳动保护问题发生纠纷时，有向有关部门提请劳动争议处理的权利。

(10)批评、检举和控告权。

从业人员有权对本单位安全生产工作中存在的问题提出批评，有权将违反安全生产法律法规的行为向主管部门和司法机关进行检举和控告。检举可以署名，也可以不署名；可以用书面形式，也可以用口头形式。但是从业人员在行使这一权利时，应注意检举和控告的情况必须真实，要实事求是。用人单位不得因从业人员行使上述权利而对其进行打击、报复，包括不得因此而降低其工资、福利待遇或者解除与其订立的劳动合同。

2）从业人员安全生产的义务

(1)遵守安全生产规章制度和操作规程的义务。

从业人员不仅要严格遵守安全生产有关法律法规，还应当遵守用人单位的安全生产规章制度和操作规程，这是从业人员在安全生产方面的一项法定义务。从业人员必须增强法纪观念，自觉遵章守纪，从维护国家利益、集体利益以及自身利益出发，把遵章守纪、按章操作落实到具体的工作中。

(2)服从管理的义务。

用人单位的安全生产管理人员一般具有较多的安全生产知识和较丰富的经验，从业人员服从管理，可以保持生产经营活动的良好秩序，有效地避免、减少生产安全事故的发生，因此从业人员应当服从管理，这也是从业人员在安全生产方面的一项法定义务。

(3)正确佩戴和使用劳动防护用品的义务。

劳动防护用品是保护从业人员在劳动过程中安全与健康的一种防御性装备，不同的劳动防护用品有其特定的佩戴和使用规则、方法，只有正确佩戴和使用，方能真正起到防护作用。用人单位在为从业人员提供符合国家或行业标准的劳动防护用品后，从业人员有义务正确佩戴和使用劳动防护用品。

(4)发现事故隐患及时报告的义务。

从业人员发现事故隐患和不安全因素后，应及时向现场安全生产管理人员或本单位负责人报告，接到报告的人员应当及时予以处理。一般来说，从业人员报告得越早，接受报告的人员处理得越早，事故隐患和其他职业危险因素可能造成的危害就越小。

(5)接受安全生产培训教育的义务。

从业人员应依法接受安全生产的教育和培训，掌握所从事岗位工作所需的安全生产知识，提高安全生产技能，增强事故预防和应急处理能力。特殊性工种作业人员和有关法律法规规定须持证上岗的作业人员，必须经培训考核合格后，依法取得相应的资格证书或合格证书，方可上岗作业。

2.《劳动法》

该法与从业人员有关的内容如下：

(1)建立劳动关系应当订立劳动合同。《劳动法》规定，订立和变更劳动合同，应当遵循平等自愿、协商一致的原则，不能违反法律、行政法规的规定。

(2)《劳动法》对劳动合同必备的条款和解除劳动合同的情况进行了规定。

(3)针对工作时间和休息休假，《劳动法》规定，工作时间上，国家实行劳动者每日工作时间不超过 8 小时、平均每周工作时间不超过 44 小时的工时制度，并应根据工时制度合理确定其劳动定额和计件报酬标准。

用人单位由于生产经营需要，经与工会和劳动者协商后可以延长工作时间，一般每日不得超过 1 小时；因特殊原因需要延长工作时间的，在保障劳动者身体健康的条件下，延长工作时间每日不得超过 3 小时，但是每月不得超过 36 小时。

(4)针对劳动者的工资，《劳动法》规定，工资分配应当遵循按劳分配原则，实行同工同酬。用人单位支付劳动者的工资不得低于当地最低工资标准。

(5)《劳动法》规定，劳动者在下列情形下，依法享受社会保险待遇：

①退休；

②患病、负伤；

③因公伤残或患职业病；

④失业；

⑤生育。

劳动者死亡后，其遗属依法享受遗属津贴。

(6)针对法律责任，《劳动法》规定如下：

用人单位有下列侵害劳动者合法权益情形之一的，由劳动行政部门责令支付劳动者的工资报酬、经济补偿，并可以责令支付赔偿金：

①克扣或者无故拖欠劳动者工资的；

②拒不支付劳动者延长工作时间工资报酬的；

③低于当地最低工资标准支付劳动者工资的；

④解除劳动合同后，未依照本法规定给予劳动者经济补偿的。

3.《劳动合同法》

该法与从业人员相关的内容如下：

(1)用人单位自用工之日起，即与劳动者建立劳动关系，建立劳动关系应当订立书面劳动合同。在内容上，应当具备以下条款：

①用人单位的名称、住所和法定代表人或者主要负责人；

②劳动者的姓名、住址和居民身份证或者其他有效身份证件号码；

③劳动合同期限；

④工作内容和工作地点；

⑤工作时间和休息休假；

⑥劳动报酬；

⑦社会保险；

⑧劳动保护、劳动条件和职业危害防护；

⑨法律、法规规定应当纳入劳动合同的其他事项。

劳动合同除前款规定的必备条款外，用人单位与劳动者可以约定试用期、培训、保守秘密、补充保险和福利待遇等其他事项。

(2)用人单位有下列情形之一的，劳动者可以解除劳动合同：

①未按照劳动合同约定提供劳动保护或者劳动条件的；

②未及时足额支付劳动报酬的；

③未依法为劳动者缴纳社会保险费的；

④用人单位的规章制度违反法律、法规的规定，损害劳动者权益的；

⑤因下列情形致使劳动合同无效的：

a. 以欺诈、胁迫的手段或者乘人之危，使对方在违背真实意思的情况下订立或者变更劳动合同的；

b. 用人单位免除自己的法定责任、排除劳动者权利的；

c. 违反法律、行政法规强制性规定的。

⑥法律、行政法规规定劳动者可以解除劳动合同的其他情形。

用人单位以暴力、威胁或者非法限制人身自由的手段强迫劳动者劳动的，或者用人单位违章指挥、强令冒险作业危及劳动者人身安全的，劳动者可以立即解除劳动合同，不需事先告知用人单位。

4.《消防法》

该法自1998年4月29日起施行，新修订版本自2009年5月1日起施行。该法与从业人员有关的内容如下：

(1)任何单位和个人都有维护消防安全、保护消防设施、预防火灾、报告火警的义务。任何单位和成年人都有参加有组织的灭火工作的义务。

(2)对在消防工作中有突出贡献的单位和个人，应当按照国家有关规定给予表彰和奖励。

(3)消防安全重点单位除应当履行本法相关规定的职责外，还应当履行下列消防安全职责：

①确定消防安全管理人，组织实施本单位的消防安全管理工作；

②建立消防档案，确定消防安全重点部位，设置防火标志，实行严格管理；

③实行每日防火巡查，并建立巡查记录；

④对职工进行岗前消防安全培训，定期组织消防安全培训和消防演练。

(4)禁止在具有火灾、爆炸危险的场所吸烟、使用明火。因施工等特殊情况需要使用明火作业的，应当按照规定，事先办理审批手续，采取相应的消防安全措施；作业人员应当遵守消防安全规定。

(5)任何单位、个人不得损坏、挪用或者擅自拆除、停用消防设施、器材，不得埋压、圈占、遮挡消防栓或者占用防火间距，不得占用、堵塞、封闭疏散通道、安全出口、消防车通道。

(6)任何人发现火灾都应当立即报警。任何单位、个人都应当无偿为报警提供便利，不得阻拦报警。严禁谎报火警。

(7)任何单位和个人都有权对公安机关消防机构及其工作人员在执法中的违法行为进行检举、控告。

5.《职业病防治法》

该法与从业人员有关的内容如下：

(1)对从事接触职业病危害作业的劳动者，用人单位应当按照国务院安全生产监督管理部门、卫生行政部门的规定组织上岗前、在岗期间和离岗时的职业健康检查，并将检查结果书面告知劳动者。职业健康检查费用由用人单位承担。

用人单位不得安排未经上岗前职业健康检查的劳动者从事接触职业病危害的作业；不得安排有职业禁忌的劳动者从事其所禁忌的作业；对在职业健康检查中发现有与所从事的职业相关的健康损害的劳动者，应当调离原工作岗位，并妥善安置；对未进行离岗前职业健康检查的劳动者不得解除或者终止与其订立的劳动合同。

(2)用人单位应当为劳动者建立职业健康监护档案，并按照规定的期限妥善保存。劳动者离开用人单位时，有权索取本人职业健康监护档案复印件，用人单位应当如实、无偿提供，并在所提供的复印件上签章。

(3)发生或者可能发生急性职业病危害事故时，用人单位应当立即采取应急救援和控制措施，并及时报告所在地安全生产监督管理部门和有关部门。安全生产监督管理部门接到报告后，应当及时会同有关部门组织调查处理；必要时，可以采取临时控制措施。卫生行政部门应当组织做好医疗救治工作。

对遭受或者可能遭受急性职业病危害的劳动者，用人单位应当及时组织救治、进行健康检查和医学观察，所需费用由用人单位承担。

(4)用人单位不得安排未成年工从事接触职业病危害的作业；不得安排孕期、哺乳期的女职工从事对本人和胎儿、婴儿有危害的作业。

(5)劳动者享有下列职业卫生保护权利：

①获得职业卫生教育、培训；

②获得职业健康检查、职业病诊疗、康复等职业病防治服务；

③了解工作场所产生或者可能产生的职业病危害因素、危害后果和应当采取的职业病防护措施；

④要求用人单位提供符合防治职业病要求的职业病防护设施和个人使用的职业病防护用品，改善工作条件；

⑤对违反职业病防治法律、法规以及危及生命健康的行为提出批评、检举和控告；

⑥拒绝违章指挥和强令进行没有职业病防护措施的作业；

⑦参与用人单位职业卫生工作的民主管理，对职业病防治工作提出意见和建议。

用人单位应当保障劳动者行使前款所列权利。因劳动者依法行使正当权利而降低其工资、福利等待遇或者解除、终止与其订立的劳动合同的，其行为无效。

(6)医疗卫生机构发现疑似职业病病人时，应当告知劳动者本人并及时通知用人单位。

用人单位应当及时安排对疑似职业病病人进行诊断；在疑似职业病病人诊断或者医学观察期间，不得解除或者终止与其订立的劳动合同。

疑似职业病病人在诊断、医学观察期间的费用，由用人单位承担。

(7)用人单位应当保障职业病病人依法享受国家规定的职业病待遇。

用人单位应当按照国家有关规定，安排职业病病人进行治疗、康复和定期检查。

用人单位对不适宜继续从事原工作的职业病病人，应当调离原岗位，并妥善安置。

用人单位对从事接触职业病危害的作业的劳动者，应当给予适当岗位津贴。

(8)职业病病人的诊疗、康复费用，伤残以及丧失劳动能力的职业病病人的社会保障，按照国家有关工伤保险的规定执行。

(9)劳动者被诊断患有职业病，但用人单位没有依法参加工伤保险的，其医疗和生活保障由该用人单位承担。

(10)职业病病人变动工作单位，其依法享有的待遇不变。

用人单位在发生分立、合并、解散、破产等情形时，应当对从事接触职业病危害作业的劳动者进行健康检查，并按照国家有关规定妥善安置职业病病人。

(11)用人单位已经不存在或者无法确认劳动关系的职业病病人，可以向地方人民政府民政部门申请医疗救助和生活等方面的救助。

地方各级人民政府应当根据本地区的实际情况，采取其他措施，使前款规定的职业病病人获得医疗救治。

三、安全生产相关行政法规

1.《生产安全事故报告和调查处理条例》

《生产安全事故报告和调查处理条例》自 2007 年 6 月 1 日起施行。该条例与从业人员有关的内容如下：

(1)事故发生后，事故现场有关人员应当立即向本单位负责人报告；单位负责人接到报告后，应当于 1 小时内向事故发生地县级以上人民政府安全生产监督管理部门和负有安全生产监督管理职责的有关部门报告。

情况紧急时，事故现场有关人员可以直接向事故发生地县级以上人民政府安全生产监督管理部门和负有安全生产监督管理职责的有关部门报告。

(2)报告事故应当包括下列内容：

①事故发生单位概况；

②事故发生的时间、地点以及事故现场情况；

③事故的简要经过；

④事故已经造成或者可能造成的伤亡人数(包括下落不明的人数）和初步估计的直接经济损失；

⑤已经采取的措施。

(3)事故报告应当及时、准确、完整，任何单位和个人对事故不得迟报、漏报、谎报或者瞒报。任何单位和个人不得阻挠和干涉对事故的报告和依法调查处理。

(4)对事故报告和调查处理中的违法行为，任何单位和个人有权向安全生产监督管理部门、监察机关或者其他有关部门举报，接到举报的部门应当依法及时处理。

事故发生后，有关单位和人员应当妥善保护事故现场以及相关证据，任何单位和个人不得破坏事故现场、毁灭相关证据。

(5)事故发生单位应当按照负责事故调查的人民政府的批复，对本单位负有事故责任的人员进行处理。

负有事故责任的人员涉嫌犯罪的，依法追究刑事责任。

(6)事故发生单位对事故发生负有责任的，由有关部门依法暂扣或者吊销其有关证照；对事故发生单位负有事故责任的有关人员，依法暂停或者撤销其与安全生产有关的执业资格、岗位证书。

2. 《工伤保险条例》

《工伤保险条例》自 2003 年 4 月 16 日起施行，新修订版本自 2011 年 1 月 1 日起施行。该条例与从业人员有关的内容如下：

(1)中华人民共和国境内的企业、事业单位、社会团体、民办非企业单位、基金会、律师事务所、会计师事务所等组织和有雇工的个体工商户（以下称用人单位）应当依照本条例规定参加工伤保险，为本单位全部职工或者雇工（以下称职工）缴纳工伤保险费。

中华人民共和国境内的企业、事业单位、社会团体、民办非企业单位、基金会、律师事务所、会计师事务所等组织的职工和个体工商户的雇工，均有依照本条例的规定享受工伤保险待遇的权利。

(2)用人单位和职工应当遵守有关安全生产和职业病防治的法律法规，执行安全卫生规程和标准，预防工伤事故发生，避免和减少职业病危害。职工发生工伤时，用人单位应当采取措施使工伤职工得到及时救治。

(3)用人单位应当按时缴纳工伤保险费。职工个人不缴纳工伤保险费。

(4)职工有下列情形之一的，应当认定为工伤：

①在工作时间和工作场所内，因工作原因受到事故伤害的；

②工作时间前后在工作场所内，从事与工作有关的预备性或者收尾性工作受到事故伤害的；

③在工作时间和工作场所内，因履行工作职责受到暴力等意外伤害的；

④患职业病的；

⑤因工外出期间，由于工作原因受到伤害或者发生事故下落不明的；

⑥在上下班途中，受到非本人主要责任的交通事故或者城市轨道交通、客运轮渡、火车事故伤害的；

⑦法律、行政法规规定应当认定为工伤的其他情形。

(5)职工有下列情形之一的，视同工伤：

①在工作时间和工作岗位，突发疾病死亡或者在48h之内经抢救无效死亡的；

②在抢险救灾等维护国家利益、公共利益活动中受到伤害的；

③职工原在军队服役，因战、因公负伤致残，已取得革命伤残军人证，到用人单位后旧伤复发的。

职工有前款第①项、第②项情形的，按照本条例的有关规定享受工伤保险待遇；职工有前款第③项情形的，按照本条例的有关规定享受除一次性伤残补助金以外的工伤保险待遇。

(6)职工发生工伤，经治疗伤情相对稳定后存在残疾、影响劳动能力的，应当进行劳动能力鉴定。

(7)职工因工作遭受事故伤害或者患职业病进行治疗，享受工伤医疗待遇。

职工治疗工伤应当在签订服务协议的医疗机构就医，情况紧急时可以先到就近的医疗机构急救。

(8)职工因工作遭受事故伤害或者患职业病需要暂停工作接受工伤医疗的，在停工留薪期内，原工资福利待遇不变，由所在单位按月支付。

(9)工伤职工已经评定伤残等级并经劳动能力鉴定委员会确认需要生活护理的，从工伤保险基金按月支付生活护理费。

(10)职工因工死亡，其近亲属按照下列规定从工伤保险基金领取丧葬补助金、供养亲属抚恤金和一次性工亡补助金：

①丧葬补助金为6个月的统筹地区上年度职工月平均工资。

②供养亲属抚恤金按照职工本人工资的一定比例发给由因工死亡职工生前提供主要生活来源、无劳动能力的亲属。标准为：配偶每月40%，其他亲属每人每月30%，孤寡老人或者孤儿每人每月在上述标准的基础上增加10%。核定的各供养亲属的抚恤金之和不应高于因工死亡职工生前的工资。供养亲属的具体范围由国务院社会保险行政部门规定。

③一次性工亡补助金标准为上一年度全国城镇居民人均可支配收入的20倍。

3.《劳动防护用品监督管理规定》

《劳动防护用品监督管理规定》自 2005 年 9 月 1 日起施行。该规定与从业人员有关的内容如下：

(1)生产经营单位应当按照《个体防护装备选用规范》（GB/T 11651—2008）和国家颁发的劳动防护用品配备标准以及有关规定，为从业人员配备劳动防护用品。

(2)生产经营单位不得以货币或者其他物品替代应当按规定配备的劳动防护用品。

生产经营单位为从业人员提供的劳动防护用品，必须符合国家标准或者行业标准，不得超过使用期限。

生产经营单位应当督促、教育从业人员正确佩戴和使用劳动防护用品。

(3)从业人员在作业过程中，必须按照安全生产规章制度和劳动防护用品使用规则，正确佩戴和使用劳动防护用品；未按规定佩戴和使用劳动防护用品的，不得上岗作业。

(4)生产经营单位的从业人员有权依法向本单位提出配备所需劳动防护用品的要求；有权对本单位劳动防护用品管理的违法行为提出批评、检举、控告。

4.《生产经营单位安全培训规定》

《生产经营单位安全培训规定》自 2006 年 3 月 1 日起施行，新修订版本自 2013 年 8 月 29 日起施行。该规定与从业人员有关的内容如下：

(1)生产经营单位负责本单位从业人员安全培训工作。生产经营单位应当进行安全培训的从业人员包括企业主要负责人、安全生产管理人员、特种作业人员和其他从业人员。

(2)生产经营单位从业人员应当接受安全培训，熟悉有关安全生产规章制度和安全操作规程，具备必要的安全生产知识，掌握本岗位的安全操作技能，增强预防事故、控制职业危害和应急处理的能力。未经安全生产培训合格的从业人员，不得上岗作业。

(3)煤矿、非煤矿山、危险化学品、烟花爆竹等生产经营单位必须对新上岗的临时工、合同工、劳务工、轮换工、协议工等进行强制性安全培训，保证其具备本岗位安全操作、自救互救以及应急处置所需的知识和技能后，方能安排上岗作业。

(4)加工、制造业等生产单位的其他从业人员，在上岗前必须经过厂(矿)、车间(工段、区、队)、班组三级安全培训教育。

从业人员在本生产经营单位内调整工作岗位或离岗一年以上重新上岗时，应当重新接受车间(工段、区、队)和班组级的安全培训。

(5)生产经营单位新上岗的从业人员，岗前培训时间不得少于 24 学时。

(6)生产经营单位的特种作业人员，必须按照国家有关法律、法规的规定接受专门的安全培训，经考核合格，取得特种作业操作资格证书后，方可上岗作业。

5.《作业场所职业健康监督管理暂行规定》

《作业场所职业健康监督管理暂行规定》自 2009 年 9 月 1 日起施行。该规定与从业人员有关的内容如下：

(1)生产经营单位应当加强作业场所的职业危害防治工作，为从业人员提供符合法律、法规、规章和国家标准、行业标准的工作环境和条件，采取有效措施，保障从业人员的职业健康。

(2)任何单位和个人均有权向安全生产监督管理部门举报生产经营单位违反本规定的行为和职业危害事故。

(3)生产经营单位应当对从业人员进行上岗前的职业健康培训和在岗期间的定期职业健康培训，普及职业健康知识，督促从业人员遵守职业危害防治的法律、法规、规章、国家标准、行业标准和操作规程。

(4)生产经营单位必须为从业人员提供符合国家标准、行业标准的职业危害防护用品，并督促、教育、指导从业人员按照使用规则正确佩戴、使用，不得发放钱物替代发放职业危害防护用品。

(5)任何单位和个人不得将产生职业危害的作业转移给不具备职业危害防护条件的单位和个人。不具备职业危害防护条件的单位和个人不得接受产生职业危害的作业。

(6)生产经营单位应当优先采用有利于防治职业危害和保护从业人员健康的新技术、新工艺、新材料、新设备，逐步替代产生职业危害的技术、工艺、材料、设备。

(7)生产经营单位与从业人员订立劳动合同(含聘用合同)时，应当将工作过程中可能产生的职业危害及其后果、职业危害防护措施和待遇等如实告知从业人员，并在劳动合同中写明，不得隐瞒或者欺骗。生产经营单位应当依法为从业人员办理工伤保险，缴纳保险费。

(8)对接触职业危害的从业人员，生产经营单位应当按照国家有关规定组织上岗前、在岗期间和离岗时的职业健康检查，并将检查结果如实告知从业人员。职业健康检查费用由生产经营单位承担。

(9)生产经营单位应当为从业人员建立职业健康监护档案，并按照规定的期限妥善保存。

(10)生产经营单位不得安排未成年工从事接触职业危害的作业；不得安排孕期、哺乳期的女职工从事对本人和胎儿、婴儿有危害的作业。

(11)生产经营单位发生职业危害事故，应当及时向所在地安全生产监督管理部门和有关部门报告，并采取有效措施，减少或者消除职业危害因素，防止事故扩大。对遭受职业危害的从业人员，及时组织救治，并承担所需费用。生产经营单位及其从业人员不得迟报、漏报、谎报或者瞒报职业危害事故。

6.《生产安全事故应急预案管理办法》

《生产安全事故应急预案管理办法》自2009年5月1日起施行。该规定与从业人员有关的内容如下：

(1)生产经营单位风险种类多、可能发生多种类型事故的，应当组织编制综合应急预案。

(2)生产经营单位为应对某一类型或某几种类型事故，或者针对重要生产设施、重大危险源、重大活动等，可制定相应的专项应急预案。

(3)生产经营单位应根据不同事故类别，针对具体的场所、装置或设施制定具体的现场处置方案。

(4) 地方各级安全生产监管监察部门和其他负有安全生产监督管理职责的部门、生产经营单位应当采取多种形式开展应急预案的宣传教育，普及生产安全事故预防、避险、自救和互救知识，提高从业人员应急意识和应急处置技能。

(5) 生产经营单位应当组织开展应急预案培训工作，使有关人员了解应急预案的内容，熟悉应急岗位职责和应急程序。

(6) 生产经营单位应当建立应急演练制度，制定年度应急预案演练计划，结合本单位特点每年至少组织 1 次综合应急演练或专项应急演练，每季度至少组织 1 次现场处置方案实战演练，并结合实际经常性开展桌面演练。高危行业生产经营单位每半年至少组织 1 次综合应急演练或专项应急演练。

(7) 生产经营单位发生事故后，应当按照应急预案要求及时启动应急响应，组织有关力量进行救援，并按照规定将事故信息及应急处置情况报告安全生产监督管理部门和其他负有安全生产监督管理职责的部门。

第四节　劳动防护用品

劳动防护用品是保护劳动者人身安全与健康的一种防御性装备，在生产过程中，司钻作业人员必须掌握相关的操作技能，提高自我防护意识，以减少对自身的危害。本节介绍了防护用品的种类及安全使用基本知识。

一、头部防护用品

头部防护用品是为了防御头部不受外来物体打击和其他因素危害而配备的个人防护装备。头部防护用品主要是安全帽。

1. 安全帽的分类

安全帽由帽壳、帽衬、下颏带、后箍等组成。安全帽属于劳动保护用品，按其特殊用途，可分为以下几种：

(1) 电工安全帽。帽壳绝缘性能良好，主要用于电气安装、高电压作业等。

(2) 防静电安全帽。帽壳和帽衬材料中加有抗静电剂，主要用于有可燃气体、蒸气及其他爆炸性物品的场所。

(3) 防寒安全帽。低温特性较好，利用棉布、皮毛等保暖材料做面料，主要用于温度不低于-20℃的环境中。

(4) 耐高温、耐辐射热安全帽。热稳定性和化学稳定性较好，主要用于消防、冶炼等有辐射热源的场所。

(5) 抗侧压安全帽。机械强度高，抗弯曲，主要用于林业、地下工程、井下采煤作业等。

2. 安全帽的使用注意事项

(1) 任何人进入生产现场或在厂区内外从事生产和劳动时，必须戴安全帽。

(2)戴安全帽时，必须系紧安全帽带，安全帽的帽檐必须与目视方向一致，不得歪戴或斜戴。

(3)不能私自拆卸帽上部件和调整帽衬尺寸。

(4)严禁在帽衬上放任何物品，严禁随意改变安全帽的任何结构，严禁用安全帽充当器皿使用，严禁将安全帽当坐垫使用。

(5)安全帽必须有说明书，并指明使用场所。

(6)保持帽衬清洁，用完后不能放置在酸碱、高温、日晒、潮湿和有化学溶剂的场所。

(7)受过较大冲击的安全帽不能继续使用。

(8)若帽壳、帽衬老化或损坏，耐冲击和耐穿透性能降低，不得继续使用。

(9)安全帽的安全使用有效期：植物帽为一年半；塑料帽为两年；层压帽和玻璃钢帽为两年半；橡胶帽和防寒帽为三年；乘车安全帽为三年半。

二、呼吸器官防护用品

为了防止有毒有害气体或颗粒物质对人体呼吸器官伤害的个人防护装备称为呼吸器官防护用品。

1. 呼吸器官防护用品的分类

按防护原理，可分为过滤式和隔绝式。

1）过滤式防护用品

(1)防尘口罩。

主要是以纱布、超细纤维等材料制成的过滤式呼吸器官防护用品，用于滤除空气中的颗粒状有毒、有害物质，但对于有毒、有害气体和蒸气无防护作用。其中，不含超细纤维材料的普通防尘口罩只有防护较大颗粒灰尘的作用，一般经清洗、消毒后可重复使用；含超细纤维材料的防尘口罩除可以防护较大颗粒灰尘外，还可以防护颗粒更小的有毒、有害气溶胶，防护能力和防护效果均优于普通防尘口罩。含超细纤维材料的口罩一般不可重复使用，多为一次性产品，需定期更换滤棉。

防尘口罩一般有平面式、半立体式、立体式等形式，适用于污染物仅为非挥发性颗粒状物质，不含有毒、有害气体和蒸气的环境中，如医疗、卫生清洁等场所。

(2)防毒口罩。

它是以超细纤维、活性纤维等材料制成的过滤式呼吸防护用品。防毒口罩既能吸附大颗粒灰尘、气溶胶，同时对有毒有害气体和蒸气也具有一定的过滤作用。

防毒口罩的形式主要为半面式，用于含有较低浓度的有害蒸气、气体的环境中，如化工生产、石油加工、焊接切割、卫生消防等场所。

(3)过滤式防毒面具。

它是以超细纤维、活性炭、活性炭纤维等材料制成的过滤式呼吸防护用品。面具与过滤部件有的直接相连，有的通过导气管连接。

过滤式防毒面具既能防护大颗粒灰尘、气溶胶，又能防护有毒有害蒸气和气体。过滤式防毒面具除具有保护呼吸器官(口、鼻)外，还可以保护眼睛及面部皮肤。

过滤式防毒面具主要用于化学工业、石油工业、矿山等场所。

2)隔绝式防护用品

(1)氧气呼吸器。

氧气呼吸器以钢瓶中盛装的压缩氧气为气源。根据呼出气体是否排放到外界，可分为开路式和闭路式两大类。

常见的闭路式氧气呼吸器使用时，先打开气瓶开关，氧气经减压器、供气阀进入呼吸仓，再通过呼吸气软管、供气阀进入面罩供人员呼吸。呼出的废气经呼气阀、呼吸软管进入清净罐，去除二氧化碳后再进入呼吸仓，与钢瓶所提供的新鲜氧气混合供循环呼吸。

氧气呼吸器主要应用在空气污染严重、存在窒息性气体、毒气类型不明确的环境中。如矿山救护、抢险救灾、石油化工、医疗卫生等场所。

(2)空气呼吸器。

空气呼吸器以钢瓶中盛装的压缩空气为气源。根据呼吸过程中面罩内的压力与外界环境压力间的高低，可分为正压式和负压式两种。正压式空气呼吸器比负压式更安全，应用更广泛。

正压式空气呼吸器使用时，先打开气瓶阀门，空气经减压器、供气阀、导气管进入面罩供人员呼吸，呼出的废气直接经呼气活门排出。由于不需要对呼出废气进行处理和循环使用，所以结构比氧气呼吸器简单。

不同型号的呼吸器，其防护时间的最高限值不同，工作时间一般为 30～360min。

空气呼吸器主要用于处理火灾、有害物质泄漏、烟雾、缺氧等恶劣作业环境，也可用于污水处理、油气勘探、石油化工、化学制品等场所。

(3)生氧呼吸器。

生氧呼吸器是利用佩戴人员呼出的二氧化碳和水蒸气与生氧药剂反应生成氧气，使呼出气体经补氧和净化后供人员呼吸的一种闭路循环式呼吸器。

生氧呼吸器使用时，呼出气体经呼吸活门、导气管进入生氧罐，废气中的二氧化碳和水蒸气与生氧药剂反应生成氧气，经净化后，使其和补氧气流进入气囊供人员呼吸。

生氧式呼吸器的工作时间一般为 30～60min。生氧呼吸器主要用于消防、矿山救护、气体泄漏事故处理等场所。

2. 呼吸器官防护用品使用注意事项

(1)使用防护用品前，应仔细阅读使用说明书或接受专业培训。

(2)使用者在使用前应了解清楚呼吸防护用品的局限性。

(3)使用前应检查呼吸防护用品的完整性和气密性，在确保物品完整、佩戴正确、气密性良好的情况下方可进入有害环境。

(4)在有害环境中的作业人员应始终佩戴呼吸防护用品，当出现呼吸障碍或气源不足时，应迅速离开有害作业环境，更换新的呼吸防护用品。

(5)在低温环境中使用的呼吸防护用品，其面罩镜片应具有防雾、防霜功能。

三、眼(面部)防护用品

预防烟雾、尘粒、金属火花和飞屑、热、电磁辐射、激光、化学飞溅等伤害眼睛或面部的个人防护用品称为眼(面部)防护用品。其使用注意事项有：

(1)使用的眼镜和面罩防护用品必须经有关部门检验合格。

(2)佩戴匹配的眼镜和面罩，防止作业时脱落和晃动。

(3)眼镜框架与脸部要吻合，避免侧面漏光。

(4)防止面罩、眼镜受压，以免变形损坏。

(5)使用面罩式护目镜作业时，防止眼镜的滤光片被飞溅物损伤。

(6)保护片和滤光片组合使用时，镜片的屈光度必须相同。

(7)严格按照规定定期进行保养。

四、听觉器官防护用品

听觉器官防护用品能够防止过量的声能侵入外耳道，避免音量的过度刺激造成人身伤害。常用听觉器官防护用品有耳塞、耳罩和防噪声头盔，其使用注意事项有：

(1)佩戴耳塞时，先将耳廓向上提，使外耳道口呈平直状态，然后手持塞柄将塞帽轻轻推入外耳道内与耳道贴合。

(2)佩戴耳塞时，不能用力太猛或塞得太深，以感觉舒适为宜。若隔声不良，可慢慢转动，调整耳塞位置；隔声效果仍不好时，应另换其他规格的耳塞。

(3)使用耳罩或防噪声头盔时，应先检查罩壳有无裂纹和漏气现象。佩戴时应顺着耳型戴好，确保耳罩软垫圈与周围皮肤紧密贴合。

(4)若一种护耳器隔声效果不好，可以同时佩戴两种护耳器，如耳罩内加耳塞等。

五、手部防护用品

手部防护用品具有保护手和手臂的功能。通常手部防护用品是指劳动防护手套，其使用注意事项有：

(1)根据不同的作业环境，选择相应类型的防护手套。如棉布手套、化纤手套等不能作为防振手套来用。

(2)在使用绝缘手套前，应先检查外观，如发现表面有孔洞、裂纹等应停止使用。使用完毕后，应按有关规定妥善保管，防止老化造成绝缘性能降低，并定期进行复检。

(3)根据个人情况选择尺码合适的手套，防止手套过长过大而易被机械绞住或卷住，使手部受伤。

(4)在进行维护设备和注油作业时，应使用防油手套，避免油类对手部的伤害。

六、足部防护用品

足部防护用品是防止生产过程中有害物质和外力损伤劳动者足部的护具。通常足部防护用品是指劳动防护鞋。

1. 劳动防护鞋的功能

劳动防护鞋一般具有以下功能：

(1)防砸。劳动防护鞋前端应有护趾钢头，能防止重且尖锐的物体冲撞。

(2)防刺穿。劳动防护鞋应可防止钉子、金属废料或其他尖锐物体刺穿，避免割伤脚底。

(3)防静电。劳动防护鞋应能消除人体积聚的静电。

(4)电绝缘。劳动防护鞋必须绝缘，以防止电击伤害。

(5)耐酸碱。劳动防护鞋适用于酸碱作业场所，可以防止酸碱液体对足部的腐蚀。

(6)耐折、耐磨、防滑。鞋底具有弹性，弯曲后能恢复原状；选用耐磨材质，纹路清晰，增大摩擦力，增强防滑功能。

(7)透气。劳动防护鞋应采用真皮(牛皮)制作，使其具有良好的透气性。

2. 劳动防护鞋使用注意事项

(1)根据作业种类和作业环境不同，选用具备相应功能的劳动防护鞋。

(2)根据个人情况选择尺码合适的劳动防护鞋。

(3)穿着防酸碱鞋或进入电解槽区域作业时，应将劳动防护鞋穿在裤脚里面，防止酸碱溶液或电解质落入鞋内，灼烫足部。

(4)定期清洁劳动防护鞋，保持鞋底干净，避免污垢物和褶曲影响鞋底的导电性或防静电效果。

(5)劳动防护鞋贮存于阴凉、干燥和通风良好的地方。

七、躯干防护用品

躯干防护用品通常是指防护服。根据防护功能，分为普通防护服、防水服、防寒服、阻燃服、防静电服、防高温服、防电磁辐射服、耐酸碱服等。

1. 防电磁辐射服

防电磁辐射服的材质为不锈钢细丝外包裹棉纱，透气性好，耐洗涤。由于金属丝电阻小，可屏蔽吸收电磁波。其使用注意事项有：

(1)严禁水洗，按照产品洗涤说明进行洗涤。

(2)不能破坏表面保护涂层，以免降低屏蔽效果。

(3)防止外力伤害屏蔽材料，避免屏蔽织物破裂、抽丝，影响屏蔽效果。

2. 防静电服

防静电服是指为了防止衣服的静电积聚，用防静电织物缝制的工作服，其使用注意事项有：

(1)禁止在易燃易爆场所穿脱防静电服。

(2)禁止在防静电服上附加或佩戴任何金属物件。

(3)防静电服必须与防静电鞋配套穿用，同时地面应是导电地板。

(4)防静电服应保持清洁，保持防静电性能。使用后用软毛刷、软布蘸中性洗涤剂刷洗，不可损伤衣料纤维。

(5)穿用一段时间后，应对防静电性能进行检验。若不符合标准要求，则停止使用。

3. 阻燃服

阻燃服面料中的阻燃纤维能使纤维的燃烧速度大大减慢，在火源移开后立即自行熄灭，而且燃烧部分迅速炭化而不产生熔融、滴落或穿洞，减少或避免烧伤烫伤皮肤，达到保护目的。其使用注意事项有：

(1)禁止在有明火、火花、熔融金属、易燃易爆物品的场所更衣。

(2)禁止在阻燃服上附加或佩带任何易熔、易燃的物件。

(3)穿用阻燃服时，必须配穿相应的防护装备。

(4)衣服不得与腐蚀性物品放在一起，存放处应干燥通风，离墙面及地面 20cm 以上，防止鼠咬、虫蛀、霉变。

(5)运输时不得损坏包装，防止日晒雨淋。

八、护肤用品

护肤用品主要用于防止外露皮肤免受化学、物理等因素的危害，分为护肤膏和洗涤剂。按照防护功能，可分为防毒、防射线、防油漆等。其使用注意事项有：

(1)根据肌肤特性不同，选择合适的护肤用品。

(2)根据作业环境不同，选择合适的护肤用品。

(3)做好护肤之前的清洁工作，不可使用过热的水清洁皮肤。

(4)选择合格的护肤用品。

九、防坠落用品

防坠落用品是防止人体从高处坠落受伤害的装置，通常指的是安全带。其使用注意事项有：

(1)使用前，检查绳带有无变质，卡环是否有裂纹，卡簧弹跳性是否良好。

(2)高处作业时，安全带要拴挂在牢固的构件或物体上，禁止把安全带挂在移动、带尖锐棱角或不牢固的物件上。

(3)高挂低用。将安全带挂在高处，人在下面工作，坠落发生时，可减小实际冲击距离。

(4)安全带绳保护套要保持完好，以防绳被磨损。若发现保护套损坏或脱落，必须及时更换。

(5)通常情况下，安全带不准接长使用。特殊情况下，当使用 3m 及以上的长绳时，必须加缓冲器，各部件不得随意拆除。

(6)使用前，检查各部位是否完好无损。使用后，注意维护和保管。经常检查安全带缝制部分和挂钩部分，检查捻线是否有断裂或残损。

(7)不使用时要妥善保管，不可接触高温、明火、强酸、强碱或尖锐物体，不要存放在潮湿的地方。

(8)定期或抽样试验用过的安全带，不得继续使用。

第五节　安全标志知识

掌握相关的安全标志知识，可以辨识施工过程中的危险因素，提高防范能力，确保自身及施工安全。本节简要介绍了安全色、安全标志的分类、组成及现场应用等知识。

一、安全色的分类和用途

按照 GB 2893—2008《安全色》中的颜色表征，可将安全色进行如下分类。

1. 红色

传递禁止、停止、危险或提示消防设备、设施的信息。

2. 蓝色

传递必须遵守规定的指令性信息。

3. 黄色

传递注意、警告的信息。

4. 绿色

传递安全的提示性信息。

二、安全标志的组成与作用

(1)安全标志是由安全色、几何图形和图形符号所构成，用以表达特定的安全信息。可辅以必要的文字说明。

(2)安全标志的作用主要在于引起人们对不安全因素的注意，预防事故发生，但不能替代安全操作规程和必要的防护措施。

三、安全标志的分类

1. 标志牌

安全标志主要分为禁止标志、警告标志、指令标志、提示标志四类。

1)禁止标志

禁止标志的含义是不准或制止人们的某些行动。

禁止标志的几何图形是带斜杠的圆环，其中圆环与斜杠相连，用红色；图形符号用黑色，背景用白色。

2) 警告标志

警告标志的含义是警告人们可能发生的危险。

警告标志的几何图形是黑色的正三角形、黑色符号和黄色背景。

3) 指令标志

指令标志的含义是必须遵守。

指令标志的几何图形是圆形，蓝色背景，白色图形符号。

4) 提示标志

提示标志的含义是示意目标的方向。

提示标志的几何图形是方形，绿、红色背景，白色图形符号及文字。

2. 标志带

红色与白色相间条纹的标志带，用于界定和分隔危险区域，禁止人们进入危险环境。

3. 标志灯

用于夜间危险点的示警。

四、现场常见安全标志

根据 SY 6355—2010《石油天然气生产专用安全标志》中的规范要求，在油田作业现场常用的安全生产标志主要有禁止标志、警告标志、指令标志和提示标志。

1. 禁止标志

常见禁止标志如表 1–1 所示。

表 1–1　禁止标志

序号	图形标志	名称	说明
1	禁止非工作人员入内	禁止非工作人员入内	为避免非工作人员进入井场和施工现场而设计。 适用于油、气开发等工作场所及施工区域
2	禁止乱动阀门	禁止乱动阀门	为避免非操作人员开、关工艺管线阀门而设计。 适用于油气厂、站及管道等工艺管线阀门

续表

序号	图形标志	名称	说明
3	禁止乱动消防器材	禁止乱动消防器材	为防止擅自挪用消防器材而设计。 适用于放置消防器材的场地
4	禁止用汽油擦物	禁止用汽油擦物	为防止用汽油等易燃液体擦洗物件时遇明火、高温、静电火花发生火灾而设计。 适用于易燃易爆生产区域和机械设备较集中的岗位或场所
5	禁止酒后上岗	禁止酒后上岗	为防止因“酒后上岗作业”，给正常的生产作业带来严重的安全隐患，甚至导致事故发生而设计。 适用于油、气开发等工作场所及施工区域
6	禁止单扣吊装	禁止单扣吊装	为防止用单绳吊装造成吊件失衡引发事故而设计。 适用于起重吊装作业场所
7	禁止吊臂下过人	禁止吊臂下过人	为防止在起重吊装作业过程中，因吊装物坠落或吊臂滑落导致物体打击伤害而设计。 适用于起重吊装作业现场

续表

序号	图形标志	名称	说明
8	禁止私搭乱接	禁止私搭乱接	为避免在生产作业过程中出现用电设备私搭乱接现象而设计。 适用于任何固定式或移动式配电设施
9	禁止带压作业	禁止带压作业	为防止生产场所因装置或管线带压，在作业过程中给人员或设备造成危害而设计。 适用于工艺系统维修、改造等工作场所
10	禁止曝晒	禁止曝晒	为防止盛装易燃易爆介质的容器在阳光曝晒下，因内压增高，引发危险而设计。 适用于室外盛装易燃易爆、有毒有害介质容器的存放使用场所

2. 警告标志

常见警告标志如表 1–2 所示。

表 1–2　警告标志

序号	图形标志	名称	说明
1	当心雷电	当心雷电	为避免雷电对作业人员造成伤害而设计
2	当心滑坡	当心滑坡	为避免在山体、沟渠附近施工作业，因滑坡、泥石流给人员或设备安全造成影响而设计。 适用于山体、沟渠等施工作业场所

续表

序号	图形标志	名称	说明
3		当心超压	为提醒操作人员注意工作压力，防止超压出现意外而设计。 适用于带压使用的锅炉、容器以及管线等
4		当心高压管线	为提醒人们在高压管线区域作业中，因作业致使管线出现变形、破损或断裂造成事故而设计
5		当心外溢	为防止油品和油田化学剂装卸外溢而设计。 适用于各油品、油田化学剂装卸的场所
6		当心井喷	为提醒施工作业人员注意井控装置应可靠并安全操作，避免井喷事故发生而设计。 适用于钻井、井下作业等施工作业场所
7		当心缠乱	为防止带有滚筒的装置、设备，因绳索缠乱而引发设备故障导致事故发生而设计。 适用于带有滚筒的装置、设备的生产作业场所
8		当心泄漏	为防止管道内介质因异常情况下泄漏，对人员、设备或工作环境造成伤害或影响而设计。 应用于油气田开发生产中使用管道传输介质的工作场所

3. 指令标志

常见指令标志如表 1-3 所示。

表 1-3　指令标志

序号	图形标志	名称	说明
1	必须穿戴防护用品	必须穿戴防护用品	为操作人员按规定要求穿戴个人劳动防护用品而设计。 适用于有关的生产作业场所
2	必须使用防爆器具	必须使用防爆器具	适用于易燃易爆等场所
3	必须戴防火帽	必须戴防火帽	为防止机动车辆进入易燃易爆区因排气管喷出火星引起火灾事故而设计。 适用于易燃易爆工作场所
4	必 须 检 测	必须检测	为避免场所内有毒有害、易燃易爆介质对人员或设备安全造成影响而设计。 适用于有毒有害、易燃易爆介质聚集的工作场所
5	必 须 通 风	必须通风	为防止工作场所内有毒有害、易燃易爆气体及粉尘聚集，对人员及设备安全造成严重危害而设计

4. 提示标志

常见提示标志如表 1–4 所示。

表 1–4　提示标志

序号	图形标志	名称	说明
1	通行路线 通行路线	通行路线	根据生产作业场所内确保人员安全通行需要而设计
2	逃生路线 逃生路线	逃生路线	根据突发事件（事故）人员应急逃生、疏散的应急处置需要而设计

五、安全标志使用要求

(1)标志牌应该设在与安全有关的醒目位置。作业人员看见后，应有足够的时间来注意它所表示的内容。

(2)标志牌不得设在门、窗、架等可移动的物体上，标志牌前不得放置妨碍认读的障碍物。

(3)标志牌应该设置在明亮的环境中，高度应尽量与人眼的视线高度相一致。

(4)多个标志牌在一起设置时，应按警告、禁止、指令、提示类型的顺序，先左后右、先上后下的排列。

(5)施工单位根据施工现场实际情况，合理设置安全警示标识。

六、安全标志的管理

(1)按要求对存在危险特性的物品进行标识，并确保安全标志的完整性。

(2)安全标志的使用及监督严格按国家规定和行业标准要求执行。

(3)及时登记安全标志的使用场所。

(4)对施工场所检查出来的不符合标志，及时进行整改。

第六节　安全管理知识

通过加强各个环节的安全生产管理，可以提高企业人员的安全意识和责任意识，确保安全生产。本节简要介绍了安全生产、安全文化及班组安全管理等基本知识。

一、安全生产管理的基本概念

1. 安全生产管理

安全生产管理是指企业在生产经营活动过程中，通过运用有效的资源，建立健全安全制度，制定相关措施，进行有效的组织和控制活动，消除生产过程中的各种危害因素，保障人员、设备和环境安全，达到安全生产的目的。

2. 井下作业安全生产

井下作业安全生产是指井下作业单位结合 HSE 管理体系，对生产井采取一系列维护修理或技术改造措施，消减风险，消除各种危害因素，达到保障人员、设备和环境安全的目的。

二、安全管理的文化建设

1. 安全文化建设的总体要求

企业在安全文化建设过程中，应充分考虑自身内部和外部的文化特征，引导全体员工的安全态度和安全行为，实现在法律和政府监管要求基础上的安全自我约束，通过全员参与，实现企业安全生产水平持续提高。

2. 企业安全文化建设基本要素

1）安全承诺

企业应建立包括安全价值观、安全愿景、安全使命和安全目标等在内的安全承诺。安全承诺要求：

（1）切合企业特点和实际，反映共同安全志向；

（2）明确安全问题在企业内部具有最高优先权；

（3）所有与企业安全生产有关的重要活动都要达到最高指标要求；

（4）承诺内容清晰明了，并被全体员工和相关方知晓和理解。

领导者、各级管理者和每个员工根据各自的岗位应遵循以上要求制定相应的安全承诺，并将自己的安全承诺传达到相关方。必要时应要求供应商、承包商等相关方提供相应的安全承诺。

2）行为规范与程序

行为规范是企业安全承诺的具体体现和安全文化建设的基础要求。企业应确保拥有能够达到和维持安全绩效的管理系统，建立明确的组织结构和安全职责体系，有效控制全体员工的行为。

程序是行为规范的重要组成部分。企业应建立必要的程序，对与安全相关的所有活动进行有效控制。

3）安全行为激励

企业应建立员工安全绩效评估系统，建立将安全绩效与工作业绩相结合的奖励制度。在对待员工的差错时，不要过多关注错误本身，应以吸取经验教训为目的，并仔细权衡惩罚措施，避免因处罚不当，而导致员工隐瞒错误。企业要树立安全榜样或典范，发挥安全行为和安全态度的示范作用。

4）安全信息传播与沟通

企业应综合利用各种传播途径和方式，将安全经验、典型事故案例、违章行为等及时进行分享。企业应建立良好的沟通程序，确保企业与政府监管机构、各级管理者与员工、员工与员工之间的有效沟通。

5）自主学习与改进

企业应建立有效的安全学习模式，实现动态发展的安全学习过程，保证安全绩效的持续改进。

企业应从人员失误或错误事件中汲取宝贵的经验教训，改进行为规范和程序，使员工获得新的知识，提高其安全风险辨识能力。

6）安全事务参与

全体员工都应认识到自己负有对自身和同事安全做出贡献的重要责任。员工对安全事务的参与是落实这种责任的最佳途径。企业应根据自身的特点和需要确定员工参与的形式。企业应建立让承包商参与安全事务和改进过程的机制，将承包商管理纳入安全文化建设的范畴。

7）审核与评估

企业应对自身安全文化建设情况进行定期全面审核，并采用有效的安全文化评估方法，及时分析安全绩效，制定改进措施。

三、班组安全生产管理

班组安全生产管理主要包括以下几个方面内容：

（1）基层单位必须坚持每周一次的安全活动，其中班组安全活动每月至少进行两次，每次活动时间不少于1h。不得以基层队安全活动代替班组安全活动。

（2）班组安全活动要有计划，每次活动应有主题，有针对性，讲求实效。

（3）班组安全活动要严肃认真，防止走过场。活动由班（组）长或班组安全员负责召集，班组成员参加。加强考勤管理，不得无故缺席。对缺席者要进行补课，并记录在册。

（4）班组安全活动情况要记录在班组安全活动记录本中，对班组成员参与安全活动的情况要记录详细。记录内容包括参加人、本次活动主题、活动内容、发言讨论情况及必要的总结。

(5)班组安全活动主要内容。

①学习指定的安全生产文件、通知及相关材料。

②学习安全生产规章制度、操作规程、安全生产注意事项、安全生产技术知识、防护知识。学习并执行《HSE 作业指导书》、《HSE 作业计划书》等有关内容。

③结合事故案例，讨论分析典型事故，总结经验教训。

④熟悉本班组岗位生产工艺流程、介质物化性质及设备的性能，达到“四懂三会”(懂设备结构、懂设备原理、懂设备性能、懂工艺流程，会操作、会维修保养、会排除故障)。掌握本班组岗位安全检查重点，了解安全装置、检测监控仪表设施、消防器具、防毒器具、劳动防护用品的使用方法和维护保养方法。

⑤参与本班组、岗位风险识别及管理活动，开展事故预想、岗位练兵和应急预案演练。

⑥对特殊天气（雨、雪、大风、大雾等)、特殊作业情况下的安全注意事项及特殊安全要求进行讲解。

⑦登记、上报、讨论研究班组安全生产检查中发现事故隐患的整改情况。

⑧开展安全生产合理化建议征集、岗位小改小革等活动。

⑨总结分析上周安全工作、布置下周安全计划。

(6)班组的上级行政单位或安全部门要指导班组制定安全活动计划，并为班组安全活动提供必要的学习资料、培训工具和演练所需的设备设施。

(7)班组的上级行政单位或安全部门要检查班组安全活动情况和效果，要定期检查班组安全活动记录，写出评语并签字。

(8)班组安全活动要作为加强基层安全基础工作的重要内容，班组安全活动质量要与班组业绩考核、安全评比挂钩。

思　考　题

1. 司钻岗位人员从业条件有哪些？
2. 井下作业司钻的作业特点有哪些？
3. 简述安全技术培训的有关法规依据。
4. 我国安全生产基本方针是什么？并进行简要分析。
5. 从业人员的权利和义务有哪些？
6. 安全标志分为哪几类？并简述其用途。
7. 常用的井下作业劳动防护用品分哪几大类？简述其使用注意事项。

第二章　井下作业常见危险源及防护措施

在井下作业施工现场，员工经常会接触到易燃、易爆、有毒有害介质，由于操作不规范等原因，还会发生触电、机械伤害等事故。因此，必须掌握工作介质及工作环境的危险特性，提高对危险因素的辨识和处置能力，消除事故隐患，减少安全事故的发生。本章主要介绍井下作业常见介质、危险源的基本特性及事故预防救护等知识。

第一节　常见危险介质及防护措施

作业现场的原油及其伴生气产生的有毒有害气体达到一定浓度时，便会危害作业人员的身体健康。本节介绍了常见介质的危险特性、侵入途径和预防措施等基本知识。

一、毒物的概念及分类

1. 毒物的概念

物质进入机体，蓄积到一定的量后，与机体组织发生生物化学变化或生物物理变化，干扰或破坏机体的正常生理功能，引起暂时性或永久性的病理状态，甚至危及生命，则称这种物质为毒物。工业生产过程中接触到的毒物，主要指化学物质，称为工业毒物。

毒物进入体内发生毒性作用，使组织细胞破坏、生理机能出现障碍、甚至引起死亡等现象，称为中毒。在劳动过程中，工业毒物引起的中毒称为职业中毒。

毒物与非毒物之间并没有绝对的界限，只能以引起中毒效应的剂量大小相对地加以区别。例如盐酸，低浓度盐酸(如1%盐酸)是一种药物，但是高浓度盐酸则是一种毒物，如果内服高浓度盐酸，可以引起口腔、食道、胃和肠道严重灼伤。

2. 毒物的分类

工业毒物一般有以下3种分类方法。

1)按物理形态分类

一般情况下，毒物常以一定的物理形态(气态、液态、固态)存在。在实际生产过程中，生产性毒物常以气体、蒸气、雾、烟尘或粉尘的形式污染生产环境，从而对人体产生毒害。

(1)气体。常温下以气态形式存在的物质。如氯气、一氧化碳、二氧化硫、硫化氢等。

(2)蒸气。由液体蒸发或固体升华而形成。如苯氨、汞蒸气等。

(3)雾。混悬在空气中的液体微滴，多为蒸气冷凝或液体喷散形成。如喷漆时所形成的含苯漆雾、酸洗作业时所形成的硫酸雾。

(4)烟尘。又称烟雾或烟气，是指悬浮在空气中的烟状固体微粒。其直径往往小于0.1μm，如煤和石油的燃烧、塑料加工时产生的烟。

(5)粉尘。指能较长时间飘浮于空气中的固体微粒。其直径多为0.1～10μm，大都是固体物质经机械加工而形成的，如石灰、煤粉等。

2)按化学结构分类

(1)有机类。有机毒物主要包括烃类及烃的衍生物，具体的有碳氢化合物(如烷烃、烯烃、芳香烃等)、含氧的有机化合物(如酚、醛、酮、醚、醇等)、含硫的有机化合物(如硫醇等)、含氮的有机化合物(如苯胺等)、含氯的有机化合物(如氯醇、四氯化碳等)。

(2)无机类。无机毒物主要包括含硫气体(如二氧化硫、硫化氢等)、碳氧化物(如一氧化碳、二氧化碳等)、氮氧化物(如一氧化氮、二氧化氮等)、卤素及卤化物(如氯气、氯化氢等)、光化学产物(如臭氧、光化学氧化剂等)、氰化物等。

3)按作用性质分类

按毒物的作用性质，分为刺激性毒物(如氨气、氯气、二氧化硫)、窒息性毒物(如氮气、一氧化碳、硫化氢)、麻醉性毒物(如乙醚)、致热源性毒物(如氧化锌)、腐蚀性毒物(如硫酸二甲酯)、致敏性毒物(如苯二胺)、致癌性毒物、致突变性毒物、致畸性毒物等。

二、毒物的毒性与分级

1. 毒物的毒性及评价指标

毒性是用来表示毒物的剂量与反应之间的关系。毒性大小所用的单位一般以化学物质引起实验动物某种毒性反应所需要的剂量表示；如吸入中毒，则用空气中该物质的浓度表示。所需剂量(浓度)越小，表示毒性越大。最通用的毒性反应是实验室动物的死亡数。常用的评价指标有以下几种：

(1)绝对致死剂量或浓度(LD_{100}或LC_{100})，即全组染毒动物全部死亡的最小剂量或浓度。

(2)半致死剂量或浓度(LD_{50}或LC_{50})，即全组染毒动物半数死亡的剂量或浓度。

(3)最小致死剂量或浓度(MLD或MLC)，即全组染毒动物中个别动物死亡的剂量或浓度。

(4)最大耐受剂量或浓度(LD_0或LC_0)，即全组染毒动物全部存活的最大剂量或浓度。

实验动物染毒剂量以毒物的质量(单位：mg)与动物的体重(单位：kg)之比来表示，也可理解为每千克动物体重所承受毒物的质量，即以mg/kg为单位。

2. 毒物的急性毒性分级

毒物的急性毒性分级，按照毒物的LD_{50}(吸入2h的结果)，可将毒物分成剧毒、高毒、中等毒、低毒、微毒5级，见表2-1。职业性接触毒物危害程度分级应根据GBZ 230—

2010《职业性接触毒物危害程度分级》，按照毒物造成的危害程度，可将毒物分成极度危害、高度危害、中度危害和轻度危害4级，见表2-2。

表2-1 化学物质急性毒性分级

毒性分级	大鼠一次经口 LD_{50}(mg/kg)	6只大鼠吸入4h死亡2~4只的浓度(mg/kg)	对人可能致死量	
			g/kg	总量(60kg体重)(g)
剧毒	≤1	<10	<0.05	0.1
高度	1~50	10~100	0.05~0.5	3
中等毒	50~500	100~1000	0.5~5	30
低毒	500~5000	1000~10000	5~15	250
微毒	5000~15000	10000~100000	>15	>1000

表2-2 职业性接触毒物危害程度分级

指标		分级			
		Ⅰ(极度危害)	Ⅱ(高度危害)	Ⅲ(中度危害)	Ⅳ(轻度危害)
急性中毒	吸入 LC_{50}(mg/m^3)	<200	200~2000	2000~20000	>20000
	经皮 LD_{50}(mg/kg)	<100	100~500	500~2500	>2500
	经口 LD_{50}(mg/kg)	<25	25~500	500~5000	>5000
急性中毒发病状况		生产中易发生中毒，后果严重	生产中可能发生中毒	偶可发生	未见急性中毒，但有急性影响
慢性中毒发病状况		患病率高(≥5%)	患病率较高(<5%)或症状发生率高(≥20%)	偶有中毒病例发生或症状发生率较高(≥10%)	无慢性中毒而有慢性影响
慢性中毒后果		脱离接触后继续进展或不能治愈	脱离接触后可基本治愈	脱离接触后可恢复，不致严重后果	脱离接触后自行恢复，无不良后果
致癌性		人体致癌物	可疑人体致癌物	实验动物致癌物	无致癌性
最高容许浓度(mg/m^3)		<0.1	0.1~1.0	1.0	>10

三、常见液体介质及其危险特性

1. 液体的分类

1）一般性分类

GB 50016—2014《建筑设计防火规范》中将能够燃烧的液体分成甲类液体、乙类液体、丙类液体三类。比照危险货物的分类方法，可将上述甲类和乙类液体划入易燃液体类，把丙类液体划入可燃液体类。甲类、乙类、丙类液体按闭口杯闪点划分。

甲类液体(闪点低于28℃)有：二硫化碳、氰化氢、正戊烷、正己烷、正庚烷、正辛烷、1-己烯、2-戊烯、1-己炔、环己烷、苯、甲苯、二甲苯、乙苯、氯丁烷、甲醇、乙醇、50度以上的白酒、正丙醇、乙醚、乙醛、丙酮、甲酸甲酯、乙酸乙酯、丁酸乙酯、乙腈、丙烯腈、汽油、石油醚等。

乙类液体(28℃≤闪点<60℃)有：正壬烷、正癸烷、二乙苯、正丙苯、苯乙烯、正丁醇、福尔马林、乙酸、乙二胺、硝基甲烷、煤油等。

丙类液体(闪点不小于60℃)有：正十二烷、正十四烷、二联苯、溴苯、环己醇、乙二醇、丙三醇（甘油）、苯酚、苯甲醛、正丁酸、氯乙酸、苯甲酸乙酯、硫酸二甲酯、苯胺、硝基苯、机械油、航空润滑油等。

2）石油化工行业分类

根据SY/T 6460—2000《易燃和可燃液体基本分类》，易燃和可燃液体分Ⅰ类(ⅠA类、ⅠB类、ⅠC类)、Ⅱ类、Ⅲ类(ⅢA类、ⅢB类)。

(1) Ⅰ类包括闭口杯闪点低于37.8℃的液体，可以细分为ⅠA类、ⅠB类、ⅠC类三类。

①ⅠA类：包括闭口杯闪点低于22.8℃且沸点低于37.8℃的液体。

②ⅠB类：包括闭口杯闪点低于22.8℃且沸点等于或高于37.8℃的液体。

③ⅠC类：包括闭口杯闪点等于或高于22.8℃而低于37.8℃的液体。

(2) Ⅱ类包括闭口杯闪点等于或高于37.8℃而低于60℃的液体。

(3) Ⅲ类包括闭口杯闪点等于或高于60℃的液体，可以细分为ⅢA类和ⅢB类。

①ⅢA类：包括闭口杯闪点等于或高于60℃而低于93.4℃的液体。

②ⅢB类：包括闭口杯闪点等于或高于93.4℃的液体。

2. 常见液体特性

1)石油

理化性质：石油又称原油，是赋存于地下岩石孔隙、缝洞中以碳氢化合物即烃类化合物为主要成分的一种可燃有机矿产，是一种黏稠的、深褐色、具有特殊气味、可燃性油质液体，是各种烷烃、环烷烃、芳香烃的混合物。石油的性质因产地而异，密度为0.8～1.0g/cm^3，黏度范围很宽，凝固点差别很大(-60～30℃)，沸点范围为常温到500℃以上，可溶于多种有机溶剂，不溶于水，但可与水形成乳状液。组成石油的化学元素主要是碳(83%～87%)、氢(11%～14%)，其余为硫(0.06%～0.8%)、氮(0.02%～1.7%)、氧(0.08%～1.82%)及微量金属元素(镍、钒、铁、锑等)。石油主要被用来生产汽油、柴油、喷气燃料和燃料油等，也是许多化学工业产品如溶液、化肥、杀虫剂和塑料等的原料。

危险特性：具有易燃、易爆、易蒸发、易聚集静电等特点，与空气混合到一定的浓度即可形成可爆炸气体。石油及其产品的蒸气具有一定的毒性，当空气中油气含量为0.28%时，人在该环境中12～14h就会有头晕感；如果其含量达到1.13%～2.22%，将使人难以支持；含量更高时，会使人立即晕倒，失去知觉，造成急性中毒。

2)凝析油

理化性质：凝析油是指从凝析气田或者油田伴生天然气凝析出来的液相组分，又称天然汽油，其主要成分是 C_5—C_{11}烃类的混合物，并含有少量的二氧化硫、噻吩类、硫醇类、硫醚类和多硫化物等杂质，其馏分多在 20～200℃，挥发性好，是生产溶剂油优质的原料。凝析油在地下以气相存在，采出到地面后则呈液态。

危险特性：易燃、易爆、易挥发，挥发后与空气混合形成爆炸性的气体。一般属微毒至低毒。

3）汽油

理化性质：外观为无色至淡黄色的透明液体，主要成分为 C_4—C_{12}脂肪烃和环烃类，并含少量芳香烃和硫化物，很难溶解于水。按研究法辛烷值，汽油分为 90#，93#和 97#三个牌号。汽油的密度因季节气候不同会有略微变化，90#汽油的平均密度为 0.72g/mL，93#汽油的平均密度为 0.725g/mL，97#汽油的平均密度为 0.737g/mL。

汽油的热值约为 44000kJ/kg。燃料的热值是指 1kg 燃料完全燃烧后所产生的热量。

危险特性：极易燃烧，其蒸气与空气可形成爆炸性混合物。其蒸气比空气重，能在较低处扩散到相当远的地方，遇明火即可燃烧。燃烧（分解）产物为一氧化碳和二氧化碳。毒性属低毒类。

4）煤油

理化性质：纯品为无色透明液体，含有杂质时呈淡黄色，略具臭味，密度大于 0.84g/cm^3，闪点在 40℃以上，不溶于水，易溶于醇和其他有机溶剂。煤油因品种不同，含有烷烃 28%～48%，芳香烃 20%～50%或 8%～15%，不饱和烃 1%～6%，环烃 17%～44%。碳原子数为 11～16。此外，还有少量的杂质，如硫化物（硫醇）、胶质等，其中硫含量 0.04%～0.10%。

危险特性：易挥发，易燃，挥发后与空气混合形成爆炸性的气体。一般属微毒—低毒，主要有麻醉和刺激作用，不易经完整的皮肤吸收。

5）水

理化性质：纯净的水是无色、无味、无固定形状的透明液体，由氢、氧两种元素组成的无机物。在 1 个大气压时（101.325kPa），0℃为水的凝固点，100℃为水的沸点。温度在 0℃以下为固体（固态水），0～100℃为液体（通常情况下水呈现液态），100℃以上为气体（气态水）。纯水在 0℃时密度为 999.87kg/m^3，在 4℃时密度为 1000kg/m^3，在沸点时密度为 958.38kg/m^3。

危险特性：水质不良可引起多种疾病，重煮水、生水、老化水、千滚水和蒸锅水要注意禁止饮用。

四、常见气体介质及其危险特性

1. 气体的分类

按 GB/T 16163—2012《瓶装气体分类》中的规定，临界温度低于等于-50℃的气体为压缩气体，临界温度高于-50℃的气体为液化气体。液化气体是高压液化气体和低压液化气体的统称。其中，临界温度高于-50℃且低于65℃的气体为高压液化气体，临界温度高于65℃的气体为低压液化气体。

2. 常见气体的特性

1)永久气体

(1)石油伴生气。

油田伴生气是指在油气藏中，烃类以液相和气相两相共存，在开采过程中伴随原油同时被采出的气体。油田伴生气除含有较多甲烷、乙烷外，还含有少量易挥发的液态烃及微量的二氧化碳、氮、硫化氢等杂质。鄂尔多斯盆地中生界原油伴生气以烃类组分为主，二氧化碳、氮气组分含量轻微或较低，见表2-3。甲烷组分因产层不同变化较大，甲烷组分含量分布在31.69%~79.33%，重烃气(C_{2+})含量为16.39%~58.88%；二氧化碳含量均低于3.0%，氮气含量变化较大，大多数样品的氮气含量低于5.0%，部分样品的氮气含量高于6.0%，主要分布在延长组长2层和侏罗系延安组油层。

表2-3 鄂尔多斯盆地中生界油伴生气组分组成特征统计

层位		油田（地区）	组分含量（%）			
			C_1	C_{2+}	CO_2	N_2
延安组	延9	胡尖山	31.69	58.88	2.78	6.65
	延10	油房庄	48.63	45.83	1.24	4.30
延长组	长1	油房庄	48.07	47.29	0.46	4.18
	长2	大路沟	48.18	44.24	0.49	7.09
	长4+5	姬塬	62.25	34.40	0.18	3.17
延长组	长6	姬塬	59.96	36.75	0.10	3.19
		盘古梁	61.53	35.08	0.03	3.36
	长8	西峰	68.43	28.08	0.37	3.12
	长10	高桥	79.33	16.39	0.07	4.21

油田伴生气烃类组分主要与油气运移距离、油层保护条件及其生成有机母质类型、有机质热演化程度有关。由于各油田的成油条件不同、地质条件不同和石油质量不同，其伴生气的数量和成分变化很大。即使在同一个油田，由于地质结构不同，油井的伴生气数量和组成亦不同，甚至同一口油井在不同的采油时期，其伴生气的数量和组成变化亦很大。

(2)甲烷。

理化性质：甲烷是无色、无味、可燃和无毒的气体，相对密度为0.55，熔点为-182.5℃，沸点为-161.5℃，标准状况下密度为0.7167kg/m^3，极难溶于水。甲烷是最简单的有机物，也是含碳量最小(含氢量最大)的烃，是沼气、天然气、瓦斯、坑道气和油田伴生气的主要成分。

危险特性：甲烷易燃，与空气混合能形成爆炸性混合物，遇热源和明火有燃烧爆炸的危险。在空气中的爆炸极限为5.0%～15.0%。当空气中甲烷达25%～30%时，可引起人头痛、头晕、乏力、注意力不集中、呼吸和心跳加速等，若不及时远离，可致窒息死亡。皮肤接触液化的甲烷，可致冻伤。

(3)一氧化碳。

理化性质：一氧化碳是一种毒性很强的无色、无臭、无刺激性、可燃气体。熔点为-205℃，沸点为-192℃。标准状况下气体密度为1.25kg/m^3，比空气（标准状况下1.293kg/m^3）略轻，不易液化和固化，是煤气和水煤气的主要成分。

危险特性：是一种易燃易爆气体，与空气混合能形成爆炸性混合物，在空气中爆炸极限为12.5%～74.2%。一氧化碳是含碳燃料燃烧过程中生成的一种中间产物，若能组织良好的燃烧过程，即具备充足的氧气、充分的混合、足够高的温度和较长的滞留时间，中间产物一氧化碳最终会燃烧完毕，生成二氧化碳和水。具有一定毒性，吸入人体后，一氧化碳与血红蛋白结合，使血红蛋白不能与氧气结合，从而引起机体组织出现缺氧，导致人中毒。车间空气中一氧化碳的最高容许浓度为30mg/m^3。

(4)氮气。

理化性质：氮气在通常情况下是一种无色、无味、无臭的气体，氮气占大气总量的78.12%（体积分数），在标准状况下其密度为1.251kg/m^3，相对密度为0.967，在-165.3℃为无色液体，在-210.1℃时凝结为雪状固体。常温下氮气化学性质不活泼，故在工业上，常用氮气作为安全防爆、防火置换或气密性试验的气体。在生产中，通常采用黑色钢瓶盛放氮气。

危险特性：氮气是一种窒息性气体，空气中氮气含量过高，使吸入氧气含量下降，引起缺氧窒息。

(5)氧气。

理化性质：氧气无色、无臭、无味，标准状况下密度为1.429kg/m^3，相对密度1.15，在-182.98℃时氧气变为天蓝色透明液体，在-218.4℃时变为蓝色固体结晶。氧的化学性质活泼，易和其他物质生成氧化物，即发生氧化反应并释放热量。

危险特性：氧气助燃，若与可燃气体氢气、乙烯、甲烷、一氧化碳等按一定比例混合，即成为可爆性的混合气体，一旦有火源或引爆条件就能引起爆炸。各种油脂与压缩氧气接触也可自燃。

(6)惰性气体。

元素周期表中的氦、氖、氩、氪、氙、氡统称为惰性气体，惰性气体(稀有气体)都是无色、无臭、无味的，微溶于水，溶解度随相对分子质量的增加而增大。空气中约含0.94%的惰性气体，其中绝大部分是氩气。惰性气体的分子都是由单原子组成的，它们的熔点和沸点都很低，随着相对原子质量的增加，熔点和沸点增大。它们在低温时都可以液化，基本性质见表2-4。

表 2-4　惰性气体的基本性质

基本性质	氦气（He）	氖气（Ne）	氩气（Ar）	氪气（Kr）	氙气（Xe）	氡气（Rn）
颜色	无色	无色	无色	无色	无色	无色
光谱颜色（放电管中）	黄	红	蓝	淡蓝	蓝绿	—
气体密度（g/L）	0.1785	0.9002	1.7809	3.708	5.851	9.73
熔点(K)	0.95	24.5	84	116.6	161.2	202.2
沸点(K)	4.25	27.3	87.5	120.3	166.1	208.2
溶解度(293K)(mol/L)	13.8	14.7	37.9	73	110.9	—
临界温度（K）	5.25	44.45	153.15	210.65	289.75	377.65
汽化热(kJ/mol)	0.09	1.8	6.3	9.7	13.7	18

2)液化气体

(1)液化石油气。

理化性质：液化石油气是多种烃类气体如丙烷、丙烯、丁烷、丁烯等组成的混合物。这些碳氢化合物都容易液化，将它们压缩到原体积的1/250～1/33，贮存于耐高压的钢罐中，使用时拧开液化气罐的阀门。液化石油气具有挥发性、易燃性、易爆性、微毒性、腐蚀性、密度大、热值高等特性。

危险特性：易燃，在空气中爆炸极限为1.7%～10%，其蒸气比空气重，能在较低处扩散到相当远的地方，遇火源会着火燃烧。液化石油气有麻醉作用，急性中毒时有头晕、头痛、兴奋或嗜睡、恶心、呕吐、脉缓等症状；长期接触低浓度者，可出现头痛、头晕、睡眠不佳、易疲劳、情绪不稳以及自主神经功能紊乱等症状。

(2)乙烯。

理化性质：通常情况下，乙烯是一种无色稍有气味的气体，密度为1.25kg/m^3，比空气的密度略小，难溶于水，易溶于四氯化碳等有机溶剂。常温下极易被氧化剂氧化，易燃烧，并放出热量，燃烧时火焰明亮，并产生黑烟。

危险特性：在空气中爆炸极限为2.7%～36.0%。乙烯对眼及呼吸道黏膜有刺激性作用，吸入高浓度乙烯可立即引起意识丧失，无明显的兴奋期，但吸入清新空气后，可很快苏醒。长期接触可引起头昏、全身不适、乏力、思维不集中。

(3)乙炔。

理化性质：纯乙炔为无色无味的易燃、有毒气体。而电石制的乙炔因混有硫化氢、磷化氢和砷化氢，而带有特殊的臭味。相对密度为0.6208，熔点为-84℃，沸点为-80.8℃，闪点(开口杯)为-17.78℃，自燃点为305℃。微溶于水，易溶于乙醇、苯、丙酮等有机溶剂。化学性质很活泼，能起加成、氧化、聚合及金属取代等反应。

危险特性：在空气中爆炸极限为2.3%～72.3%。在液态和固态下或在气态和一定压力下有猛烈爆炸的危险，受热、震动、电火花等因素都可以引发爆炸，因此不能在加压液化后储存或运输。

(4)硫化氢。

理化性质：常温下为无色气体，有刺激性(臭鸡蛋) 气味，溶于水和乙醇。相对密度为1.19，沸点为-61.8℃，自燃点为246℃。不稳定，加热条件下发生可逆反应。

危险特性：易燃，在空气中爆炸极限为4.3% ~45.5%。硫化氢是一种强烈的神经毒物，空气中硫化氢气体的最高容许浓度为10mg/m^3。当空气中硫化氢浓度达到20mg/m^{3}时可引起人的轻度中毒，恢复较快，无后遗症。当空气中硫化氢浓度达到700mg/m^{3}时可引起人的中度中毒，具体表现为结膜刺激、流泪、恶心、呕吐、腰痛、呼吸困难、头痛、轻度肺炎或肺水肿。当空气中硫化氢浓度达到1000mg/m^{3}时，数秒内可引起重度中毒，先是头痛、心悸、呼吸困难、行动迟缓、意识模糊，随后是抽筋、昏迷、因心脏瘫痪或呼吸停止而死亡。当空气中硫化氢浓度达到1400mg/m^{3}时，会立即昏迷、呼吸麻痹而死亡。

(5)二氧化硫。

理化性质：常温下为无色有刺激性气味的有毒气体，密度比空气大，易液化，易溶于水(约为1:40)，密度为2.927kg/m^3，熔点为-72.4℃，沸点为-10℃。

危险特性：易被湿润的黏膜表面吸收生成亚硫酸、硫酸。对眼及呼吸道黏膜有强烈的刺激作用。大量吸入可引起肺水肿、喉水肿、声带痉挛而致窒息。长期低浓度接触，有头痛、头昏、乏力等全身症状以及慢性鼻炎、咽喉炎、支气管炎、嗅觉及味觉减退等。对大气可造成严重污染。

(6)二氧化碳。

理化性质：常温下是一种无色无味气体，密度比空气略大，能溶于水，并生成碳酸。气体密度为1.977kg/m^3，空气中有微量的二氧化碳，约占0.039%。不可燃，不助燃，无毒性。固态二氧化碳俗称干冰。

危险特性：二氧化碳是造成温室效应的主要来源，因为二氧化碳具有保温的作用。当空气中二氧化碳的浓度达到2%以上时，就会使人头晕目眩；浓度达到5%，人便会恶心呕吐，呼吸不畅；浓度超过8%，人便会有死亡的危险。

(7)氯气。

理化性质：通常情况下为有强烈刺激性气味的有毒的黄绿色气体。在标准状况下，其密度为3.214kg/m^3，相对密度为2.49，熔点为-102℃，沸点为-34.6℃，降温加压可将氯气液化为液氯。可溶于水，且易溶于有机溶剂(例如四氯化碳)，难溶于饱和食盐水。

危险特性：氯气是一种有毒气体，氯气中毒的明显症状是发生剧烈的咳嗽。症状重时，会发生肺水肿，阻碍呼吸循环而致人死亡。由食道进入人体的氯气会使人恶心、呕吐、胸口疼痛和腹泻。空气中氯气的最高允许浓度为1mg/m^3，超过此量就会引起人体中毒。

(8)氮氧化物。

理化性质：氮氧化物指的是只由氮、氧两种元素组成的化合物。常见的氮氧化物有一氧化氮(无色)、二氧化氮(红棕色)、一氧化二氮、五氧化二氮等，其中除五氧化二氮常态下呈固态外，其他氮氧化物常态下都呈气态。相对密度：一氧化氮接近空气，一氧化二氮、二氧化氮比空气略重。熔点：五氧化二氮为30℃，其余均低于0℃。均微溶于水，水溶液呈不同程度的酸性。氮氧化物系非可燃性物质，但均能助燃，如一氧化二氮、二氧化氮和五氧化二氮遇高温或可燃性物质能引起爆炸。

危险特性：氮氧化物可刺激肺部，使人较难抵抗感冒之类的呼吸系统疾病。对儿童来说，氮氧化物可能会造成肺部发育受损。以一氧化氮和二氧化氮为主的氮氧化物是形成光化学烟雾和酸雨的一个重要原因。汽车尾气中的氮氧化物与氮氢化合物经紫外线照射发生反应形成的有毒烟雾，称为光化学烟雾。光化学烟雾具有特殊气味，刺激眼睛，伤害植物，并能使大气能见度降低。另外，氮氧化物与空气中的水反应生成的硝酸和亚硝酸是酸雨的主要成分。

五、毒物侵入人体的途径与危害

1. 毒物侵入人体的途径

毒物侵入人体的途径有呼吸道、消化道、皮肤，还有皮下注射、肌肉注射、静脉注射以及黏膜等其他特殊途径。在工业生产中，有毒化学品的危害途径最主要是呼吸道，其次为皮肤，而经消化道、黏膜等其他途径较罕见。

1)经呼吸道进入

这是最主要、最常见、最危险的途径。大多数职业中毒均由此而引起。在生产过程中，以气体、蒸汽雾、烟、粉尘等不同形态存在于生产环境中的毒物随时可被吸入呼吸道。毒物能否随吸入的空气进入肺泡，并被肺泡吸收，与毒物的粒子大小及水溶性有很大的关系。当毒物呈气体、蒸汽、烟等形态时，由于粒子很小，一般在3μm以下，易到达肺泡。5μm以上的雾和粉尘，在进入呼吸道时，绝大部分被鼻腔和上呼吸道所阻留，且通过呼吸道时，易被上呼吸道的黏液所溶解而不易到达肺泡；但在浓度高等特殊情况下，仍有部分可到达肺泡。当毒物到达肺泡后，水溶性大或粒子小的毒物经肺泡吸收的速度较快。毒物被肺泡吸收后，不经肝脏的解毒作用而直接进入血液循环，分布全身，产生毒作用，所以有更大的危险性。

2)经皮肤进入

皮肤吸收毒物主要是通过表皮屏障和毛囊进入，在个别情况下，也可通过汗腺导管进入。由于表皮角质层下的表皮细胞膜富有磷脂，故对非脂溶性物质具有屏障作用，表皮与真皮连接处的基膜也有类似作用。脂溶性物质虽能透过此屏障，但除非同时具有一定的水溶性，否则也不易被血液所吸收。毒物经皮肤进入机体的第二条途径是绕过表皮屏障，通过毛囊直接透过皮脂腺细胞和毛囊壁进入真皮乳头毛细管而被血液吸收。有些毒物，能同时经表皮和毛囊进入皮肤。毒物经皮肤吸收的数量和速度，除了与它的脂溶性、水溶性、浓度和皮肤的接触面积等有关外，还与外界的气温、气湿等条件有关。经皮肤侵入的毒物，吸收后也不经肝脏的解毒作用，而直接随血液循环分布全身。

3) 经消化道进入

在生产环境中，毒物单纯从消化道吸收而引起中毒的情况比较少见。多由不良卫生习惯造成误食，或毒物由呼吸道侵入人体，一部分沾附在鼻咽部混于其分泌物中，无意被吞入。毒物进入消化道后，大多随粪便排出，其中一部分在小肠内被吸收，经肝脏解毒转化后被排出，只有一小部分进入血液循环系统。

2. 毒物对人体的危害

有毒物质对人体的危害主要是引起中毒。中毒分为急性、亚急性和慢性。毒物一次短时间内大量进入人体后可引起急性中毒；小量毒物长期进入人体所引起的中毒称为慢性中毒；介于两者之间者，称之为亚急性中毒。接触毒物不同，中毒后的病状不一样，现将中毒后的主要危害分述如下。

1) 呼吸系统危害

在工业生产中，呼吸道最易接触毒物，特别是刺激性毒物，一旦吸入，轻者引起呼吸困难，重者发生化学性肺炎或肺水肿。常见引起呼吸系统损害的毒物有氯气、氨、二氧化硫、光气、氮氧化物，以及某些酸类、酯类、磷化物等。常见的呼吸系统危害有：

(1) 急性呼吸道炎。刺激性毒物可引起鼻炎、喉炎、支气管炎等，症状有流涕、喷嚏、咽痛、咳痰、胸痛、气急、呼吸困难等。

(2) 化学性肺炎。肺脏发生炎症，比急性呼吸道炎更严重。患者有咳嗽、咳痰（有时痰中带血丝）、胸闷、胸痛、气急、呼吸困难、发热等症状。

(3) 化学性肺水肿。患者肺泡内和肺泡间充满液体，多为大量吸入刺激性气体引起，是最严重的呼吸道病变，抢救不及时可造成死亡。患者有明显的呼吸困难，皮肤、黏膜青紫(紫绀)，剧咳，带有大量粉红色沫痰，烦躁不安等。慢性影响：长期接触铬及砷化合物，可引起鼻黏膜糜烂、溃疡甚至发生鼻中隔穿孔。长期低浓度吸入刺激性气体或粉尘，可引起慢性支气管炎，重的可发生肺气肿。某些对呼吸道有致敏性的毒物，如甲苯二异氰酸酯（TDI）、乙二胺等，可引起哮喘。

2) 神经系统危害

神经系统由中枢神经(包括脑和脊髓)和周围神经(由脑和脊髓发出，分布于全身皮肤、肌肉、内脏等处)组成。有毒物质可损害中枢神经和周围神经。主要侵犯神经系统的毒物称为“亲神经性毒物”。常见的神经系统危害有：

(1) 神经衰弱综合症，这是许多毒物慢性中毒的早期表现。患者出现头痛、头晕、乏力、情绪不稳、记忆力减退、睡眠不好、自主神经功能紊乱等。

(2) 周围神经病，常见引起周围神经病的毒物有铅、铊、砷、正己烷、丙烯酰胺等。毒物可侵犯运动神经、感觉神经或混合神经。表现有运动障碍、反射减弱、肌肉萎缩等，严重时出现瘫痪。

(3) 中毒性脑病，多是由能引起组织缺氧的毒物和直接对神经系统有选择性毒性的毒物引起。前者如一氧化碳、硫化氢、氰化物、氮气、甲烷等；后者如铅、四乙基铅、汞、锰、二硫化碳等。急性中毒性脑病是急性中毒中最严重的病变之一，常见症状有头痛、头晕、嗜睡、视力模糊、步态蹒跚，甚至烦躁等，严重者可发生脑疝而死亡。慢性中毒性脑病可有痴呆型、精神分裂症型、震颤麻痹型、共济失调型等。

3）血液系统危害

在工业生产中，有许多毒物能引起血液系统损害。例如，苯、砷、铅等，能引起贫血；苯、巯基乙酸等能引起粒细胞减少症；苯的氨基和硝基化合物（如苯胺、硝基苯）可引起高铁血红蛋白血症，患者突出的表现为皮肤、黏膜青紫；氧化砷可破坏红细胞，引起溶血；苯、三硝基甲苯、砷化合物、四氯化碳等可抑制造血机能，引起血液中红细胞、白细胞和血小板减少，发生再生障碍性贫血；苯可致白血症已得到公认，其发病率为0.14‰。

4）消化系统危害

有毒物质对消化系统的损害很大。例如，汞可致毒性口腔炎，氟可导致“氟斑牙”；汞、砷等毒物，经口侵入可引起出血性胃肠炎；铅中毒，可导致腹绞痛；黄磷、砷化合物、四氯化碳、苯胺等物质可致中毒性肝病。

5）循环系统危害

常见有机溶剂中的苯以及某些刺激性气体和窒息性气体对心肌的损害，其表现为心慌、胸闷、心前区不适、心率快等；急性中毒可出现休克；长期接触一氧化碳可促进动脉粥样硬化等。

6）泌尿系统危害

经肾随尿排出是有毒物质排出体外的最重要的途径，肾血流量丰富，易受损害。泌尿系统各部位都可能受到有毒物质损害，如慢性铍中毒常伴有尿路结石，杀虫脒中毒可出现出血性膀胱炎等，但常见的还是肾损害。不少生产性毒物对肾有毒性，尤以重金属和卤代烃最为突出。如汞、铅、铊、镉、四氯化碳、六氟丙烯、二氯乙烷、溴甲烷、溴乙烷、碘乙烷等。

7）身体部位危害

（1）骨骼损害。长期接触氟可引起氟骨症。磷中毒可引起下颌改变，严重者发生下颌骨坏死。长期接触氯乙烯可导致肢端溶骨症，即指骨末端发生骨缺损。镉中毒可引起骨软化。

（2）眼损害。生产性毒物引起的眼损害分为接触性和中毒性两类。接触性眼损害主要是指酸、碱及其他腐蚀性毒物引起的眼灼伤。眼部的化学灼伤救治不及时可造成终生失明。引起中毒性眼病最主要的毒物为甲醇和三硝基甲苯。甲醇急性中毒者的眼部表现为模糊、眼球压痛、畏光、视力减退、视野缩小等症状，严重中毒时可导致复视、双目失明。

（3）皮肤损害。职业性疾病中常见、发病率最高的是职业性皮肤病，其中由化学性因素引起者占多数。引起皮肤损害的化学性物质分为原发性刺激物、致敏物和光敏感物。常见原发性刺激物为酸类、碱类、金属盐、溶剂等；常见皮肤致敏物有金属盐类（如铬盐、镍盐)、合成树脂类、染料、橡胶添加剂等;光敏感物有沥青、焦油、吡啶、蒽、菲等。常见的职业性皮肤病包括接触性皮炎疣疹及氯痤疮、皮肤黑变病、皮肤溃疡及皲裂等。

(4)化学灼伤。化学灼伤是化工生产中的常见急症,是指由化学物质对皮肤、黏膜刺激及化学反应热引起的急性损害。按临床表现分为体表(皮肤)化学灼伤、呼吸道化学灼伤、消化道化学灼伤、眼化学灼伤。常见的致伤物有酸、碱、酚类、黄磷等。部分化学物质在致伤的同时可经皮肤、黏膜吸收引起中毒,如黄磷灼伤、酚灼伤、氯乙酸灼伤,甚至引起死亡。

8)职业性肿瘤

接触职业性致癌因素而引起的肿瘤,称为职业性肿瘤。国际癌症研究机构(IARC)2010年公布了对人肯定有致癌性的100种物质或环境。致癌物质有苯、铍及其化合物、镉及其化合物、六价铬化合物、镍及其化合物、环氧乙烷、砷及其化合物、α-萘胺、4-氨基联苯、联苯胺、煤焦油沥青、石棉、氯甲醚等;致癌环境有煤的气化、焦炭生产等场所。我国2013年颁布的职业病名单中规定石棉所致肺癌、间皮瘤,联苯胺所致膀胱癌,苯所致白血病,氯甲醚双氯甲醚所致肺癌,砷及其化合物所致肺癌、皮肤癌,氯乙烯所致肝血管肉瘤,焦炉逸散物所致肺癌,六价铬化合物所致肺癌,毛沸石所致肺癌、胸膜间皮瘤,煤焦油、煤焦油沥青、石油沥青所致皮肤癌和β-萘胺所致膀胱癌为法定的职业性肿瘤。

毒物引起的中毒易造成多器官、多系统的损害,如常见毒物铅可引起神经系统、消化系统、造血系统及肾脏损害;三硝基甲苯中毒可出现白内障、中毒性肝病、贫血等。

有毒化学物质对机体的危害还取决于一系列因素和条件,如毒物本身的特性(化学结构、理化特性),毒物的剂量、浓度和作用时间,毒物的联合作用,个体的感受性等。机体与有毒化学物质之间的相互作用是一个复杂的过程,中毒后的表现千变万化,了解和掌握这些过程和表现,将有助于我们对化学物质中毒的防治。

3. 有毒物质的最高容许浓度

最高容许浓度(Maximum Allowable Concentration,简称MAC)是指环境中有害物质的容许浓度,经多次有代表性的采样测定时不得超过的浓度。环境中有害物质以此浓度经生态系统直接或间接作用于人的一生,不会引起健康损害或精神疾患的发生(包括潜在的或暂时的代偿状态),或者用现代医学检查方法,在当代或下一代人不能检测出非适应性生理反应的改变。对车间空气、地面水、饮用水、食品及土壤中有害物质一般只制订最高容许浓度,而对大气中有害物质则制定了两种最高容许浓度,即一次最高容许浓度(指任何一次测定结果的最大容许值)和日平均最高容许浓度(指任何一日的平均浓度的最大容许值),前者为防止急性有害作用的瞬间接触容许浓度,后者则为防止慢性毒作用的容许浓度。

毒理学中的MAC:在劳动环境中,MAC是指车间内工人工作地点的空气中某种外源化学物不可超越的浓度。在此浓度下,工人长期从事生产劳动,不致引起任何急性或慢性的职业危害。在生活环境中,MAC是指对大气、水体、土壤的介质中有毒物质的限量标准。接触人群中最敏感的个体即刻暴露或终生接触该水平的外源化学物,不会对其本人或后代产生有害影响。

由于接触的具体条件及人群的不同，即使是同一种外源化学物，它在生活和生产环境中的 MAC 也不同。

常见有毒物质在工作场所空气中的最高容许浓度、时间加权平均容许浓度、短时间接触容许浓度按中华人民共和国卫生部 2003 年第 142 号文件《高毒物品目录》规定执行，详见表 2-5。

表 2-5　高毒物品目录（卫法监发〔2003〕142 号，摘录）

序号	毒物名称 CAS① No.	别名	英文名称	MAC② (mg/m^3)	PC-TWA③ (mg/m^3)	PC-STEL④ (mg/m^3)
1	N-甲基苯胺 100-61-8		N-Methyl aniline	—	2	5
2	氨 7664-41-7	阿摩尼亚	Ammonia	—	20	30
3	苯 71-43-2		Benzene	—	6	10
4	苯胺 62-53-3		Aniline	—	3	7.5
5	丙烯酰胺 79-06-1		Acrylamide	—	0.3	0.9
6	丙烯腈 107-13-1		Acrylonitrile	—	1	2
7	对硝基苯胺 100-01-6		p-Nitroaniline	—	3	7.5
8	二硫化碳 75-15-0		Carbon disulfide	—	5	10
9	氟化氢 7664-39-3	氢氟酸	Hydrogen fluoride	2	—	—
10	汞 7439-97-6	水银	Mercury	—	0.02	0.04
11	黄磷 7723-14-0		Yellow phosphorus	—	0.05	0.1
12	甲醛 50-00-0	福尔马林	Formaldehyde	0.5	—	—
13	硫化氢 7783-06-4		Hydrogen sulfide	10	—	—
14	氯；氯气 7782-50-5		Chlorine	1	—	—
15	氯乙烯；乙烯基氯 75-01-4		Vinyl chloride	—	10	25
16	氰化物（按 CN 计）143-33-9		Cyanides, as CN	1	—	—
17	三硝基甲苯 118-96-7	TNT	Trinitrotoluene	—	0.2	0.5
18	石棉总尘/纤维 1332-21-4		Asbestos	—	0.8 0.8f/mL	1.5 1.5f/mL
19	硝基苯 98-95-3		Nitrobenzene (skin)	—	2	5
20	一氧化碳（非高原）630-08-0		Carbon monoxide not in high altitude area	—	20	30

①CAS 为化学文摘号。

②MAC 为工作场所空气中有毒物质最高容许浓度。

③PC-TWA 为工作场所空气中有毒物质时间加权平均容许浓度。

④PC-STEL 为工作场所空气中有毒物质短时间接触容许浓度。

最高容许浓度是预防工人在工作地点内慢性吸入中毒的标准，不能用作急性中毒的衡量尺度。对有些容易经皮肤吸收进入人体的毒物，除应尽力控制空气中毒物含量，使其低于最高容许浓度外，还需加强皮肤的防护和减少与皮肤接触的机会。

六、预防毒物介质侵入人体的措施

1. 预防思路

井下作业施工过程中应加强毒物介质的管理、控制和有序排放，坚持作业场所毒害介质检测预防，强化岗位人员防范意识，达到预防、控制和消除毒物介质侵入人体的目的。

预防毒物介质危害的基本思路：减少有毒物质的来源，防止次生毒害物质的生成；减少有毒物质的分离，防止生产设备设施的泄漏；减少与有毒物质的接触，防止毒害物质对人体的侵害。

2. 预防措施

1) 加强员工安全教育

对员工进行职业安全教育培训，增强安全意识，明确井下作业可能导致中毒的危害因素，掌握监测仪器及防护器具的使用及维护，熟悉职业中毒的特点、自救互救等知识。

2) 建立健全有毒有害气体安全管理制度

结合各生产区域实际情况，建立健全安全作业制度、个人防护制度、防中毒应急预案等各种安全管理制度，并加强现场管理，确保各项制度的落实。

3) 做好防范措施，减少毒物扩散

对储层特征及敏感性进行详细分析、评价，使用的修井液、压裂液等入井液体和辅助材料应尽量采用无毒、低毒材料。入井液体不与储层发生反应生成次生毒害物质，从源头上减少毒物扩散到地面。

(1) 配足检测仪、空气呼吸器等应急器材，强化试油、压裂、投产、修井过程中对毒害气体的检测工作，做好毒害气体的资料录取、通风、隔离等措施，发现问题及时处理。

(2) 对于“三高”（高压力、高危险、高含有毒有害气体）区域的试油、投产、修井作业，必须要有针对性、可操作性的井控设计、防中毒措施、应急预案，并经常开展应急演练，提高应急处置能力。

(3) 确保井下作业过程中各设备、设施的密闭性，做到有毒物质不散发、不外逸。对于伴生气量较大的油田，可根据现场有毒有害气体含量配套井口放喷管线进行集中燃放，并设置安全标志。

4) 严格执行技术标准，规范现场管理

(1) 井场设备的安放位置应考虑当地主要的季风风向，并设置风向标。

(2) 生活区应布置在井口、防喷管线出口、循环罐等装置的上风方向，井场周围应设置两个临时安全区。

(3) 在拆卸防盗箱作业时，首先要检测毒害气体、可燃气体浓度，待浓度符合作业条件后方可作业。作业时防止碰撞产生火花而引发着火、爆炸事故。

(4)充分利用通风设施，强制对流通风，加快半封闭场所毒害气体扩散，降低毒害气体的浓度，确保生产区域安全。

第二节　常见危害因素及防护措施

在井下作业施工过程中，必须对存在的危害因素进行风险识别，并制定针对性的消减措施，才能及时将事故消灭在萌芽状态，确保施工安全。本节介绍了火灾、井喷和机械伤害等常见危害因素及相应的防护措施。

一、火灾、爆炸

1. 火灾

火灾就是指着火后在时间和空间上失去控制并对财物和人身造成损害的灾害。井下作业过程中发生火灾的隐患很多，如：井场污油、井口溢流、井喷、电线漏电、电线短路、作业机排气管火星溢出、铁器撞击产生火花、井场内进行焊接和切割作业等都极易引发火灾。

1)燃烧及燃烧条件

(1)燃烧。

燃烧是物质相互作用，同时有热和光发生的化学反应过程，在反应过程中物质会改变原有的性质变成新的物质。放热、发光、生成新物质是燃烧的 3 个特征。从化学本质上看，一切燃烧反应均是氧化还原反应。

(2)燃烧条件。

燃烧必须同时具备可燃物、助燃物、着火源这 3 个条件(或称三要素)。

可燃物：凡是能与空气中的氧或其他氧化剂起燃烧反应的物质。如液化石油气、汽油、木材等。

助燃物：凡是能帮助和支持燃烧的物质。如氧气、空气(含氧气)、一氧化氮等。

着火源：能引起可燃物质发生燃烧的热能源。如明火、摩擦、电火花、聚集日光等。

以上三点是燃烧的必要条件，缺少上述 3 个条件中的任意一个，燃烧就不可能发生。而且若要燃烧发生，三要素中的每一个都要达到一定的量，并且相互作用，否则也不会发生燃烧。比如房间内有木桌(可燃物)、空气(助燃物)、煤油灯(着火源)，但并没有发生燃烧现象，这就是因为这 3 个条件未相互作用。因此，对于正在进行的燃烧，只要消除 3 个要素中的任何一个，燃烧便会终止，这也就是灭火的基本原理。

2)燃烧过程

任何可燃物质的燃烧必须经过氧化、分解和燃烧阶段，如图 2-1 所示。但是由于可燃物的状态不同，其燃烧的特点也不相同。气体最容易燃烧，只要达到其本身氧化分解所需的热量便能迅速燃烧；液体在火源作用下，首先使其蒸发，然后蒸汽氧化分解进行燃烧；

固体燃烧，如果是简单物质，如磷，受热时首先融化，然后蒸发、燃烧，没有分解过程，如果是复杂物质，在受热时，首先分解生成气态和液态产物，然后气态产物和液态产物的蒸汽着火燃烧。

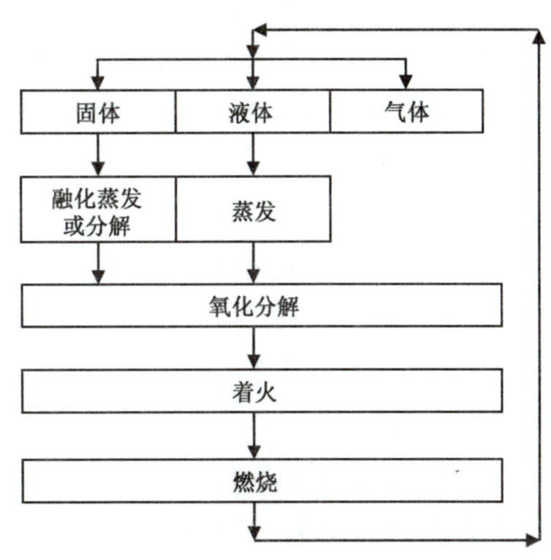

图 2–1　物质燃烧过程示意图

物质在燃烧时，其温度变化也是很复杂的，掌握这些温度变化，有助于对防火灭火的研究。如图 2–2 所示，$T_{初}$ 为可燃物开始加热的温度，刚开始时，加热的大部分热量用于融化和分解，所以可燃物温度上升的比较缓慢。$T_{氧}$ 为可燃物开始氧化的温度，此时，由于温度依然较低，所以氧化的速度不快，氧化所产生的热量还不足以向外界散发，如果此时停止加热，仍然不会引起燃烧，如果继续加热，则温度就很快上升。到 $T_{自}$ 时，氧化所产生的热量和系统向外散失的热量相等，如果温度再稍微升高，超过这种平衡状态，即便是停止加热，温度也能自行升高，到 $T_{自}'$就出现火焰并燃烧起来，所以，$T_{自}$ 就是开始出现火焰的温度，它是理论上的自燃点，也是通常测得的自燃点。$T_{燃}$ 为物质的燃烧温度。$T_{自}$ 到 $T_{自}'$这段时间为诱导期，诱导期在安全上有实际意义。

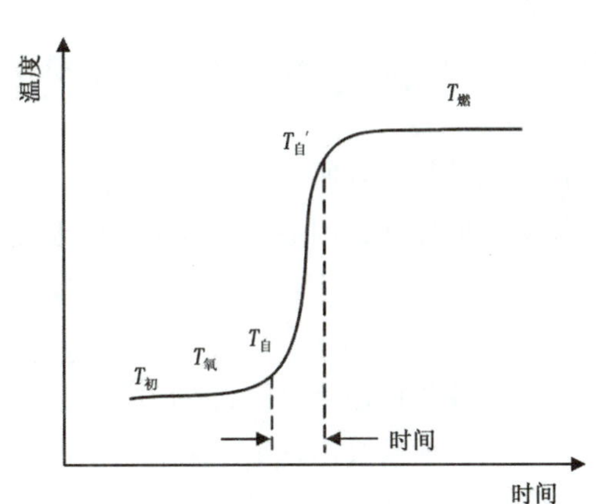

图 2–2　物质燃烧时温度变化图

3) 燃烧种类

燃烧现象按形成的条件和瞬间发生的特点，分为闪燃、着火、自燃、爆燃 4 种。

闪燃是指在一定的温度下，易燃、可燃液体表面上的蒸汽和空气的混合气体与火焰接触时，闪出火花但随即熄灭的瞬间燃烧过程，液体能发生闪燃的最低温度叫闪点，液体的闪点越低，它的火灾危险性就越大。

着火是指可燃物受外界火源直接作用而开始的持续燃烧现象。着火是日常生产、生活中最常见的燃烧现象，很多火灾都是从着火开始逐步发展而成的。可燃物开始着火所需要的最低温度，叫燃点。可燃物质的燃点越低，越容易着火。

自燃是可燃物质没有外界火源的直接作用，因受热或自身发热使温度上升，当达到一定温度时发生的自行燃烧的现象。可燃物质不需火源的直接作用就能发生自行燃烧的最低温度叫自燃点，也称自燃温度。

爆燃是可燃物质和空气或氧气的混合物由火源点燃，火焰立即从火源处以不断扩大的同心球形式自动扩展到混合物的全部空间的燃烧现象。爆燃发生时，除产生热量外，燃烧空间的气体由于高温膨胀，还能产生很大的压力，使未燃烧区压缩升温，增加了单位空间的能量贮藏密度，使燃烧速度加快，这种现象在密闭容器中尤为显著，极易造成爆炸事故。

2. 爆炸

物质由一种状态迅速地转变为另一种状态，并瞬间以机械功的形式放出大量能量，同时产生巨大声响的现象，称为爆炸。爆炸也可视为气体或蒸汽在瞬间剧烈膨胀的现象。爆炸时由于压力急剧上升而对周围物体产生破坏作用，所以爆炸的特点是具有破坏力、产生爆炸声和冲击波。

(1)根据爆炸传播速度，可将爆炸分为轻爆、爆炸和爆轰。

①轻爆：传播速度为每秒数十厘米至数米的过程。

②爆炸：传播速度为每秒十米至数百米的过程。

③爆轰：传播速度为1000~7000m/s的过程。

(2)爆炸还可以按爆炸反应的物相分为以下三类。

①气相爆炸。包括可燃性气体和助燃性气体混合物的爆炸、气体的分解爆炸、喷雾爆炸、可燃粉尘的爆炸等。

②液相爆炸。包括聚合爆炸、蒸发爆炸以及由不同液体混合所引起的爆炸。

③固相爆炸。包括爆炸性化合物及其他爆炸性物质的爆炸，因电流过载引起的电缆爆炸等。

(3)爆炸破坏的作用形式。

①振动作用。在遍及破坏作用的区域内，有一个能使物体振荡、使之松散的力量。

②冲击波。随爆炸的出现，冲击波最初出现正压力，而后又出现负压力。由于冲击波产生正负交替的波状气压向四周扩散，从而造成附近建筑物的破坏。建筑物的破坏程度与冲击波的能量大小、本身的坚固性和建筑物与产生冲击波的中心距离有关。

③碎片冲击。机械设备、装置、容器等爆炸后，变成碎片飞散出去，可达10~500m，会在相当广的范围内造成危害。

④造成火灾。通常爆炸气体扩散只发生在极其短促的瞬间，对一般可燃物质来说，不足以造成起火燃烧，而且有时冲击波还能起灭火作用。但是，建筑物内遗留大量的热或残余火苗，将把从破坏的设备内部不断流出的可燃物点燃，加重爆炸的破坏力。

⑤其他破坏作用如产生噪声、有毒气体等。

(4)爆炸极限及其影响因素。

①爆炸极限。

可燃物质(可燃气体、蒸气和粉尘)与空气(或氧气)必须在一定的浓度范围内均匀混合，形成预混气，遇到火源才会发生爆炸，这个浓度范围称为爆炸极限，或爆炸浓度极限。可燃性混合物能够发生爆炸的最低浓度和最高浓度，分别称为爆炸下限和爆炸上限。

可燃气体在空气中的浓度只有在爆炸下限 LEL(Lower Explosion Limited)和爆炸上限 UEL(Upper Explosion Limited)之间才会发生爆炸，低于爆炸下限或高于爆炸上限都不会发生爆炸。这是由于前者的可燃物浓度不够，过量空气的冷却作用，阻止了火焰的蔓延；而后者则是空气(氧)不足，导致火焰不能蔓延的缘故。

爆炸极限的表示方法。气体或蒸气爆炸极限是以可燃性物质在混合物中所占体积的百分比(%)来表示的，如氢与空气混合物的爆炸极限为4% ~75%。可燃粉尘的爆炸极限是以可燃性物质在混合物中所占体积的质量比(单位：g/m^3)来表示的，例如铝粉的爆炸极限为$40g/m^3$。

可燃性混合物的爆炸极限范围越宽、爆炸下限越低和爆炸上限越高时，其爆炸危险性越大。这是因为爆炸极限越宽则出现爆炸条件的机会就越多，爆炸下限越低则可燃物稍有泄漏就会形成爆炸条件；爆炸上限越高则有少量空气渗入容器，就能与容器内的可燃物混合形成爆炸条件。可燃性混合物的浓度高于爆炸上限时，虽然不会着火和爆炸，但当它从容器或管道里逸出，重新接触空气时却能燃烧，仍有发生着火的危险。

易燃介质是指其与空气混合的爆炸下限小于10%，或者爆炸上限和下限之差大于20%的气体。常用可燃气体在空气中的爆炸极限见表2-6。

表2-6　常用可燃气体在空气中的爆炸极限

名称	分子式	爆炸极限(%)		名称	分子式	爆炸极限(%)	
		下限	上限			下限	上限
甲烷	CH_4	5.0	15.0	甲醛	CH_2O	7.0	73.0
乙烷	C_2H_6	3.0	15.5	硫化氢	H_2S	4.3	45.5
丙烷	C_3H_8	2.1	9.5	一氧化碳	CO	12.5	74.2
丁烷	C_4H_{10}	1.9	8.5	甲醇	CH_3OH	6.7	36.0
乙烯	$CH_2=CH_2$	2.7	36.0	丙烯	C_3H_6	2.0	11.1
乙炔	$HC\equiv CH$	2.30	72.3	氢	H_2	4.0	75.0

②爆炸极限的影响因素。

爆炸极限不是一个固定值，混合系的组分不同，爆炸极限也不同。同一混合系，由于初始温度、系统压力、惰性介质含量、混合系存在空间以及点火能量的大小等都能使爆炸极限发生变化。

a. 初始温度的影响。混合气着火前的初始温度升高，会使分子的反应活性增加，导致爆炸范围扩大，即爆炸下限降低、上限提高，从而增加混合物的爆炸危险性。

b. 压力的影响。系统压力增大，爆炸极限范围也扩大，这是由于系统压力增高，使分子间距离更为接近，碰撞几率增高，使燃烧反应更易进行。压力降低，则爆炸极限范围缩小；当压力降至一定值时，其上限与下限重合，此时对应的压力称为混合系的临界压力。

c. 惰性介质的影响。混合系中所含惰性气体量增加，爆炸极限范围缩小，惰性气体浓度提高到某一数值，混合系就不能爆炸。

d. 容器直径大小的影响。容器、管子直径越小，则爆炸范围就越小。当管径（火焰通道）小到一定程度时，单位体积火焰所对应的固体冷却表面散出的热量就会大于产生的热量，火焰便会中断熄灭。

e. 火源能量的影响。爆炸性混合物的点火能源，炽热表面的面积、火源与混合物接触时间长短等，对爆炸极限都有一定影响。如甲烷对电压为100V、电流强度为1A的电火花，无论在任何比例下都不爆炸；如果电流强度为2A，其爆炸极限为5.9%～13.6%；电流为3A，其爆炸极限为5.85%～14.8%。

除上述因素外，混合系接触的封闭外壳的材质、机械杂质、光照、表面活性物质等都可能影响到爆炸极限范围。如甲烷与氯的混合物，在黑暗中长时间内不发生反应，但在日光照射下，便会引起激烈的反应，如果两种气体的比例适当，则会发生爆炸。

3. 预防措施

（1）需要明火作业时，必须严格执行动火审批制度。

（2）合理配置消防器材及监测仪器，加强对作业现场可燃气体的监测力度，提高防范能力。

（3）井场设备的布局要考虑防火的安全要求，应详细了解地下管线及电缆分布情况，避免损坏管线或电缆，造成油气泄漏，引发火灾爆炸事故。

（4）井场照明应使用防爆灯，所用电线应采用双层绝缘导线。进户线过墙和发电机的输出线应穿绝缘胶管保护，接头不应裸露和松动。

（5）立、放井架及吊装作业应与高压线等架空线路保持安全距离，由专人指挥，并采取保护措施。

（6）修井车周围严禁堆放杂物及易燃易爆物，使用原油、轻质油、柴油等易燃物品施工时，井场50m以内严禁烟火。

（7）在进行作业时，进、出井场的车辆、作业车辆和柴油机的排气管无破漏和积炭，并有冷却、防火装置，作业人员要穿戴“防静电”劳保服。

（8）井口装置及其他设备应不漏油、不漏气、不漏电，如果发生泄漏应及时整改，同时要铺设好放喷管线，做好放喷口可燃气体、有毒有害气体的检测和记录。

（9）在高含硫和一氧化碳气体区域作业的相关人员上岗前应按SY/T 6277—2005《含硫油气田硫化氢监测与人身安全防护规程》接受培训，熟知硫化氢和一氧化碳的防护技术，经考核合格后方可上岗。

（10）在作业时如发生气侵、井涌、溢流，要立即熄灭井场所有火源，严防铁器敲击碰撞产生火花。

二、井喷

1. 井喷产生的原因

井喷是指在钻井、井下作业过程中，石油、天然气、水等地层流体的压力大于井内压力而大量涌入井筒，并从井口无控制地喷出的现象。如果喷发时巨大的压力和冲击波造成人员伤亡和财产损失，则称为井喷事故。井喷产生的原因有以下几点：

(1)井下作业过程中由于选择的压井液密度过低，使压井后井筒液柱压力低于地层本身的压力，或者是压井过程中压井液被气侵，使进入井筒中的压井液密度降低。

(2)在起管柱过程中不采取边起边灌压井液的措施，使井筒液柱压力不断降低而导致井喷。

(3)当油井处于多层开采，在各层压力系数相差较大的情况下，压井后有的层会发生漏失，当井筒内液柱压力降低到一定程度，液柱压力低于高压层压力时，高压层的油、气、水会喷出，出现井喷。

(4)当上提管柱时，大直径工具造成抽汲现象，使压井液被带出井外，从而造成井喷。

2. 预防措施

(1)选择密度适当、性能稳定的压井液压井。

(2)选择合适的压井方式和方法压井。

(3)坚持“边起边灌”的方法，保持井筒内液柱压力。

(4)井口安装自封封井器、防喷器等井控器材，一旦发生井喷立即关闭防喷器。

(5)做好抢装井口设备的准备工作，如有井喷预兆就可迅速地抢装井口，防止井喷。

三、机械伤害

1. 常见的机械伤害

机械伤害事故是指由于机械性外力的作用而造成的物体打击、人员伤亡或机械损坏事故。在井下作业过程中，经常发生断轴、开裂、倒井架、重物脱落等机械事故。其中常见的机械伤害有：

(1)机械外露运动的部分在运行中引起的绞、辗伤害，或因运动部件断脱、飞出而造成的人身伤亡及机器的损坏事故。

(2)手持工具、用具(如管钳、吊卡、吊环、扳手等)造成的碰、砸、割等人身伤害。

(3)起下钻作业过程中造成的人身伤害事故。例如，油管杆桥倒塌、起下油管杆时油管杆后部撅起或滑落、管钳没有打牢、操作台结冰湿滑和违规操作等都极易造成人员伤亡。

(4)搬运设备设施过程中的伤害事故。如抬重物时滑倒摔伤等。

2. 预防措施

(1)高速运转的机械部件外露部分应加装防护罩。对事故发生频率高、危险性大的机器，如锚头、绞车、滚筒、皮带轮、曲柄等应加防护罩。

(2)安装井口控制器和井口阀门时易发生夹手和砸手事故，作业机械操作人员与井口操作人员要配合好，并有专人指挥。

(3)起下钻作业过程中，井口操作人员必须穿戴好劳保用品，佩戴安全帽，做好防滑、防冻、防摔措施，严禁盲目施工，杜绝违章指挥、违章操作，要做到相互监督、相互提示、相互纠正违章行为。

(4)在搬运过程中要做到：

①做好出车前的检查准备工作，使车辆保持完好状态。

②检查好吊装绳索有无断丝、断股、死扭现象，确保绳索的抗拉强度。

③吊装时要有专业人员指挥，吊臂下严禁站人。

④吊臂必须与高压线路保持足够的安全距离，防止高压触电。

⑤采用四角吊装，同时要检查吊环处的焊接情况。

⑥吊装物要固定在拖运车上，绝不能前后左右窜动，途中要多次进行检查，防止固定绳索松动。

⑦拖车停放要平稳，便于作业机上下。作业机上下拖车时要有专人指挥，并把作业机固定在拖车上。拖车行驶不能超过每小时40km，并且不能急起步、急停车、急转弯，防止出现作业机滑落事故。

⑧搬运人员要注意力集中，密切配合，观察好行走路线，严禁在视线不佳、天气不好、井场泥泞等情况下搬家。

四、中毒

中毒是指机体过量或大量接触毒物介质，引发组织结构和功能损害、代谢障碍，从而发生疾病或死亡的事件。中毒的原因及预防措施详见本书第二章第一节的相关内容。

五、高空坠落

1. 高空坠落的概念

高空作业是指离坠落高度基准面2m以上(含2m)有坠落可能的位置进行的作业。高空作业事故类型大体分为两类：一是操作人员从高处坠落造成伤害；二是设备、材料、工具等物品从高处落下，导致下方人员受到伤害。

2. 预防措施

(1)对从事高处作业人员要坚持开展安全宣传教育和安全技术培训。

(2)高处作业人员的身体条件要符合安全要求。不准患有高血压、心脏病、贫血、癫痫病等人员从事高处作业。对疲劳过度、精神不振和思想情绪低落人员要停止高处作业。严禁酒后从事高处作业。

(3)高处作业人员的个人着装要符合安全要求。根据实际需要配备安全帽、安全带和有关劳动保护用品，不准穿高跟鞋、拖鞋或赤脚作业。如果是悬空高处作业要穿软底防滑鞋，不准从高处跳上跳下。

(4)安排施工计划时，避免同井场内的交叉作业。

(5)在修井机施工区域、措施罐周围等设置警戒区，严禁非作业人员穿越警戒区或在其中停留。

(6)井架、抽油机驴头拆卸时，做好高空作业安全防护措施，2m以上高处作业应有可靠的立足点，不允许从高处投扔工具。

(7)不准在六级及以上强风或大雨、雪、雾等特殊环境下从事露天高空作业。在30～40℃的高温环境下的高空作业要定期轮换休息。

六、触电

1. 触电的原因及分类

1)触电的原因

造成触电的原因主要有两方面：一方面是设备、线路的问题，如插头、插座接线错误造成触电事故；另一方面是人的因素，如未采取防护措施，直接接触带电设备，造成触电事故。

2)触电分类

根据电流通过人体的路线及触及带电体的方式，一般可分为单相触电、两相触电和跨步电压触电等。

(1)单相触电——当人体的某一部位接触带电的单相线路而导致的触电事故称为单相触电。

①中性点接地系统的单项触电。

工业企业中广泛应用380V/220V的低压配电网络。这种配电系统均采用中心点接地的运行方式。当处于低电位的人体触及到一相火线时，即发生单相触电事故，如图2-3所示。单相触电通过人体的电流与人体和导线的接触电阻、人体电阻、人体与地面的接触电阻以及接地体的电阻有关。在低压配电系统中，单相触电时，人体承受的电压约为220V，危险性大。

在中性点接地系统中通过人体的电流为：

$$I_r=\frac{U}{R_r+R_0} \tag{2-1}$$

式中 U——电气设备的相电压，V；

R_0——中性点接地电阻，Ω；

R_r——人体电阻，Ω；

I_r——在中性点直接接地系统中通过人体的电流，A。

②中心点不接地系统的单相触电。

中性点不接地系统单相触电如图2-4所示。一般电网分布小、绝缘水平高的供电系统，往往采用这种运行方式。当处于低电位的人体接触到一根导线时，由于输电线与地之间存在分布电容，所以电流通过人体，与电容构成回路，发生单相触电事故。

(2)两相触电——发生触电时人体的不同部位同时触及两相带电体（同一变压器系

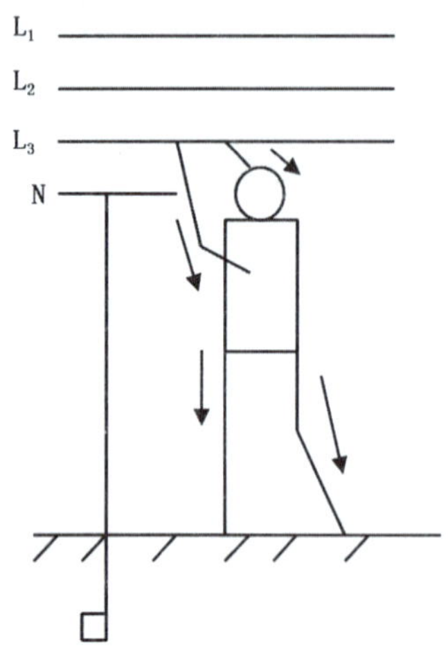

图 2-3　中性点接地系统的单相触电示意图

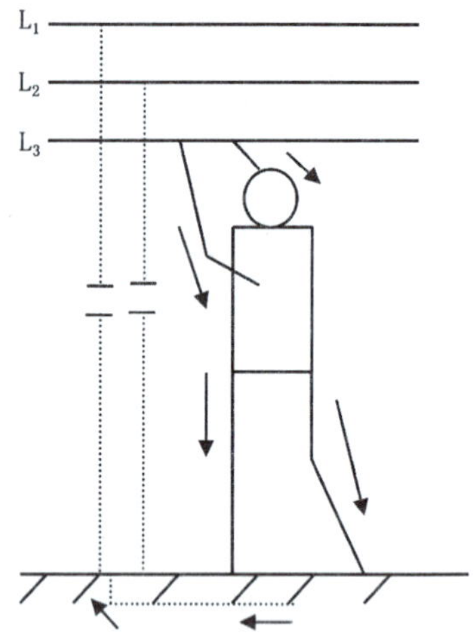

图 2-4　中性点不接地系统的单相触电示意图

统）称为两相触电，如图 2-5 所示。两相触电是最危险的，因为加在人体上的是两相间的电压即线电压，它是相电压的$\sqrt{3}$倍，电流主要取决于人体电阻，因此电流较大。由于电流通过心脏，危险性一般较大。对于中心点不接地系统，当存在一相接地故障而又未查找处理时，则形成了一相接地的三相供电系统。当人体接触到不接地的任一条导线时，作用在人体上的都是线电压，这时就发生了两相触电。

（3）跨步电压触电——当带电体接地处有较强电流进入大地时，电流通过接地体向大地作半球形扩散，并在接地点周围地面产生一个相当大的电场。触电形成如图 2-6 所示。这时，电流从一只脚，经过腿、胯流向另一只脚。当跨步电压较高时，会引起双腿抽筋而倒地，电流将会通过人体的某些重要器官而危及生命。

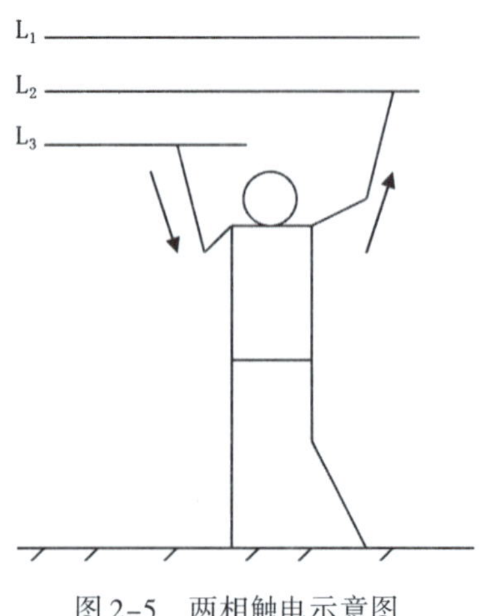

图 2-5　两相触电示意图

图 2-6　跨步电压触电示意图

2. 防治措施

(1)严格遵守有关电气作业的安全规章制度，禁止无有效电工操作证人员操作，提高作业人员的操作水平及安全意识。

(2)不得带电检修或搬迁电气设备、电缆和电线。维修电气装置时要使用绝缘工具，如绝缘夹钳、绝缘手套等。检修期间要做好电气设备断电、装设临时接地线、悬挂相关标示牌等防护措施，并将带电部分遮拦起来，防止检修人员触电。

(3)人体不能触及或接近带电体。

(4)设置保护接地。采用合理的中性点连接方式，并选择与之相适应的电气保护形式。

(5)做好漏电保护、过电流保护、接地保护的相关保护措施。在供电系统中，装设漏电保护装置，防止供电系统漏电造成人身触电或引起油气爆炸事故。

(6)对人身经常触及的电气设备(如照明、信号、监控和手持式电气设备等)，除加强手柄的绝缘外，还必须根据作业场所的工作条件，安装较低电压等级的电气设备。

(7)井下作业现场用电设备和线路都处在野外环境中，处于易燃易爆区，要严格执行井下作业井场安全用电相关规定。

(8)当发生人员触电时，首先立即用绝缘工具切断电源，当触电者脱离电源后，根据其不同的生理反应进行现场急救。高压触电时10m之内不能接近伤员，救护人员注意穿上胶底鞋或站在干燥的木板上，设法使伤员脱离电源。低压触电时，可用绝缘物体(如干燥的木棒、竹竿等)将导线移开，也可用干燥的衣服、毛巾、绳子等拧成带子套在触电者身上，将其拉出。并根据具体情况采取相应措施：

①触电者神志清醒，但有心慌、呼吸急迫、面色苍白时，应将触电者躺平，就地安静休息，不要使其走动，以减轻心脏负担，同时，严密观察呼吸和脉搏的变化。

②触电者神志不清，有心跳，但呼吸停止或呼吸极其微弱时，应及时使其仰头，开放气道，并进行人工呼吸。

③触电者神志丧失、心跳停止、呼吸极其微弱时，应立即进行心肺复苏。不能认为有极微弱的呼吸就只做胸外按压，因为这种微弱的呼吸起不到气体交换的作用。

④触电者心跳、呼吸均停止，并伴有其他伤害时，应先迅速进行心肺复苏术，然后再处理外伤。

七、灼伤

1. 灼伤的概念

灼伤是指生产过程中因火焰引起的烧伤，高温物体引起的烫伤，放射线引起的皮肤损伤或强酸、强碱引起人体的烫伤、化学灼伤等伤害事故，但不包括火灾事故引起的烧伤。

2. 防治措施

1)高温蒸汽烫伤的防治措施

(1)根据受伤面积的大小、伤处是否疼痛、伤处的颜色，判断烫伤的严重程度。在未发现伤处红肿之前尽可能脱下伤处周围的衣物和饰品。

(2)如果伤处很疼痛，说明是轻度烫伤，可以用冷水浸洗半小时左右，不必包扎。如果皮肤呈灰或红褐色，应用干净布包住创伤面及时送往医院救治。

(3)严重烫伤的病人，在转运途中若出现休克或呼吸、心跳停止，应立即进行人工呼吸或心脏按压。

2)电弧灼伤防治措施

电弧灼伤是指高压电灼伤，灼伤程度一般分为三度。

一度：灼伤部位轻度变红，表皮受伤；

二度：皮肤烫伤部位现水泡；

三度：肌肉组织深度灼伤，皮组织坏死，皮肤烧焦。

(1)当皮肤严重灼伤时，必须先将伤者身上的衣服和鞋袜小心脱下。由于灼伤部位一般都很脏，容易化脓溃烂，因此救护人员的手不得接触伤者的灼伤部位，不得在灼伤部位涂抹油膏、油脂或其他护肤油。

(2)灼伤的皮肤表面必须包扎好，应在灼伤部位覆盖洁净的亚麻布。包扎时不得刺破水泡，也不得随便擦去粘在灼伤部位的烧焦衣服碎片，如需要除去，应使用锋利的剪刀剪下。现场紧急处置后，立即送往医院治疗。

3)强酸碱灼伤防治措施

(1)强酸灼伤主要是由浓硫酸、盐酸、硝酸等引起，灼伤深度与酸的浓度、种类及接触时间有关。现场处理时，首先脱去被强酸粘湿的衣物，迅速用大量清水冲洗，然后用弱碱溶液如5%小苏打溶液中和，最后再用清水冲洗干净。

(2)强碱烧伤主要由苛性钠、苛性钾、石灰等引起，强碱烧伤要比强酸对肌体组织的破坏性大。因其渗透性强，可以皂化脂肪组织，溶解组织蛋白，吸收大量细胞内水分，使烧伤逐渐加深，且疼痛较剧烈。现场处理应立即使用大量清水冲洗，然后用弱酸溶液如淡醋或5%氯化氨溶液中和，最后再用清水冲洗干净。石灰烧伤时应先将石灰清除后再用清水冲洗，防止石灰遇水后产生氢氧化钙而释放出大量热能，导致烧伤加重。

4)紫外线灼伤防治措施

紫外线灼伤是指电弧光对人的眼睛造成的伤害，严重时眼部有灼烧感和剧痛感，并伴有高度畏光、流泪等明显症状。受到紫外线灼伤后，急性期应卧床休息，并戴墨镜避光，然后用红霉素眼药水滴眼。如没有药物时，也可用新鲜牛奶滴眼。

八、雷击

1. 雷击的概念

雷电是大自然中的静电释放现象，会产生极高的电压和极大的电流，可能造成设备设施损坏、火灾爆炸、人员伤亡等事故。高大建筑物、输电线路和变配电装备等设备设施都极易遭到雷电袭击。

2. 防治措施

(1)在生产工作场所根据需要安装固定的避雷设施，并定期检查维护。

(2)在雷雨天气，作业人员远离井架、大树等比较高的物体，远离河流、水塘等区域，防止雷击伤害。

(3)在野外遇到雷电天气时，找好避雷场所，采用下蹲姿势，切忌趴在地面上。

(4)一般在金属体周围、电力线密集区附近落雷时，金属体很容易成为雷击通路的一部分。因此人体要远离用金属制造的工具、井架等。为防止雷击，可以穿橡胶鞋之类的绝缘用品。

(5)雷击着火后，应让伤者立即躺下，用水灭火，或用衣服、毯子等裹住伤者灭火，也可就地翻滚灭火，注意用凉水冷却伤口后敷药。

(6)伤者意识丧失，但仍有呼吸、心跳时，应使伤者平卧后送医院治疗。

(7)当伤者心跳、呼吸均停止时，应立即进行心肺复苏。

(8)不要随意搬动已恢复心跳的伤员，应该等医生到达或等伤员完全清醒后再搬动，以防再次发生心室颤动，而导致心脏停止。

九、有限空间

1. 有限空间的概念

有限空间是指封闭或部分封闭，进出口较为狭窄的作业场所。有限空间狭小，通风不良，容易造成有毒有害气体积聚，在施工过程中易发生着火、爆炸、中毒和窒息事故。

2. 预防措施

(1)有限空间作业要执行作业审批制度和安全设施监管制度。

(2)作业人员应无妨碍作业的疾病和生理缺陷。

(3)在有限空间外围设置警戒线、警戒标志，未经许可，不得入内。

(4)进入有限空间作业前，对监护人和作业人员进行必要的安全教育和作业环境交底，内容包括所从事作业的有限空间内部结构，存在的介质及危害，作业风险及应急预案，必要的安全知识及救护方法，检测仪器的使用方法等，并在作业许可书内签字认可。

(5)进入有限空间作业前，对作业空间进行相应的清空、清扫、置换等，有效切断或使用盲板隔离相关流程。动焊作业时，必须拆开阀门安装盲板，安装盲板处挂牌标识。有限空间的出入口内外不得有障碍物，应保证通道畅通，便于人员出入和抢救疏散。

(6)进入有限空间前，应做到先检测后监护再进入的原则，对有限空间进行气体检测并记录检测时间和结果。

(7)进入有限空间作业，照明灯具应符合防爆要求且保证有足够的照明。作业人员应穿戴防静电服，使用防爆工具。

(8)对带入有限空间作业的工具、材料进行登记，作业结束后清点数量，防止遗留在作业现场。

(9)进入有限空间作业应设专人监护，作业监护人员始终坚持守在现场，不做与监护工作无关的事情。监护人员和作业人员明确联络方式并始终保持有效的沟通。

(10)为保证有限空间内空气流通和人员呼吸需要，应采取自然通风，必要时采取强制通风。通风换气次数每小时不能少于 3 次，严禁向有限空间通纯氧。在特殊情况下，作业人员佩戴隔离式防护器具(空气呼吸器、长管式空气呼吸器)作业，严禁使用过滤式面具。

(11)进入有限空间的作业人员，采取轮换作业方式，确保人员安全。

(12)作业过程中如果安全状况发生变化，立即停止作业，撤离有限空间，待处理达到安全作业条件后，再继续作业。

(13)出现作业人员中毒、窒息的紧急情况，抢救人员必须佩戴隔离式防护器具(空气呼吸器、长管式空气呼吸器)进入有限空间，并至少留一人在有限空间外做监护和联络工作，其他作业人员不要冒然施救，以免造成不必要的伤亡。

第三节　创伤救治基本知识

提高现场作业人员的救护技能水平，对救治伤员，减少伤残，缩短治愈时间，保证伤员的生命安全具有重大意义。本节介绍了作业现场常见事故的救治方式和方法。

一、现场常用的急救方法

现场常用的急救方法有止血、包扎、固定、伤员搬运和人工复苏等。

1. 止血

现场常用的止血方法有指压动脉止血法、加压包扎止血法、止血带止血法。

1)指压动脉止血法

指压动脉止血法是指根据动脉血管分布情况(图 2-7)，用手指把动脉压在骨面上，达到止血的一种方法，主要用于动脉出血的临时止血(图 2-8)。

(1)锁骨下动脉压迫止血法。

腋窝、肩部和手臂出血时，在锁骨上凹部摸到搏动的血管，用手指压在肋骨上。

(2)肱动脉压迫止血法。

在手和手臂出血时，从上臂内侧中部往肱骨上加压。

(3)股动脉压迫止血法。

在腹股沟中点稍下，用力压住股动脉，可阻止腿、脚的动脉出血。

(4)头颈部压迫止血法。

在颈根部气管外侧摸到搏动血管，避开气管压在后面颈椎上。注意此法非紧急时不能使用，绝不能同时压迫两侧，以防脑部缺血。

2)加压包扎止血法

(1)先在血流较少的伤口上面放敷料，再用三角巾或绷带绑紧。如图 2-9(a)所示。

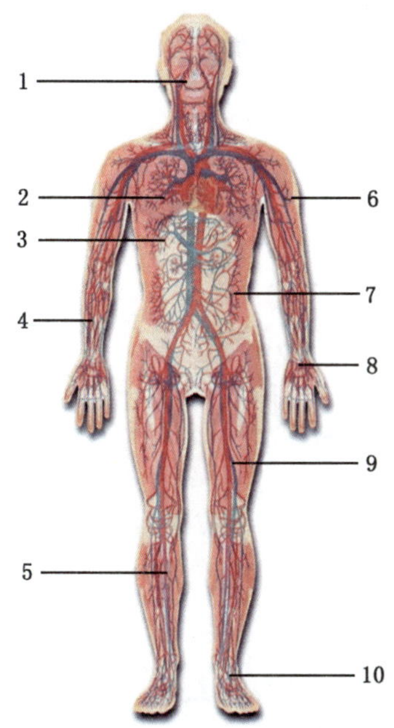

图 2-7　血管分布示意图

1—头部和颈部血管；2—胸部血管；3—上腹部血管；4—前臂血管；5—小腿血管；6—上臂血管；7—下腹部血管；8—腕部和手部血管；9—大腿血管；10—踝部和足部血管

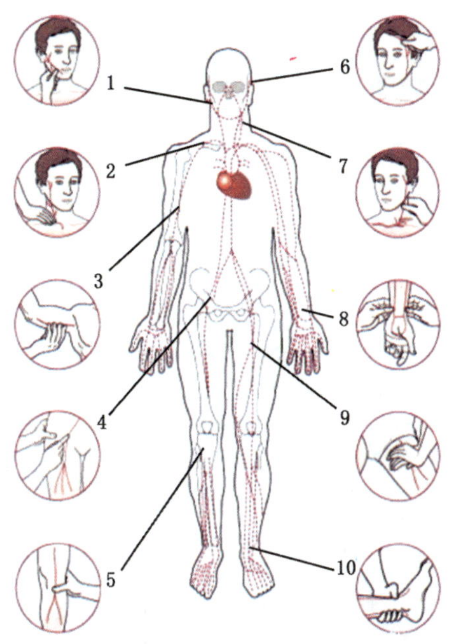

图 2-8　指压动脉止血法示意图

1—面动脉；2—锁骨下动脉；3—肱动脉；4—髋动脉；5—腘动脉；6—颞浅动脉；7—颈总动脉；8—桡动脉和尺动脉；9—股动脉；10—胫前动脉与胫后动脉

(2)腿或臂出血时，在没有骨折、关节受伤的情况下，把厚棉垫或绷带卷塞上，弯起腿或上肢，再用三角巾或绷带紧紧缚住。如图 2-9(b)所示。

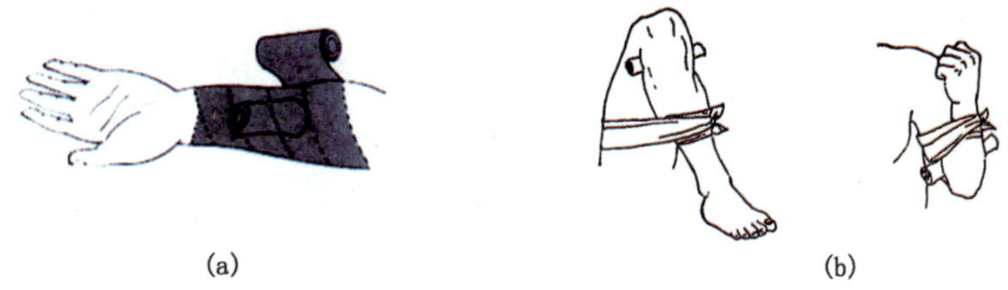

图 2-9　加压包扎止血法示意图

3)止血带止血法

(1)橡皮止血带用法。

在出血部位先用毛巾或衣服垫好，将止血带适当拉长绕肢体一圈，在前面打结。如图 2-10(a)所示。

(2)布制止血带用法。

将布带平面绕在肢体上，然后将布带头套入扣环中系紧。

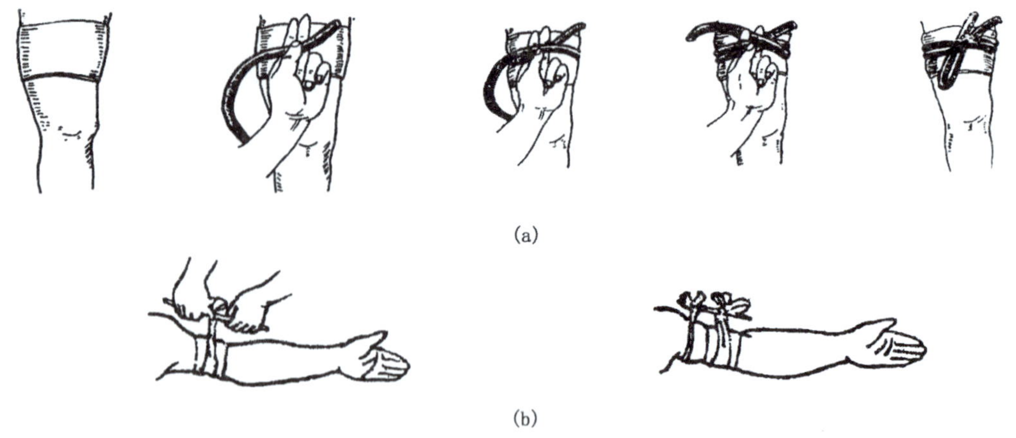

(a)

(b)

图 2-10　止血带止血法示意图

(3)绞紧止血带用法。

用一小卷绷带或毛巾卷放在出血动脉上，将三角巾叠成带状，绕肢体一圈，在前面拉紧打结，取一根小棒穿在布带圈内，提起拉紧，并按顺时针方向绞紧，将绞棒一端插入蝴蝶结环内，最后拉紧活结，与另一头打结固定。如图 2-10(b)所示。

(4)绞棒止血法。

把衣袖或裤管卷过伤口，折叠平整，在袖口上剪一个口，插入木棒，用力绞紧，再剪一孔，将木棒的另一头套入孔内固定。

2. 现场包扎

包扎具有保护创面、压迫止血、固定骨折、用药及减轻疼痛的作用。包扎用物有绷带、三角巾、多头带、丁字带等。

1)三角巾包扎法

用一块宽 90cm 的白布，截成正方形，对角剪开，就成为两条三角巾。三角巾在全身各部位的包扎方法有：

(1)头面部包扎方法。

①帽式包扎法。

将三角巾的底边折叠，放于前额，顶角拉向脑后。三角巾的两端经两耳上方，拉向头后部交叉，再绕至前额打结。顶角拉紧后掖入头后部，用别针别好。如图 2-11 所示。

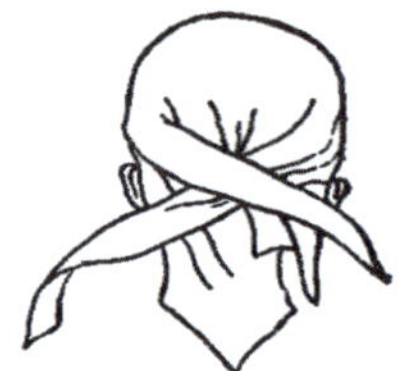

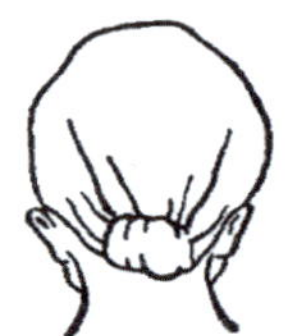

图 2-11　帽式包扎法示意图

②眼部包扎法。

将三角巾沿底边折叠成四指宽的带形，斜置于伤眼部位，下端绕脑后经侧耳上至前额，压另一端绕行打结。双眼包扎法操作前半部同单眼包扎法相同，上下端在额头相压后，上端反折盖住另一伤眼，绕至对侧耳上打结。

③下颌包扎法。

将三角巾折成三指宽，留出系带一端从颈后包住下颌部，与另一端颊侧面交叉反折，绕到另一侧打结固定。如图 2–12 所示。

④面具式包扎法。

将三角巾的顶部打结后套在下颏部，罩住面部及头部拉到枕后，将底边两端交叉拉紧后到颈部打结，包扎好后确保伤员口、鼻、眼的三角巾上有窗孔，避免影响呼吸和视线。如图 2–13 所示。

图 2–12　下颌包扎法示意图

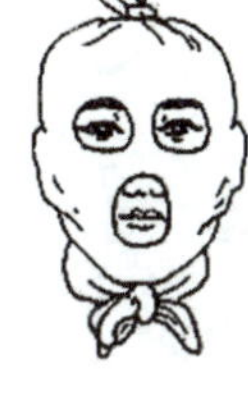

图 2–13　面具式包扎法示意图

(2)躯干部包扎方法。

①单侧胸(背)部包扎法。

若伤在右胸，就将三角巾的顶角放在右肩上，然后把左右底角从两腋窝拉过到背后打结。再把顶角拉过肩部与双底角打结系在一起。背部的包扎方法与胸部一样，不过其结应打在胸前。如图 2–14(a)，(b)，(c)所示。

②胸背部燕尾式包扎法。

将燕尾式三角巾的夹角正对伤侧腋窝，将燕尾式底边的两端，紧压在伤口的敷料上，利用顶角系带环绕下胸部与另一端打结，再将两个燕尾角斜向上拉到对侧肩部打结。如图 2–14(d)所示。

③腹部包扎法。

把三角巾横放在腹部，将顶角朝下，底边置于脐部，拉紧底角围绕到腰后打结，顶角经会阴部拉至臀部上方，用底角余头打结。如图 2–15 所示。

(3)四肢部位包扎方法。

①肩部燕尾式包扎法。

先把三角巾的中央放于肩部，顶角朝向颈部，底边折二指宽横放在上臂上部，两端绕上臂在外侧打结，然后把顶角拉紧，经背后绕过对侧腋下拉向伤侧腋下，借助系带与两底

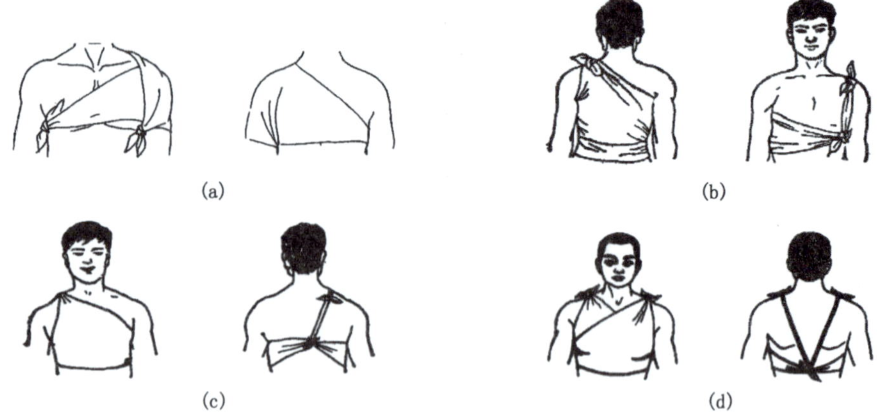

图 2-14　胸(背)部包扎示意图

角打结。

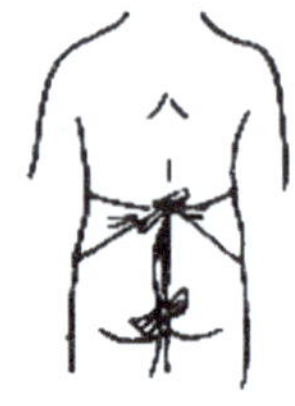

图 2-15　腹部包扎示意图

②腋窝包扎法。

用三角巾斜边包绕上臂 1/3 处打结，另一底角经背部绕过对侧腋下，在胸前与相对的底边打结。

③手部包扎法。

手心向下放在三角巾上，手指指向三角巾顶角，两底角拉向手背，左右交叉压住顶角绕手腕打结。

④腹股沟燕尾式包扎法。

使燕尾夹角叠成直角，大边在上，两底角绕在大腿跟打结，大边绕臀部在对侧腰部与小边打结。

⑤双臀蝶式包扎法。

将蝶巾的连结放在腰正中，提起上面两底角围腰打结，下面两底角各从腿缝中绕到前面与相对的底边打结。如图 2-16 所示。

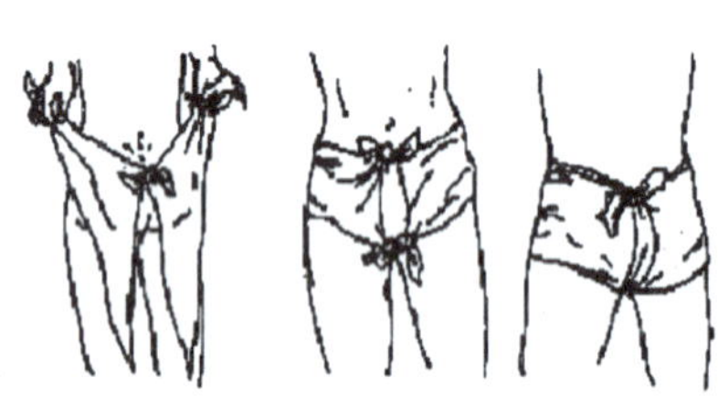

图 2-16　双臀蝶式包扎法示意图

⑥膝部包扎法。

将三角巾折成适当宽度的带形，将带的中段斜放在伤部，带的两头分别压住上下两边，包绕肢体一周打结。

2) 绷带包扎法

绷带包扎法主要适用于四肢。用绷带包扎时，应从远端缠向近端，绷带头必须压住，以后每缠一周要覆盖住前一周的 1/3～1/2。常用的包扎法有以下几种：

(1) 环形包扎法。

在肢体的某一部位环绕数周，每一周重叠压住前一周，对包扎的开始和末端进行固定。常用于手腕、脚颈、额等处。

(2)螺旋包扎法。

使绷带螺旋向上，每圈应压在前一圈的1/2处。

(3)螺旋反折包扎法。

先将绷带缠绕患者受伤肢体处两圈固定，然后由下而上包扎肢体，每缠绕一圈折返一次。折返时按住绷带上面正中央，用另一只手将绷带向下折返，再向后绕并拉紧。每绕一圈时，遮盖前一圈绷带的2/3，露出1/3绷带折返处应尽量避开患者伤口。如图2-17所示。

(4)“8”字包扎法。

一圈向上，再一圈向下，每圈在正面和前一周相交叉，并压盖前一圈的1/2，多用于肩、髂、膝、髁等部位。如图2-18所示。

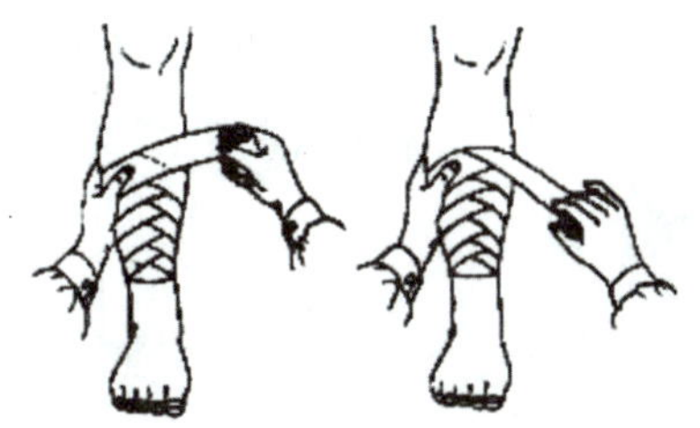

图2-17 螺旋反折包扎法示意图

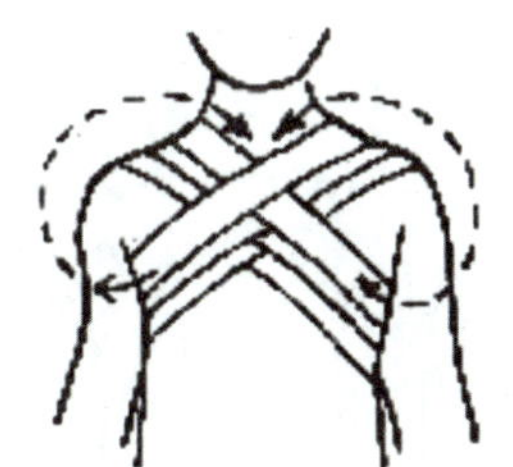

图2-18 “8”字包扎法示意图

3. 现场固定

固定是针对骨折的急救措施，可以防止骨折部位移动，减轻伤员痛苦，防止骨折部位移动对血管、神经等组织造成损伤，导致更严重的并发症。固定时动作要轻巧、固定要牢靠、松紧要适度、皮肤与夹板之间要垫适量的软物，尤其是夹板两端骨突出处和空隙部位更要注意，以防局部受压引起缺血坏死。固定材料有木夹板、充气夹板、钢丝夹板、可塑性夹板等。

常见骨折固定有上肢骨折固定、下肢骨折固定和脊柱骨折固定等方式。固定时要注意以下几个方面：

(1)各骨折部位周围的软组织、血管、神经及体内器官可能有不同程度的损伤，应先处理危及生命的伤情、病情，如采取心肺复苏、止血包扎等，然后才能固定。

(2)固定的目的是防止骨折断端移位，而不是复位。对于伤病员，看到受伤部位出现畸形，不可随便矫正拉直，注意预防并发症。

(3)选择固定材料应长短、宽窄适宜，固定骨折处上下两个关节，以免受伤部位的移动。

(4)当开放性骨折伴有关节脱位情况时，应先包扎伤口。用夹板固定时，先固定骨折下部，以防充血。

4. 伤员搬运

1）搬运原则

了解伤病员的体重和搬运器械的大致重量，了解自己的体力状况，若估计两人能抬起，即可提抬；若不能则应召唤别人帮忙。两人成对工作，以保持平衡。救护人员在搬运时，应经常交谈，以保持协调一致。

2）搬运方法

（1）徒手搬运法。

救护人员不使用工具，运用技巧徒手搬运伤员，包括单人搀扶、背驮、双人搭椅、拉车式及三人搬运等。该法适用于狭窄的阁楼和通道等担架或其他简易搬运工具无法通过的地方。如图 2-19 所示。

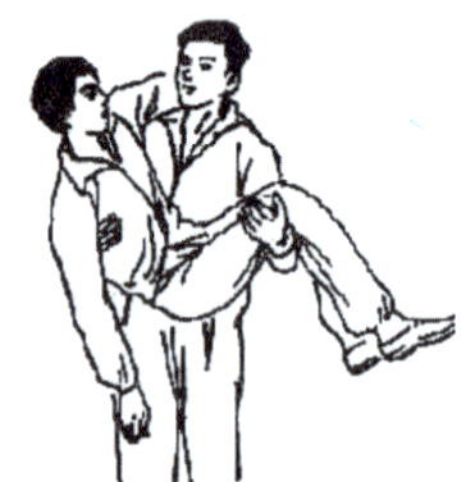

图 2-19　徒手搬运法示意图

（2）担架搬运法。

对重伤员一定要用担架搬运。搬运伤员的担架可用专用担架，也可就地取材，用木板、竹竿、绳子、木棍和帆布等做成简易担架。

搬运脑伤的人员时，要用衣服等软物将头部垫好，设法减少颠簸，注意维持呼吸道通畅。

搬运椎伤的人员时，需 3～4 人协作，1 人托住伤员头部保持头部原来的姿势，另几人托肩背部及臀、下肢，以防断骨压迫脊髓，将伤员移至硬担架上，并用衣物等将头部、颈部直到肩部塞紧垫实，将头部连枕头、躯干与担架一起捆住，然后抬离事故地点。

搬运胸腰椎骨折伤的人员时，由 3～4 人协作，将伤员平托到硬担架上搬运，伤员取仰位。

搬运腹部受伤的人员时，伤员应仰卧于担架上，膝下用衣物垫高，使腿屈曲，腹壁松弛。在运送前，必须对腹部进行包扎。如有脏器膨出，千万不要放回，要用纱布将脏器围好，或用瓷碗盖上后再包扎，包扎后再搬运。

搬运骨盆受伤的人员时，让伤员仰卧于担架上，双膝下垫衣物，使髋部放松，减少骨盆部痛疼。

搬运肢体断离的人员时，要将断肢用消毒的清洁敷料包好，也可用干净的布片、毛巾等代替，在不让断肢受热的情况下，火速将断肢送到医院，在断离伤近端用止血带法止血。

搬运昏迷的人员时，让伤员侧卧或俯卧，胸部垫高，使其口鼻向下，既不影响呼吸，又能顺利排出口鼻中的分泌物，伤员有假牙时必须取出。

搬运休克的人员时，病人取平卧位，不用枕头，保持脚高头低。

搬运呼吸困难的人员时，病人取坐位，不能背驮。

3）注意事项

（1）对于呼吸、心跳骤停的伤员应先复苏、后搬运。

（2）对于创面出血的伤员应先止血、后搬运。

（3）对于骨折伤员应先固定、后搬运。

（4）搬运过程中如发生呼吸心跳停止或出血等情况时，应停下来进行复苏或止血。

5. 人工复苏

人工复苏就是用人工的方法，使患者迅速建立起有效的循环和呼吸，恢复全身血氧供应，防止加重脑部缺氧，促进脑功能恢复。

1）操作步骤

（1）判断病人需要做心肺复苏的基本特征。

①意识丧失。边摇晃病人边呼叫其姓名，掐人中穴、合谷穴，病人无反应。

②呼吸停止。面部、耳部贴近病人口鼻，感觉无气体排出和气流通过的声音，胸阔无起伏现象。

③心跳停止。触摸颈动脉，搏动消失。

④瞳孔散大。观察瞳孔，直径大于 6mm。

（2）人工呼吸。

①让病人仰卧于硬板床上或地上，头部后仰，鼻孔朝天，迅速解开其上衣、围巾等，使其胸部能自由扩展，清除口鼻腔内的异物和分泌物。

②救护人用一只手捏紧患者的鼻孔，用另一只手掰开其嘴巴。

③深呼吸后对嘴吹气，使其胸部膨胀，也可对鼻孔吹气。

④救护人员换气时，离开患者的嘴，放松紧捏的鼻孔，让其自动呼气。

（3）胸外心脏按压。

①解开患者衣服，使其仰卧于硬板床上或地上。

②救护人骑在患者腰部，两手相叠，把手掌放在患者胸骨下三分之一处。

③掌根自上而下均衡的向脊背方向按压。

④按压后，掌根要突然放松，使患者胸部自动恢复原状。按压时不要用力过猛过大，每分钟按压至少 100 次。用上述方法抢救，需要很长时间，因此要有耐心，不能间断。

如图 2-20 所示为心肺复苏示意图。

2）伤员复苏的特征

（1）能触到大动脉的搏动；

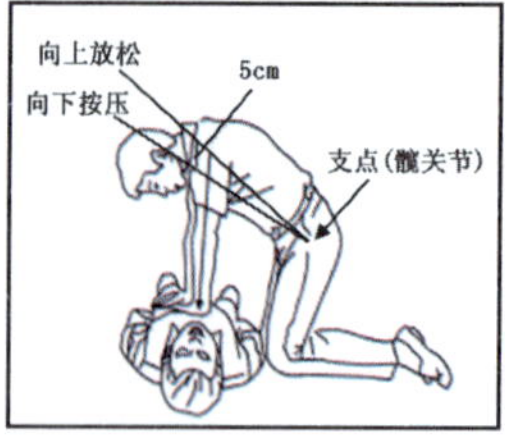

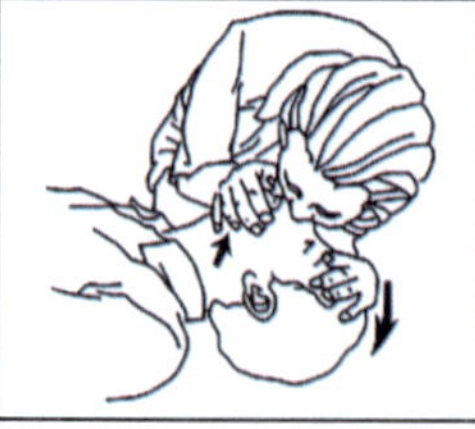

图 2-20　心肺复苏术示意图

(2)收缩压在 60mmHg❶ 以上；

(3)患者的面色、口唇、甲床、皮肤等色泽转红；

(4)扩大的瞳孔缩小；

(5)呼吸改善或出现自主呼吸；

(6)昏迷变浅，出现反射或挣扎；

(7)心电图可见波形改善。

3)注意事项

(1)一旦确诊为心跳呼吸停止，立即开始复苏治疗，禁止过分搬动病人。

(2)保证呼吸道通畅。

(3)必须进行有效的人工通气。

(4)恢复生命迹象后进一步送至医院进行心电监测，并严密监控病情变化情况。

二、常见伤害的救治方法

1. 中毒救治

一氧化碳、硫化氢等有毒有害气体及变质发霉食物可引起人员中毒。因此，熟练掌握中毒救治措施对实现自我保护、快速施救有重要意义。

1)一氧化碳中毒

(1)中毒特征。

一氧化碳经呼吸道进入血液循环，与氧争夺血红蛋白，造成缺氧血症。通常表现为头痛、头晕、头胀、耳鸣、心悸、恶心、呕吐及全身疲乏无力。中度中毒者会出现颜面及口唇呈樱红色、脉快、多汗、步履蹒跚、表情淡漠、嗜睡、昏迷等症状。

❶ 1mmHg = 133.3224Pa。

(2)救治措施。

①立即让病人脱离有毒环境，呼吸清新空气或氧气。

②对呼吸心跳停止者，应立即进行人工呼吸和胸外心脏按压。

③可针刺昏迷者人中、少商、十宣、涌泉等穴位，如图2-21所示，也可现场注射尼可刹米等中枢神经兴奋剂及能量合剂(细胞色素C、ATP、辅酶A、Vc)，然后迅速送往医疗抢救。

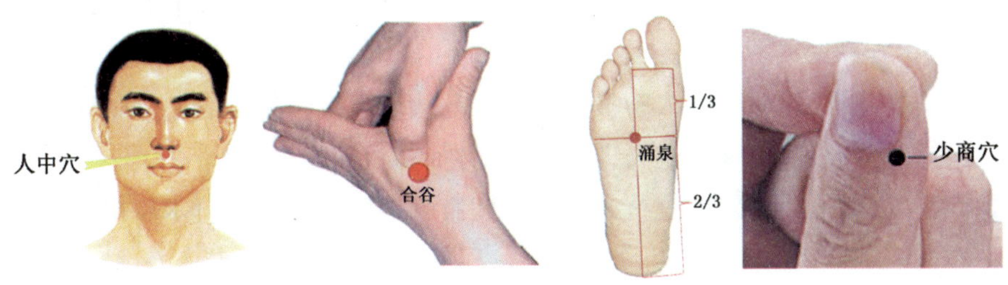

图2-21　常用穴位示意图

2)二氧化硫中毒

(1)中毒特征。

二氧化硫易被湿润的黏膜表面吸收生成亚硫酸、硫酸，对眼及呼吸道黏膜有强烈的刺激作用。

轻度中毒时，会有流泪、畏光、咳嗽、咽喉灼痛等症状；严重中毒者可在数小时内发生肺水肿；吸入极高浓度后，可引起反射性声门痉挛而致窒息。

长期低浓度接触，可有头痛、头昏、乏力等全身症状以及慢性鼻炎、咽喉炎、支气管炎、嗅觉及味觉减退等，少数人会有牙齿酸蚀症。

(2)救治措施。

①立即将患者移离有毒场所，呼吸清新空气或氧气，雾化吸入2%～5%碳酸氢钠+氨茶碱+地塞米松+抗生素。用生理盐水或清水彻底冲洗眼结膜囊及被二氧化硫污染的皮肤。

②对吸入高浓度二氧化硫有明显刺激症状但无体征者，应密切观察不少于48h，并对症治疗。

③可早期、足量、短期应用糖皮质激素防治肺水肿，需要时用二甲基硅油消泡剂。

④在日常生产、运输和使用二氧化硫时，可将数层纱布用饱和碳酸氢钠溶液及1%甘油湿润后夹在纱布口罩中，工作前后用2%碳酸氢钠溶液漱口。

⑤在二氧化硫生产和使用场所加强通风。有明显呼吸系统及心血管系统疾病者，禁止从事与二氧化硫有关的作业。

3)硫化氢中毒

(1)中毒特征。

硫化氢浓度极高时无味，比空气重，易沉积于底部。低浓度中毒后，出现眼及上呼吸道黏膜刺激症状，如眼灼热、刺痛、畏光，上呼吸道咽痒、流涕、咳嗽等。高浓度中毒后，患者短时间内发生头晕、心悸和昏迷等症状，严重时会因呼吸中枢麻痹、窒息和心力衰竭而死亡。最严重时，吸入几口后就会突然倒地，瞬时停止呼吸而死亡。

(2)救治措施。

①救护人员做好个人防护措施，戴好防毒面具，腰间缚以救护带。

②施救时，必须要两人以上，发现异常情况立即通知施救人员撤离现场。

③进入密闭容器、坑、窑、地沟等工作场所，应先检测毒害气体浓度，采取通风措施，确认安全后方可进入。

④现场急救人员必须佩戴个人防护器具进入危险环境抢救中毒者，尽快将中毒者移至空气清新处，保持其呼吸道通畅，立即给氧。

⑤对呼吸及心跳停止者立即进行人工呼吸和心脏按压，迅速拨打求救电话，并立即送往医院。

4)食物中毒

(1)中毒特征。

食物中毒是指食用被致病细菌、病毒、寄生虫、化学品、天然毒素等污染的食物，出现恶心、呕吐、腹痛、腹泻等症状的现象。食物中毒发病潜伏期短，来势急剧。

(2)救治措施。

①饮水。立即饮用大量干净的水，稀释毒素。

②催吐。患者意识清醒时才可进行催吐。若中毒后已经发生剧烈呕吐，可不必催吐。催吐可用手指压迫咽喉，产生呕吐反应；另外，也可口服催吐剂催吐。

③导泻。如果中毒超过2h，患者精神尚好，可在医务人员的指导下服用泻药，以促进中毒食物尽快排出体外。

④保胃。误食腐蚀性毒物，如强酸、强碱后，应及时服用稠米汤、鸡蛋清、豆浆、牛奶等，以保护胃黏膜。

⑤送医。病情严重者需及时送医院救治，对神智清醒的患者，可让其反复喝洗胃液，进行催吐。

2. 中暑救治

1)中暑特征

中暑是指人体在高温条件下，出现高烧、中枢神经系统紊乱等症状的现象。轻度中暑时人员会出现大汗、口渴、乏力、头晕、胸闷、发热(体温在38.5℃以上)、皮肤灼热、恶心、呕吐、血压下降等症状。重度中暑时伴有昏厥、昏迷、痉挛等症状。

2)救治措施

(1)搬移。迅速将患者抬到通风、阴凉、干爽的地方，使其平卧，解开衣扣，及时更换被汗水湿透的衣服。

(2)降温。患者头部可捂上冷毛巾，用50%酒精、白酒或冷水进行全身擦浴，然后用扇子或电扇吹风，加速散热。有条件的也可用降温毯降温。不要快速降低患者体温，当患者体温降至38℃以下时，要停止一切强降温措施。

(3)补水。在补充水分时，可加入少量盐或小苏打水。但不可急于补充大量水分，否则，会引起呕吐、腹痛、恶心等症状。

(4)促醒。病人若已失去知觉，可指掐人中、合谷等穴位，使其苏醒。若呼吸停止，应立即实施人工呼吸。

(5)转送。对于重症中暑病人，必须立即送医院诊治。搬运病人时，应用担架运送，同时用冰袋敷于病人额头、枕后、胸口、肘窝及大腿根部，进行物理降温，以保护大脑、心肺等重要脏器。

3. 冻伤救治

1)冻伤特征

冻伤是由寒冷导致的人体局部炎症性皮肤病，冻伤部位会出现充血性水肿红斑，遇高温时皮肤瘙痒，严重时会出现皮肤糜烂、溃疡等现象。

2)救治措施

(1)慢慢地用与体温一致的温水浸泡患部，使之升温。如果手部冻伤，可放在自己的腋下升温，然后用干净纱布包裹患部，并去医院治疗。

(2)伤员全身冻伤，体温降到20℃以下时，一定不能睡觉，要始终保持清醒状态。

(3)当全身冻伤者出现脉搏、呼吸变慢时，要立即进行人工呼吸和心脏按压，然后立即送往医院。

4. 窒息救治

1)窒息特征

人体呼吸受阻或异常，造成全身各器官组织缺氧，引起组织细胞代谢障碍、功能紊乱和形态结构损伤的病理状态称为窒息。

窒息的患者会出现呼吸极度困难，口唇、颜面青紫，心跳加快而微弱等现象，并处于昏迷或者半昏迷状态。病情严重时，患者瞳孔散大，对光反射消失，呼吸、心跳逐渐变慢而微弱，直至停止。

2)救治措施

(1)做好自身防护措施，迅速将病人移至空气清新处。

(2)松开病人衣扣，保持呼吸道通畅，并注意保暖。

(3)呼吸道阻塞窒息时，使患者头部伸直后仰，解除舌根后坠，使气道畅通，然后将口咽部呕吐物、血块、痰液等异物掏出。当异物滑入气道时，可使病人俯卧，用拍背或压腹的方法，拍挤出异物。

(4)颈部受扼时，应立即松解或剪开颈部的扼制物，若呼吸停止应立即进行人工呼吸。

(5)浓烟窒息时，先拖拽伤者离开现场至空气清新处。若伤者停止呼吸或呼吸困难，应立即进行人工呼吸。

5. 溺水救治

1) 溺水特征

溺水是指人落水之后，因呼吸阻塞导致急性缺氧而窒息伤亡的现象。溺水后由于大量水或水中异物灌入呼吸道，水充满呼吸道和肺泡，引起喉、气管反射性痉挛，声门关闭，同时水中污物堵塞呼吸道，导致肺通气、换气功能障碍引起窒息，使患者呼吸、心跳骤停，以致死亡。溺水窒息后，最易受损害的是脑细胞。脑缺氧 10s 即可出现意识丧失，缺氧 4 ~6min，脑神经元发生不可逆的病理改变，7 ~9min 死亡率达 65% 以上，12min 之后，死亡率接近 100%。因此，溺水现场救治必须快速、有效。

2) 救治措施

(1) 将溺水者抬出水面后，立即清除其口、鼻腔内的水、泥及污物，用手帕裹着手指将其舌头拉出口外，解开衣领纽扣，保持呼吸道通畅。然后抱起伤员的腰腹部，使其背朝上、头下垂进行倒水；或急救者取半跪位，将伤员的腹部放在急救者腿上，使其头部下垂，并用手平压背部进行倒水。

(2) 如果溺水者心跳呼吸停止，应立即进行人工呼吸、心脏按压复苏。

(3) 当溺水者心跳、呼吸恢复后，可用干毛巾擦全身，从四肢、躯干向心脏方向擦，以促进血液循环。经现场急救后，要迅速送医院救治。

思 考 题

1. 硫化氢气体的危险特性有哪些？
2. 一氧化碳气体的危险特性有哪些？
3. 毒物介质侵入人体的途径有哪些？并简述其危害。
4. 预防毒物介质侵害人体的措施有哪些？
5. 如何避免机械伤害事故的发生？
6. 如何避免有限空间事故的发生？
7. 现场常用的急救方法有哪些？
8. 简述伤员搬运的原则及注意事项。
9. 简述人工复苏的操作方法。

第三章　井下作业设备及安全操作技术

井下作业设备种类繁多，结构复杂，主要包括动力系统、提升系统、旋转系统和其他辅助设备，正确掌握各种设备的安全操作技术，对加快施工进度、保障安全生产有着重要意义。本章主要介绍了井下作业现场常用的设备及其安全操作技术。

第一节　动力系统

动力系统为井下作业施工提供动力来源，其中通井机和修井机是最常用的动力设备。本节介绍了通井机和修井机的种类、结构、安全操作技术及维护保养等知识。

一、通井机

通井机是用于起下钻、通井、抽汲、打捞等作业，以专用底盘为基础的设备。通井机一般不配备井架，其越野动力性好，适用于低洼、泥泞地带施工，缺点是行走速度慢，灵活性差。

通井机按底盘型式可分为：履带式底盘、轮胎式底盘。轮胎式底盘又分为：汽车底盘、工程机械底盘。工程机械底盘又分为：铰链式底盘、整体式底盘。

1. 型号

通井机型号表示方式有两种：不备井架、自备井架。

1）不备井架通井机型号表示方式

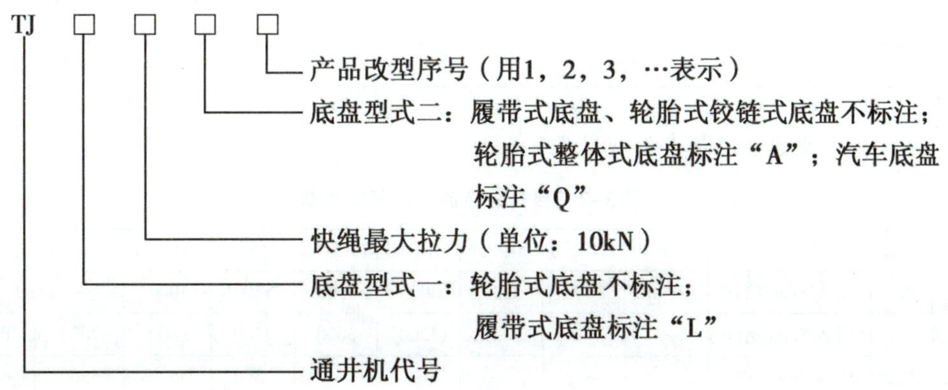

示例：

TJ12A-1 型通井机，TJ 表示通井机；12 表示快绳最大拉力为 120kN；A 表示轮胎式整体式底盘；1 表示第一次改型。

2) 自备井架通井机型号表示方式

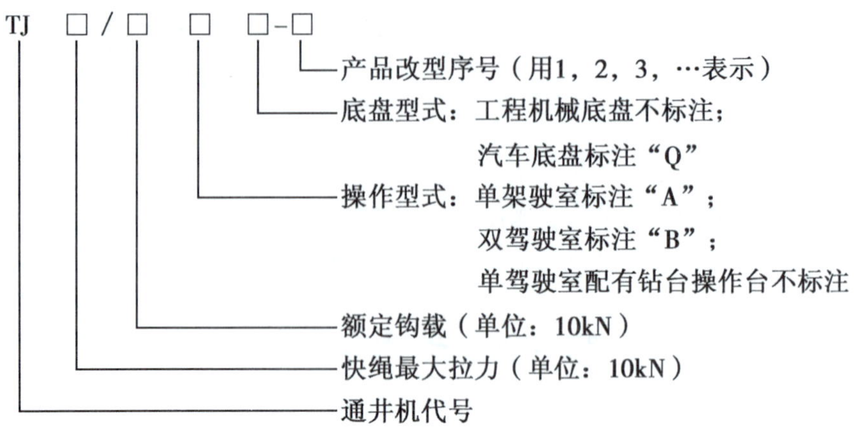

示例：

TJ12/50AQ-1 型号的通井机，TJ 表示通井机；12 表示快绳最大拉力为 120kN；50 表示额定钩载为 500kN；A 表示单驾驶室；Q 表示汽车底盘；1 表示第一次改型。

3) 基本参数

(1) 不备井架通井机基本参数见表 3-1。

表 3-1　不备井架通井机基本参数

通井机型号		TJ5	TJ7	TJ9	TJ10	TJ11	TJ12	TJ15
快绳最大拉力（kN）		50	70	90	100	110	120	150
快绳最大速度（m/s）		3.0	4.0	5.0	6.0	6.5	7.0	7.0
装机功率（kW）		≥60	≥70	≥90	≥100	≥110	≥140	≥180
滚筒抽汲绳容量（m）		≤2000			≤3000			
钢丝绳直径（mm）	起重用	19		22				
	抽汲用	13		16				
绞车滚筒宽度（mm）		700		910				

(2) 自备井架通井机基本参数见表 3-2。

表 3-2　自备井架通井机基本参数

通井机型号			TJ10/30	TJ12/40	TJ12/50	TJ12/65	TJ15/60	TJ15/80	TJ18/100	TJ21/135	TJ25/150
名义修井深度（m）	小修	用 ϕ73mm 油管	2000	2500	3200	4000	3500	5500	7000	—	—
	大修	用 ϕ73mm 钻杆	—	—	—	3200	3000	4500	5800	7000	8000
		用 ϕ89mm 钻杆	—	—	—	—	—	3500	4500	5500	6500
		用 ϕ114mm 钻杆	—	—	—	—	—	1500	3500	4000	5000

续表

通井机型号	TJ10/30	TJ12/40	TJ12/50	TJ12/65	TJ15/60	TJ15/80	TJ18/100	TJ21/135	TJ25/150
最大钩载（kN）	600	650	700	900	900	1100	1350	1550	1700
额定钩载（kN）	300	400	500	650	600	800	1000	1350	1500
井架高度（m）	16，18	16，18	16，18，21	18，21，29	18，21，29	31，33，35	33，35	33，35	35，36，38
装机功率（kW）	≥100	≥150	≥160	≥170	≥200	≥300	≥400	≥500	≥600
快绳最大拉力（kN）	100	120	120	120	150	150	180	210	250
游动系统有效绳数（股）	6	8		6		8		8，10	
钢丝绳直径（mm）	22			26			29～32		
绞车滚筒宽度（mm）	700				850～950				

（3）目前现场常用的通井机型号有鞍山红旗拖拉机制造厂制造的 AT-10 型和青海拖拉机制造厂制造的 XT-12 型等，如图 3-1 所示。其技术参数如表 3-3 所示。

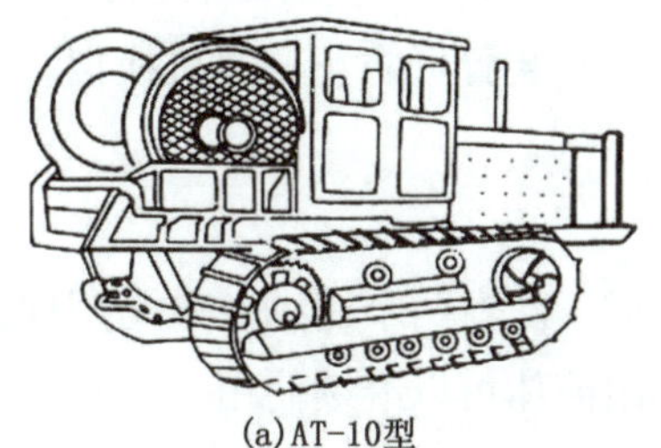

(a)AT-10型　　(b)XT-12型

图 3-1　现场常用通井机示意图

表 3-3　常用通井机技术参数

项　　目		AT-10 型	XT-12 型	XT-15 型
柴油发动机型号		6135AK-4	6135AK-6	6135AK-8
滚筒长度（mm）		910	910	920
滚筒直径（mm）		350	360	380
钢丝绳最大拉力（kN）		100	120	150
滚筒钢丝绳容量（外径×长度）(mm×mm)		22×2800	22×3000	22×3000
刹车鼓直径×数量（mm×个）		1080×2	1072×2	1080×2
刹车带宽×数量（mm×个）		195×2	180×2	195×2
锚头数（个）		1	1	1
油箱容积（L）		290	280	300
外形尺寸（mm）	长	6015	5970	5970
	宽	2680	2456	2470
	高	3250	3080	3110
总质量（kg）		18280	17700	17900

2. 结构组成

通井机主要是由发动机、底盘和通井装置三部分组成。通井装置由变速箱、绞车和绞车离合器组成。

1)变速箱

变速箱安装在后桥箱的后平面上，它能改变通井机滚筒快绳的拉力和速度，并能改变滚筒旋转方向。

变速箱结构形式为斜齿常啮合式，有正、反各2×4种转速，并带有动力输出轴。变速箱的变速由拨叉杆拨动啮合套来完成，采用斜齿有助于提高变速箱的寿命及减少噪声。

通井机主变速箱的上轴由两个链轮及链条或联轴套联结到绞车变速箱第一轴。第一轴的轴端安装有花键，供动力输出用，再经过多对齿轮增扭减速将动力传给输出轴，输出轴上的主动齿轮又把动力传给传动大齿轮，带动滚筒工作。

通井机的变速箱有3个操纵杆，一个是正、反操纵杆，一个是高低速操纵杆，一个是变速操纵杆。

变速操纵机构与通井机总离合器设有联锁装置，当主离合器结合时，变速箱不能换挡，只有当总离合器分离时，变速箱才能换挡。联锁装置可防止通井机换挡、换向时打坏齿轮。

2)绞车和绞车离合器

绞车滚筒体由滚筒、左轮辐、右轮辐焊接而成，左右两个制动轮鼓是用螺栓连在滚筒上，制动轮磨损后，可以单独更换制动轮鼓，而滚筒体可以继续使用。

刹车为带式摩擦刹车，有左、右两个刹车。刹车钢带的内面铆有石棉刹车带，刹车带外面装有顶丝和弹簧，用以调整刹车带和刹车轮鼓之间的间隙。

刹车装置有气动助力机械混合式和液压助力机械混合式两种。

绞车离合器用来传递和切断绞车轴传给滚筒的动力，防止传动系统过载。离合器主动盘安装在滚筒轴上，其从动部分装在左刹车轮毂上，当离合结合时带动滚筒工作。

3. 安全操作技术

1)操作前检查

(1)通井机要摆平摆正停放，正常工作时距井架2~4m，加压起下钻时距井架5~7m。

(2)检查并证实驾驶室的行驶挡放在空挡位置上，右脚踏制动必须锁住，倒正挡操纵杆放在倒挡位置上。

(3)检查各润滑部位的润滑油液面高度、机身温度和机油压力是否符合要求，各仪表显示是否正常。

(4)检查有无漏油、漏水、漏气现象，各系统工作状态是否正常。

(5)检查滚筒传动机连接部分是否完整和紧固，不得有松旷现象，检查大绳死绳头、活绳头是否固定牢固，大绳断丝、断股是否超出标准要求。

(6)对天车、游动滑车、井架连接部位、绷绳要进行详细检查，注意天车、游动滑车钢丝绳有无跳槽现象。

(7)检查刹车系统是否灵活好用，制动带间隙是否合适。检查离合器工作状态是否正常。如发现离合器打滑或摘不开时，应停止使用，并进行调整。

(8)检查滚筒、锚头处有无人员或其他障碍物。

(9)冬季时，要先挂上一挡，空负荷运转滚筒5～10min后再带负荷工作。

(10)检查发电机曲轴箱的油量，冷却水箱水量，燃油箱的油量，电路系统连接情况。

2)安全操作

(1)预温(指冬季和寒冷地区)。

①在露天停放的设备，对发电机曲轴箱、变速箱进行预热，必须做到均匀预热，并及时抽出油尺检查机油黏度，防止机油过热变质。

②水箱加入85℃以上的软水。

③检查电瓶电液，应高出极板5～10mm。

(2)启动。

①打开电源及开关，按下启动按钮，启动发动机。

②启动电动机工作时间每次不超过15s，因此按下按钮时间不宜超过20s。

③主机启动后，查看发动机声音有无异常、机油压力是否正常。

④主机启动由低速变中速预热，待机油与水温达到50℃后，再次检查运行是否正常。

⑤主机在预温时严禁猛轰油门。

(3)起步。

①起步前首先检查通井机前后有无人员及其他障碍物，左右履带上有无工具及其他物品。

②松开通井机前端左右两侧的骑马螺栓。

③一挡起步，必须做到操作平稳，禁止猛起步，行走0.5km后换二挡。

(4)行驶。

①行驶中要随时检查各仪表的读数，发现问题立即停车检查处理，不得勉强行驶。

②根据路面情况做到合理用挡、平稳操作。

③转弯时应降速，拉放转向操作杆要平稳、迅速，分离彻底，用脚进行转向制动时，应先分离后制动，禁止原地360°转弯。

④长距离行驶时，要坚持停车检查，查油箱、水箱等是否渗漏，电瓶是否固定良好，电液是否渗漏，行走部分有无发热现象。

⑤下斜坡时严禁放空挡滑行，过障碍物时必须平稳，遇到大坑必须减速。

⑥在冰冻路面行驶时，不得使用急转弯。

⑦严禁在20°以上的斜坡上横向行驶。

⑧若通井机陷在坑洼的地方，引擎不处于水平位置，在短时间内不能排除时，应立即停车。

⑨水温超过90℃时，应卸去负荷怠速空转，降温后再带负荷。

⑩随时注意观察机油压力是否正常。

(5)停机。

①先摘掉负荷，降低发动机转速，待温度降到40～50℃，再慢慢降油门停车。

②停车后将操纵杆置于空挡，将车刹死，关掉电瓶搭铁开关。

③冬季停车时，通井机停到水平位置或向前倾斜2°～4°，然后立即放水，做到水尽人离。

(6)挂挡。

①刹住滚筒，摘开滚筒离合器。

②挂上合适的排挡。如挂不上，将总离合器轻轻活动一下再挂。挂挡时牙轮不应发响。

(7)起钻。

①挂上需要的排挡以后，必须注意：一定要先挂上总离合器，再挂上滚筒离合器，同时松开滚筒刹把，加大油门开始起钻。

②起钻时刹把必须完全松开，正常操作时，严禁猛刹车。

③在一般情况下起钻时，游动滑车和天车距离不得小于1m，防止游动滑车碰天车。

(8)换挡。

①摘开滚筒离合器，滚筒停止转动。

②摘开总离合器，挂上合适的排挡，再挂上总离合器。

③离合器的操作要领是“挂时要慢而稳，摘时要快而彻底”。不允许在半离半合的状态下进行工作。绞车变速箱有4个正挡、4个倒挡。如果能合理地运用各挡，则能提高作业效率，降低耗油量，并能延长发动机的使用寿命。负荷较重时，应用低挡大油门工作，但应随负荷的增加慢慢加大油门；负荷较轻时，可用高挡小油门工作。

(9)下钻。

①下钻时要用刹车控制速度，不允许用离合器做制动用。

②下钻速度不应太快，避免发生顿钻等事故。

③当下放钻具负荷很大时，可摘掉滚筒离合器，由刹车控制进行下放，但不能摘总离合器，不得使发动机熄火。如果摘掉总离合器，刹车助力器就失去作用，那么用刹车控制速度就很费力。

(10)停钻。

①停钻应摘掉滚筒离合器和总离合器，并使各排挡处于空挡状态。

②人离开刹把时，应打好死刹车，避免发生溜钻事故。

4. 注意事项

(1)通井机必须由经过专门培训合格的专职人员进行操作。操作人员必须劳保齐全，操作时精力集中、配合密切、听从指挥，严禁盲目操作。

(2)作业时必须安装灵活好用的指重表或拉力计。

(3)先挂变速箱正、倒挡，后挂排挡，挂挡时牙轮不得撞击打响。

(4)起下钻挂上排挡后，松开刹车，先挂总离合器，再挂滚筒离合器，逐步加大油门，不准先挂离合器后松刹车。

(5)开始起升时要慢慢上提，待井口挂好吊环后方可起钻。操作时要平稳，耳听引擎，眼看井口，手握刹把和离合器，严禁猛刹、猛放；随时观察指重表读数，严格控制下放速度，防止卡钻，卡钻后严禁猛压猛拔。

(6)下钻时，用刹车控制速度，不准用滚筒离合器或总离合器代替刹车。吊卡距井口4～5m时应减速，距井口0.5～1.0m时要刹车、慢放，防止顿钻。

(7)换挡时先摘滚筒离合器，使滚筒停止旋转，然后摘开总离合器，挂上合适的排挡，再挂总离合器和滚筒离合器。根据负荷情况选择适当的挡位和油门，使发动机留有余力，严禁超负荷运行或过低速运转。

(8)滚筒停止操作时，各排挡应放在空挡位置。人离开刹把时打好死刹车。滚筒运转时，禁止用死刹车代替手刹车。

(9)刹车温度过高时应停车，待其自然冷却，防止刹带变形。严禁在高温时向刹车毂浇水冷却，避免刹车带因骤冷产生龟裂，造成事故。

(10)夜间操作时必须要有良好的照明设备。

(11)大负荷施工时，必须把通井机千斤腿支撑好，防止通井机后倒。拔钻时应先试拔两次，了解基本情况后再逐渐增加负荷，拔钻时必须有专人指挥，注意井架、绷绳等各部分的受力情况，发现问题后及时卸掉负荷，避免事故发生。

5. 维护保养

1) 每班维护检查

(1)检查燃油箱燃油量。

(2)检查发动机机油平面。

(3)检查喷油泵调速器机油面。

(4)检查各油、水管路接头是否有漏油、漏水，进气管、排气管、气缸盖垫片处及涡轮增压器是否有漏气现象。

(5)检查喷油泵传动连接盘是否紧固。

(6)检查柴油机各附件的紧固情况。

(7)检查各仪表是否完好。

(8)清洁柴油机及附属设备(如机身、涡轮增压器、空气滤清器、发电机、风扇、散热器等)外表。

2)一级保养(累计工作100h或每隔1个月)

(1)包含每班维护检查内容。

(2)检查蓄电池的电压和电解液液面。

(3)检查各皮带的张紧度。
(4)清洗机油泵吸油粗滤网。
(5)清洁空气滤清器。
(6)清洗机体通气管内的滤芯。
(7)清洗机油、燃油滤清器或更换滤芯。
(8)清洗涡轮增压器的机油滤清器及进油器。
(9)更换柴油机机油。
(10)清洗冷却水散热器。
(11)所有润滑点加注润滑油。
3)二级保养(累计工作500h或间隔6个月)
(1)包含一级保养内容。
(2)检查喷油泵、喷油器。
(3)检查气门间隙、喷油提前角。
(4)检查进、排气门的密封性能。
(5)检查水泵漏水情况。
(6)检查气缸套封水圈的封水情况。
(7)检查传动机构盖板上的喷油塞孔是否畅通。
(8)检查冷却水散热器、机油散热器、机油冷却器是否有漏油、漏水现象。
(9)检查主要零部件的紧固情况(连杆、曲轴、气缸盖)。
(10)检查电器设备的各电线接头是否牢靠、有无烧坏。
(11)清洗机油、燃油、冷却水各管道。
(12)清洗涡轮增压器。
4)三级保养(间隔一年时间)
(1)包含一级、二级保养内容。
(2)检查气缸盖组件。
(3)检查活塞连杆组件。
(4)检查曲轴组件。
(5)检查传动机构和配气相位。
(6)检查喷油器、喷油泵。
(7)检查涡轮增压器各零件的磨损情况。
(8)检查机油泵、水泵，进行拆检、测量和调整。
(9)检查气缸盖和进气管、排气管垫片。
(10)保养发电机和起动机。
(11)当以上部件磨损严重或影响正常工作时，必须进行调整或更换。

二、修井机

修井机是由一台或两台动力机驱动绞车和转盘工作的修井作业设备。动力机、绞车、井架均安装在汽车载重底盘、专用底盘或牵引式底盘上，如图 3-2 所示。修井机一般配备自背式井架，行走速度快，施工效率高，适合快速搬迁的需要，缺点是不宜在低洼、泥泞地带行走。

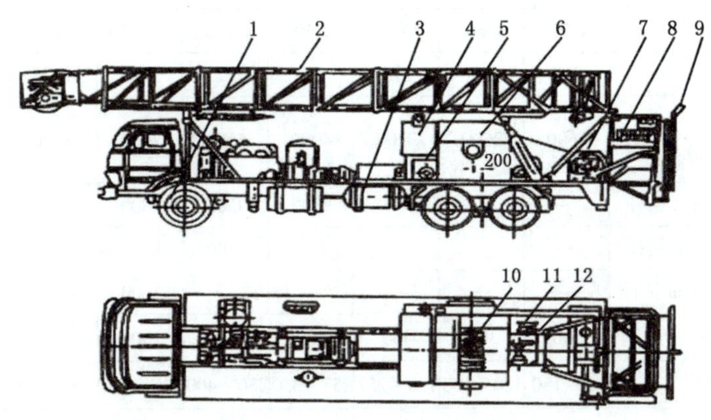

图 3-2　修井机结构示意图

1—自走车底盘；2—井架及游动系统；3—刹车冷却装置水箱；4—液路系统油箱；5—绞车传动装置；6—绞车架及护罩总成；7—钻盘传动装置；8—司钻操作台；9—井口操作台；10—滚筒及刹车系统；11—死绳固定器及指重表；12—液压绞车

修井机按驱动型式可分为机械驱动、电驱动、液压驱动和复合驱动。

按传动型式可分为链条传动、皮带传动、齿轮传动和液力传动。

按移运型式可分为块装式、自行式和拖挂式。

1. 型号

1) 修井机型号表示方式

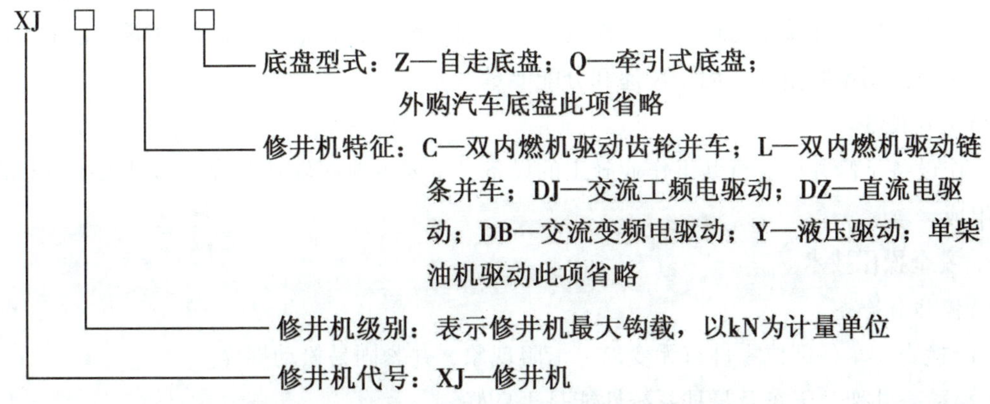

示例：

XJ1800CZ 型修井机，XJ 表示修井机；1800 表示最大钩载为 1800kN；C 表示双内燃机驱动齿轮并车；Z 表示自走底盘。

2) 基本参数

修井机基本参数见表 3-4。

表 3-4　修井机基本参数

修井机型号			XJ350	XJ600	XJ700	XJ900	XJ1100	XJ1350	XJ1600	XJ1800	XJ2250
最大钩载（kN）			360	585	675	900	1125	1350	1575	1800	2250
名义修井深度（m）	小修深度	用 ϕ73mm 外加厚油管	1600	2600	3200	4000	5500	7000	8500	—	—
	大修深度	用 ϕ73mm 钻杆	—	—	2000	3200	4500	5800	7000	8000	9000
		用 ϕ89mm 钻杆	—	—	—	2500	3500	4500	5500	6500	7500
		用 ϕ114mm 钻杆	—	—	—	—	—	3600	4200	5000	6000
额定钩载（kN）			200	300	400	600	800	1000	1200	1500	1800
绞车功率（kW）			80～150	120～180	160～257	257～330	280～400	330～450	400～500	450～600	550～735
井架高度（m）			18，21			29，31	31，33，35			36，38	
最大绳数（股）			4		6		8		8，10		10
起升钢丝绳直径（mm）			22			26			26，29	29，32	32
大钩最大起升速度（m/s）			1～1.5								

2. 结构组成

为了满足井下作业施工要求，整套修井机一般需要具备下述 3 个方面的设备。

1) 动力设备

动力设备是修井机的动力来源，主要由动力驱动设备组成，为修井机的各工作设备提供动力，一般为柴油机。

2) 传动设备

传动设备用于连接动力设备与工作设备，如连接绞车、转盘、行走部分等。它主要由传动系统和控制系统组成，用于传递和分配能量。

3) 工作设备

工作设备是修井机进行井下作业施工的设备，主要由地面旋转系统、提升系统及行走系统组成。

3. 安全操作技术

1) 操作前检查

(1) 检查绞车各部位零件有无变形、卡阻现象，并紧固易松动螺栓。

(2) 检查井架、天车及悬挂系统性能是否良好。

(3)检查所有千斤螺母是否锁紧，千斤基础有无下沉。

(4)检查井架安全拉杆下端圆销是否松动。

(5)检查行车—绞车分动手把是否扳到绞车位置。

(6)检查传动箱涡轮变矩器自动闭锁操纵手柄是否扳到绞车工作位置。

(7)检查绞车系统气路空气供给阀是否打开。

(8)气路系统的检查：

①检查气路气压是否在工作范围内。

②检查空气罐、空气过滤放水阀是否已经放水。

③检查空气干燥器自动排放功能是否正常。

④检查绞车离合器快速放气阀是否放气迅速、工作正常。

⑤检查天车防碰器是否动作灵活、控制可靠。

⑥在气温0℃以下工作时，检查防冻器罐中是否加入高级乙醇。

⑦检查辅助刹车冷却压力水罐的水量是否足够，0℃以下时要用防冻液。

⑧检查绞车刹车手把位置是否正确，刹车联动装置的调整量是否正确。

2)安全操作

(1)挂挡。

①打开前操纵仪表转换开关，仪表指示正常后，将气动离合器处于分离状态，把滚筒断气刹置于“松开”位置，发动机转速处于低速状态。

②根据作业负荷，选择适当的挡位。

(2)起钻。

①松开绞车刹把，下拉油门离合器手把，开始提升作业。

②提升将要完成时，减油门，离合器放气，拉刹把停止提升。

③在提升负荷中途，需要较长时间停车时，应把滚筒断气刹置于“刹车位置”。

(3)换挡。

①控制阀手柄从中间位置向前推，转动10°时，供气系统向滚筒离合器供气，离合器挂合，滚筒开始转动，继续前推手柄，逐渐增加柴油机油门。

②手柄从中间位置向后拉，转动10°时，倒挡一侧离合器挂合，滚筒开始转动，继续后拉手柄，逐渐增加柴油机油门。

(4)下钻。

在停止起钻后，适当松动刹把，大钩将自由下落，用刹车控制速度，严防顿钻。

(5)停钻。

①停止滚筒旋转时，将控制阀手柄移至中间位置，并配合刹车操作。

②如果较长时间停钻或离开操作台时，要将刹把锁住，把所有控制阀操纵手柄扳到空挡位置。

4. 注意事项

(1)操作人员必须经过专门的培训考核合格后，持特种作业人员操作证方可上岗。

(2)操纵滚筒旋转时，避免各旋转部位及钢丝绳出现挂联现象，尤其要注意大钩的上升高度，防止碰到天车。

(3)提升游动系统时，无论空车或重车、高速或低速都严禁司钻离开刹把位置。

(4)刹车毂、离合器钢毂严禁在高温时用冷水或蒸汽冷却。

(5)严格按照技术要求操作，严禁违章操作和超负荷运行。

(6)游动滑车放至地面时，滚筒上至少留有15圈以上钢丝绳。滚筒刹车钢带有伤痕、裂纹时要及时更换，刹车毂磨损8～9mm或龟裂较严重时应及时更换。

(7)刹车带必须装双帽固定保险螺帽，与绞车底座之间的间隙调节到3～5mm为宜。刹车下不准支垫撬杠等异物，防止异物进入曲拐下面卡死曲轴，造成刹车失灵事故。

(8)刹把的位置应便于操作及固定。

(9)刹车片的螺钉、弹簧垫必须齐全。当某一刹车片磨损剩余厚度小于18mm时必须进行更换，更换时必须两边同时更换，不准单片更换。

(10)清洁、保养、检修必须在停机状态下进行，防止发生人身伤害事故。

5. 维护保养

1)每班维护检查

(1)检查发动机运转是否正常。

(2)检查燃油箱油量，并按要求加满。

(3)检查液力传动器主油路压力是否保持在要求范围内。

(4)检查气路系统工作压力是否保持在要求范围内。

(5)检查刹车带间隙、刹把位置、刹带活端和刹带死端是否需要调整。

(6)检查天车防碰机构是否完好，并对损坏的部件进行维修。

(7)蓄电池温度不得超过45℃。

2)一级保养(累计工作80～100h)

(1)包含每班保养内容。

(2)检查传动轴连接螺栓是否松动，并进行紧固。

(3)检查气路系统的各快速排气阀、气控截止阀是否工作正常，并排放储气筒内的冷凝水。

(4)检查液力传动器油位是否符合要求，并按要求加满。

(5)检查各齿轮箱油位是否符合要求，并按要求加满。

(6)检查链条罩的油位是否符合要求，并按要求加满。

(7)蓄电池接线处是否有腐蚀松动现象，液面是否符合要求，蓄电是否充足。

3)二级保养(累计工作240～300h)

(1)包含一级保养内容。

(2)检查液压系统、气压系统的压力表及液位液温计是否失灵。

(3)检查指重表是否准确，指重表有无损坏，是否进水。

(4)检查液压系统胶管及气压系统软管有无破损。

(5)检查所有外露螺栓、螺母有无松动。

4)三级保养(累计工作1000h)

(1)包含二级保养内容。

(2)检查液路系统液压油的质量是否符合标准。

(3)清洗或更换液压系统滤清器滤芯。清洗液压油箱和齿轮箱呼吸器。

(4)检查刹车系统刹车毂、刹车块的磨损情况，刹车毂表面有无裂纹。

(5)检查链条磨损情况，链节是否伸长，当磨损至链节拉长大于3%时，需要更换链条。

(6)检查所有紧固件、连接件有无损坏或松动。

(7)检查钢丝绳有无断丝。

(8)检查所有操作手柄是否操作灵活。

第二节　提升系统

提升系统的主要作用是起下或悬吊钻具，控制钻压。掌握提升系统的相关知识，可以有效减少设备故障的发生，提高作业效率。本节介绍了井架、天车、游动滑车、绞车、钢丝绳的型号、结构和维护保养等基本知识。

一、井架

井架的主要用途是装置天车，支撑整个提升设备，以便悬吊井下设备、工具和进行各种起下钻作业。有的井架还可将油管(钻杆)立放或立柱式排放。

1. 分类

井架的种类有很多，可按以下3种方式进行分类。

1)按井架结构

(1)整体式井架。在地面上焊接成整体，或用螺栓连接成整体后再吊装。

(2)伸缩式井架。整个井架分为上、下两部分，上体井架可以在下体井架内伸缩，上体井架依靠锁销或座窝固定在下体井架上，整体井架支架在修井机上，由液缸或钢丝绳立放。

(3)折叠式井架。小架子和大架子平时折叠在一起，通过修井机机身两旁的丝杠或液缸完成立放工作。

2)按井架的可移动性

(1)固定式井架。长期固定在井口旁，井下作业结束后不随修井机搬迁。

(2)可移动式井架。将井架安装在修井机上，可随修井机迁移。

3)按井架支腿受力

(1)单腿式井架。即桅杆式井架，整个井架由单腿支立，钻具负荷作用于一点。

(2)两腿式井架。井架两腿着地，支撑着井架和游动系统负荷的重量。

(3)四腿式井架。井架的4条腿支撑着地，承受井架和吊升负荷的全部重量。

2. 结构

井架主要由井架主体、天车台、二层平台和工作梯四大部分组成。

(1)井架主体。由横杆、斜杆和弦杆所组成的桁架结构，是井架的主要承载构件。

(2)天车台。是用于安放天车，并对天车进行检查维护保养的地方。

(3)二层平台。立放管柱和井架工操作的工作台。

(4)工作梯。供工作人员上下井架使用。

3. 注意事项

(1)使用前应对以下项目进行安全检查：

①检查井架底座两个梯形螺纹螺杆是否紧固，检查时大钩空载、二层台无立根。

②检查井架底座各调节拉杆有无松动、损坏。

③检查各绷绳张紧度是否符合要求，各绷绳有无断股、断丝等现象。

④检查各滑轮是否转动灵活，滑轮槽有无严重磨损或偏磨现象。

⑤检查各固定螺栓是否松动，各支座有无裂纹，各部位有无渗漏。

(2)井架工上井架前，必修穿好保险带，上下井架时，务必挂好防坠器挂钩。

(3)排放立根时应左右对称，严禁偏重。

(4)起下钻时，根据大钩负荷合理选择挡位和提升速度，严禁超载荷。

(5)刹车时，平稳操作，防止动作猛烈造成井架剧烈振动。

(6)在工作时，不得松开井架的任一绷绳。

4. 维护保养

1)润滑

定期向井架旋转部位加注锂基润滑脂，润滑周期为每次起升前及每次下放前必须各注油一次，若施工周期较长，每3个月必须注油一次。

2)维护保养

(1)井架工应对井架每天进行安全检查，内容包括检查螺栓、销子等紧固件是否连接牢固，是否有损失现象，焊缝是否开裂；井架构件是否有弯曲、变形、裂纹；梯子栏杆和走台是否完好、安全，连在井架上的零件及悬挂件是否有跌落的危险等，若发现问题应及时维修。

(2)起升或下放完井架后将井架缓冲装置系统中的管线、液压源等设备拆卸入库，液缸固定在人字架上不用拆卸，但要用防护帽保护好管线接口。

(3)井架在正常使用期间一年保养一次。一般情况下，井架主体上段至少每年进行一次除锈防腐处理，井架主体下段每半年进行一次除锈防腐处理。特殊情况下，如遭受修井液、石油、天然气、饱和盐水等侵蚀而腐蚀严重的部件，要及时进行除锈防腐处理。

(4)井架每年必须由安全技术部门进行一次全面检查。对检查出的损坏部位和部件应做出清晰的、明显的标志，以便进行修理。

(5)井架封存前要清除灰尘、脏物和吸水性物质。底部垫平，存放整齐。所有销孔、销轴、轴、滑轮和轴孔必须涂防锈油。用塑料布包好轴和滑轮。大绳涂防锈油脂后，捆扎成盘，存放在干燥处。

二、天车

天车是由若干个滑轮组成的定滑轮组，主要作用是支撑吊升系统，悬吊井下钻柱或重物，改变绞车滚筒钢丝绳的作用力方向，完成上下活动与起下钻工作。

1. 型号

天车的型号表示如下：

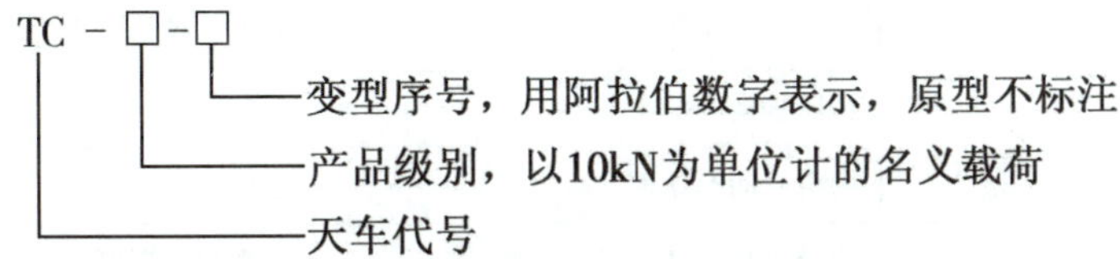

示例：

TC-30 型天车，TC 表示天车；30 表示名义载荷为 300kN。

2. 结构组成

天车的基本结构主要由天车轴、滑轮、底座和护罩等组成。现场使用的天车根据轴的个数，分为单轴天车和多轴天车。

1)单轴天车

单轴天车是现场使用较多的一种天车，目前常用的天车有 4～5 个轮，负荷为 300～800kN。如图 3-3所示。

2)多轴天车

多轴天车的优点是减轻了单轴的承受负荷，减少了钢丝绳的偏磨，提高了游车大钩起下的平稳性。

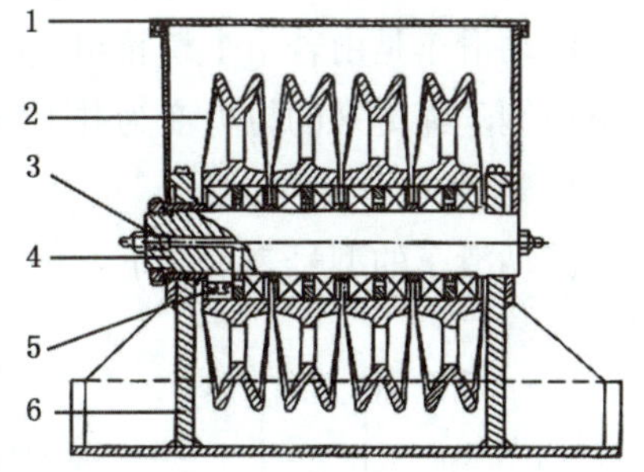

图 3-3　天车结构示意图

1—护罩；2—滑轮；3—黄油嘴；4—天车轴；5—轴承；6—底座

3. 维护保养

(1)检查各轴承是否进行润滑。

(2)检查各滑轮是否转动灵活，有无阻卡、杂音和晃动现象。

(3)检查护罩是否齐全完好，有无碰挂现象，是否固定牢固。

(4)检查滑轮是否偏磨。

(5)检查轴承是否发热，若超过 70℃应立即采取降温措施。

4. 常见故障及排除方法

天车在使用过程中，由于温度升高、轴承磨损等原因，可能会发生一些故障，天车的常见故障及排除方法见表3-5。

表3-5 天车的常见故障及排除方法

故障现象	产生的原因	排除方法
天车滑轮轴发热	润滑不良	清洗、检修润滑系统
	轴承配合松动	调整或更换轴承
	密封圈损坏	更换密封圈
天车滑轮转动有噪声	轴承严重磨损	更换轴承
	润滑轴磨损	检修或更换
	滑轮转动干涩	调整、检修
天车滑轮转动相互干扰	滑轮轴向间隙小	调整间隙
	两滑轮间有摩擦	检修
天车滑轮偏侧磨损	快绳轮长期使用产生偏磨	快绳轮定期倒向调整
	游车各轮转速不同	游车轮定期倒换位置
天车滑轮卡死	有异物	检修、清洗
	轴承烧死	更换轴承

三、游动滑车

游动滑车是由若干个滑轮组成的动滑轮组，通过钢丝绳与天车组成游动系统，使从绞车滚筒钢丝绳传来的拉力变为井下管柱上升或下放的动力，并有省力作用。

1. 型号

游动滑车的型号表示如下：

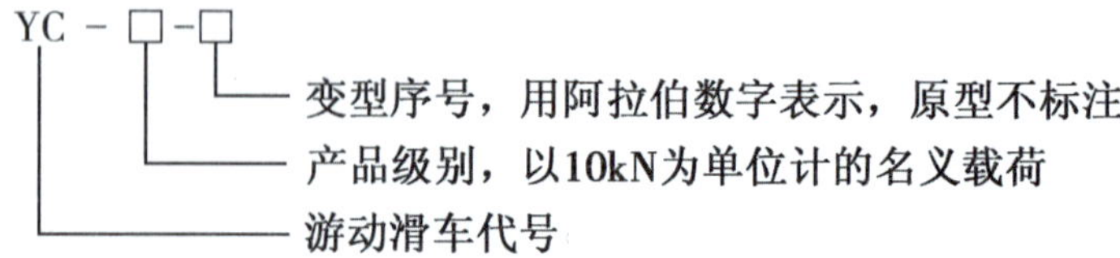

示例：

YC-30 型游动滑车，YC 表示游动滑车；30 表示名义载荷为300kN。

2. 结构组成

游动滑车的基本结构主要有滑轮、轴承、滑轮轴、侧板、提环、销轴和销座等，如图3-4所示。

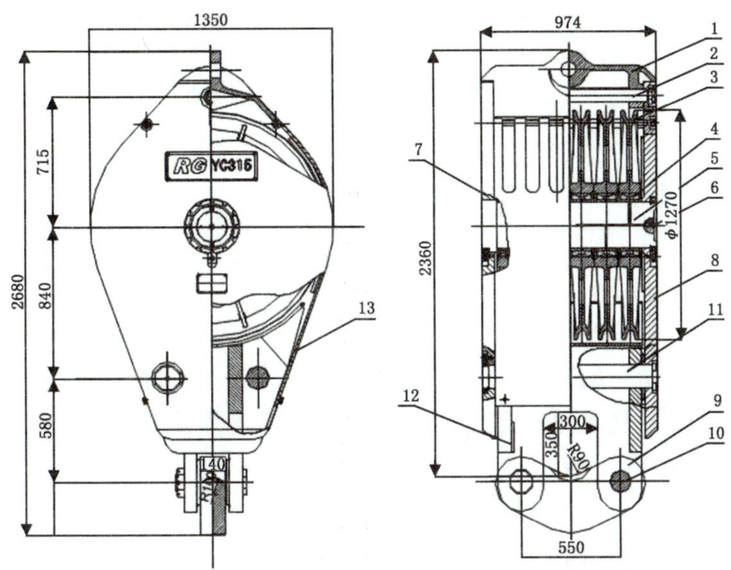

图 3-4　游动滑车结构示意图(单位：mm)

1—上横梁；2—螺杆；3—滑轮；4—轴承；5—滑轮轴；6—油杯；7—左侧板组；8—右侧板组；9—下提环；10—提环销轴；11—销轴；12—销座；13—侧护板

3. 维护保养

(1)检查各轴承润滑油是否充足，油路是否畅通。

(2)检查各滑轮是否转动灵活，有无卡阻现象。

(3)检查各滑轮偏磨和磨损情况，并及时调整更换。

(4)检查各连接件是否紧固。

(5)检查轴承是否发热，游车是否有金属摩擦声，黄油嘴是否堵塞，紧固件螺栓是否松动。

(6)定期检查各油路是否畅通，钢丝绳是否摩擦游车护罩，各固定螺栓有无松动现象，钢板焊缝有无裂纹，各滑轮有无偏磨及晃动现象。

4. 常见故障及排除方法

游动滑车可能发生的故障及排除方法见表 3-6。

表 3-6　游动滑车的常见故障及排除方法

故障现象	产生的原因	排除方法
滑轮发热	缺润滑脂、油道堵塞	加注润滑脂
	润滑脂污染	清洗、更换润滑脂
	轴承磨损	检修、更换轴承
滑轮卡阻	缺润滑脂、油道堵塞	加注润滑脂
	轴承磨损	检修、更换轴承

续表

故障现象	产生的原因	排除方法
滑轮异响	轴承磨损	检修、更换轴承
	滑轮组间摩擦	检修、调整
护罩抖动异响	滑轮护罩变形	检修、校正
	滑轮护罩松动	检修

四、大钩

大钩悬挂在游动滑车的下边，主要作用是：在起下钻作业时，利用吊环和吊卡悬挂管柱；在钻进过程中，悬挂水龙头及钻具；在下套管注水泥固井时，悬挂套管；进行其他井下作业和各项辅助工作。

大钩按其结构形式可分为单钩式、双钩式和三钩式 3 种。目前，我国油田广泛使用的是三钩式大钩(一个主钩和两个侧钩)，其可以减小大钩的开口直径，减轻大钩的重量。

游车大钩由大钩和游动滑车构成。它的优点是减少了单一游动滑车和大钩的连接高度，充分利用了井架的空间。

1. 型号

大钩的型号表示如下：

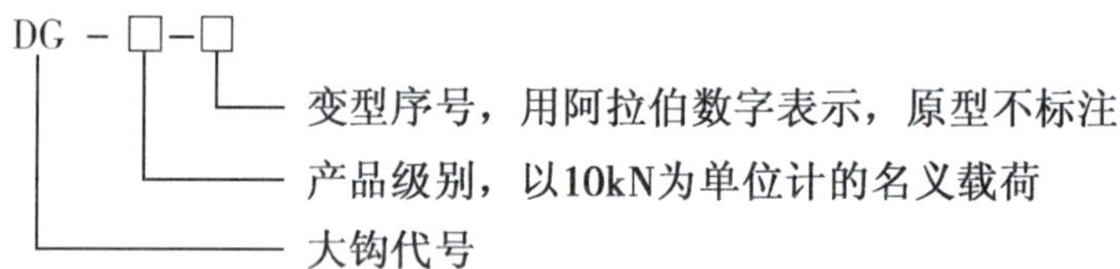

示例：

DG-30 型大钩，DG 表示大钩；30 表示名义载荷为 300kN。

2. 结构组成

大钩主要由钩身、钩座和提环等组成。如图 3-5 所示。

3. 维护保养

(1)检查大钩的止推轴承、提环销轴、钩身销子和各转动部分是否按要求润滑，确保旋转灵活，无阻卡及异常声音。

(2)检查钩身及提环来回摆动的灵活性。

(3)检查钩身制动装置及侧钩、钩口安全锁紧装置的灵活性及可靠性。

(4)起下钻作业前及起下过程中，经常检查侧钩耳环的固定情况，防止吊环脱出。

(5)施工过程中应注意各紧固件的松动情况。在处理井下复杂情况时，应加固大钩的安全装置。

(6)开始提升时应平稳，避免大钩弹簧受力过猛而折断损坏。凡弹簧行程达不到规定

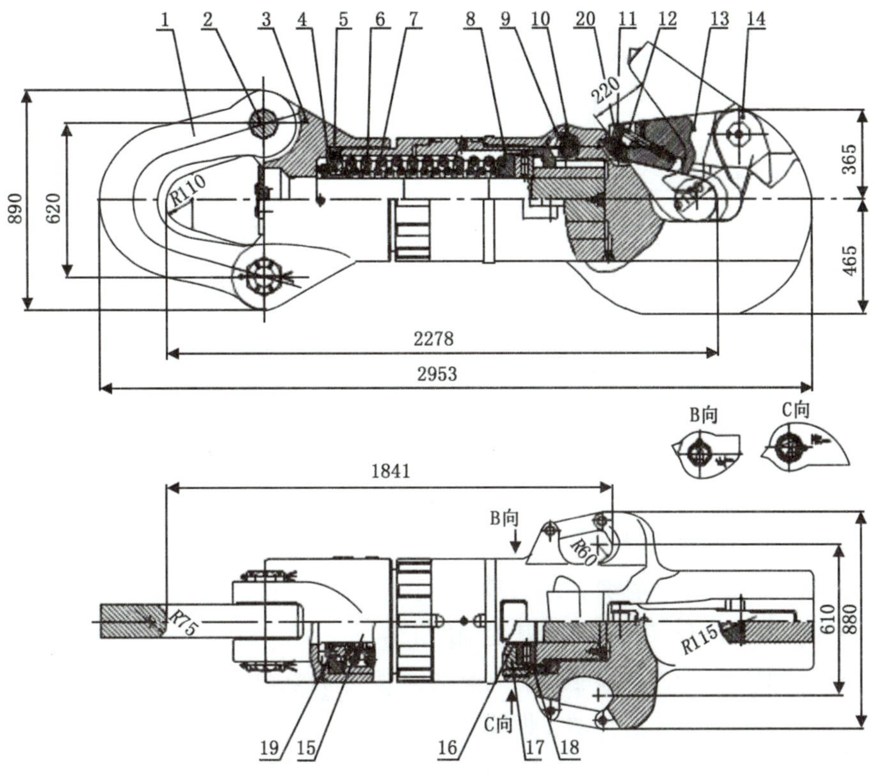

图 3-5 大钩结构示意图(单位：mm)

1—大钩提环；2—吊环销轴；3—吊环座；4—定位盘；5—弹簧；6—外弹簧；7—内弹簧；8—下筒体；9—钩身；10—制动装置；11—掣子；12—顶杆；13—安全销体；14—销轴；15—钩杆；16—衬套；17—弹簧座；18—轴承；19—衬套；20—掣子轴

要求或失去伸缩力时，应及时更换修理。

(7)大钩提环处的放水孔要保持清洁畅通。

(8)每次拆卸大钩后，在工作之前要用螺栓和铁丝把压帽扎紧，防止压帽自动倒扣松动。

(9)大钩润滑要求见表 3-7。

表 3-7 大钩的润滑要求

润滑位置	润滑点数（个）	润滑油品种		润滑最高温度（℃）	润滑周期（h）
		夏季	冬季		
提环销	2	钙基黄油	钙基黄油加 10% 机油	70	150
钩身销轴	1	钙基黄油	钙基黄油加 10% 机油	70	150
止推轴承	1	钙基黄油	钙基黄油加 10% 机油	70	150

4. 常见故障及排除方法

大钩常见故障及排除方法见表 3-8。

表 3-8　大钩的常见故障及排除方法

故障现象	产生的原因	排除方法
大钩缩回行程减小	弹簧疲劳	更换弹簧
	弹簧断裂	更换弹簧
钩口安全装置失灵	滑块、拨块变形	检修、更换配件
	弹簧断裂	更换弹簧
钩身制动装置失灵	制动销弯曲变形	检修、更换配件
	弹簧断裂	更换弹簧
钩身转动不灵	缺少润滑脂	加注润滑脂
	润滑脂污染	清洗、更换润滑脂

五、绞车

绞车是利用滚筒缠放钢丝绳，控制大钩运动速度和载荷的设备。绞车是起升系统的主要设备，主要作用有：起下钻具；进行抽汲、提捞等作业；钻进时控制钻压、送进钻具；换装牙轮传动转盘；吊升重物和进行其他辅助工作。

绞车按驱动型式可分为机械驱动、电驱动、液压马达驱动。

绞车按传动型式可分为链传动、齿轮传动。

1. 型号

绞车的型号表示如下：

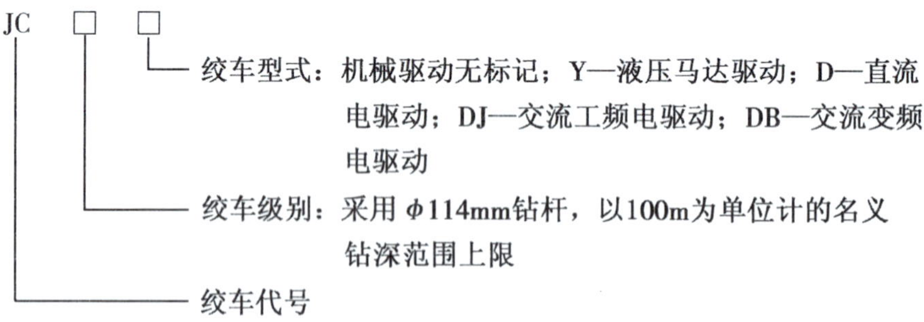

示例：

JC50D 型绞车，JC 表示绞车；50 表示级别为钻深 5000m；D 表示直流电驱动。

2. 结构组成

绞车实际上是一部重型起重机械，它由以下系统组成。

1）支撑系统

支撑系统是指焊接的框架式支架或密闭箱壳式座架，它是支撑滚筒、滚筒刹车机构等系统的骨架。

2）传动系统

传动系统主要由变速箱、传动轴、链条、牙轮等组成。它将动力传给滚筒，并可改变滚筒的转速。

3）控制系统

控制系统主要包括离合器、控制阀件、操作控制台。它操纵和控制绞车各系统按照操作者的意向准确运转。

4）制动系统

制动系统即刹车系统，包括刹把、刹带及水刹车等。它在起下钻作业中起制动和控制下钻速度的作用。

5）卷扬系统

卷扬系统主要包括主滚筒、捞砂滚筒和锚头等各种卷扬装置。它是通过游动系统完成起下钻作业的主机。

6）润滑及冷却系统

润滑及冷却系统主要由油池、油封、黄油嘴和刹车冷却装置组成，其作用是润滑绞车的各运转零件和冷却主滚筒的刹车毂。

3. 维护保养

1）传动系统的润滑保养

包括机油润滑、润滑脂润滑、定期更换润滑油。

2）气控系统的维护与保养

使用前进行维护检查，防止气控元件失灵、压缩空气漏失，确保管道清洁。

3）链传动的维护和调整

包括链传动检修、大垂度链条的连接、链条张紧度的检查、链轮磨损的检修、链传动轴的校正。

4. 常见故障及排除方法

绞车常见故障及排除方法见表3–9。

表3–9　绞车的常见故障及排除方法

故　障　现　象		产生的原因	排除方法
刹把	压到最低位置，刹不住车	刹车片严重磨损	换刹车片
		两端刹车带不平衡	调整平衡
		刹车毂被油污染	清除油污
		刹把调整过低	调整刹把高度
		刹带活端调整不当	调整刹带活端
	抬起到最高时，大钩不下行或下行很慢	刹车带与刹车毂间隙小	调整刹车带间隙
		刹车带与刹车毂有摩擦	检修刹车带和刹车毂
		刹把调整不当	调整刹把

续表

故　障　现　象		产生的原因	排除方法
滚筒离合器	未挂合滚筒离合器，滚筒转动	离合器摩擦盘间隙过小	调整离合器摩擦盘间隙
		离合器摩擦盘烧结	更换离合器摩擦盘
	摘开滚筒离合器后，滚筒仍然转动	离合器摩擦盘间隙过小	调整离合器摩擦盘间隙
		离合器摩擦盘烧结	更换离合器摩擦盘
		气路未彻底断开	检修气路和有关阀件
	游车大钩提升时有打滑现象	离合器被油污染	清除油污
		气体压力不足	调整气压
		离合器摩擦盘间隙过大	调整离合器摩擦盘间隙
		离合器摩擦盘磨损严重	更换离合器摩擦盘
滚筒刹车	刹车力不足	气压过低	调高气动压力
		刹车毂间隙过大	检修调整
		刹车带磨损严重	检修更换
		刹车毂被油污染	检查清理
		左右刹车带不平衡	检修调整
		主滚筒冷却水温度过高	调整冷却水适当温度
	刹车带磨损过快	大钩下放速度过快	适当控制大钩速度
		主滚筒未挂合水刹车	按规定及时挂合水刹车
		刹车毂冷却不足	调整冷却水流量、温度
		刹车毂间隙过小	调整检修
辅助刹车	发热	使用转速过高	调整适当温度
链条传动箱	局部发热	缺少润滑油	添加润滑油
		润滑油污染	更换润滑油
		轴承磨损	检修、更换轴承
	运转异响	轴承磨损	检修、更换轴承
		链条磨损	检修、更换链条
		链条拉长	检修、更换链条
角传动箱	局部发热	缺少润滑油	添加润滑油
		润滑油污染	更换润滑油
		轴承磨损	检修、更换轴承
	运转异响	轴承磨损	检修、更换轴承
		锥齿轮磨损	检修调整、更换锥齿轮
		大锥齿轮盘松动	检修紧固

六、钢丝绳

修井机游动系统用的钢丝绳缠绕在绞车滚筒上，穿过天车和游动滑车滑轮，一端固定在滚筒上，另一端固定在井架大腿、地滑车或游动滑车上。它的主要用途是悬吊游动滑车、大钩及传递动力。

钢丝绳按捻制的方向可分为左捻、右捻。

左捻是指钢丝捻成股和股捻成绳时，由左向右捻制的钢丝绳，用“S”表示。右捻是指钢丝捻成股和股捻成绳时，由右向左捻制的钢丝绳，用“Z”表示。如图3-6所示。

图3-6　钢丝绳的捻制方向示意图

钢丝绳按捻制的方法可分为顺捻、逆捻。

顺捻是指钢丝捻成股与股捻成绳的捻制方向相同，也称同向捻，用符号“ZZ”表示；逆捻是指钢丝捻成股与股捻成绳的捻制方向相反，也称交互捻，用符号“ZS”表示。如图3-7所示。

顺捻钢丝绳伸缩性大，易松股、打扭，强度较小，但弯曲性、耐磨性好；逆捻与顺捻特点相反。

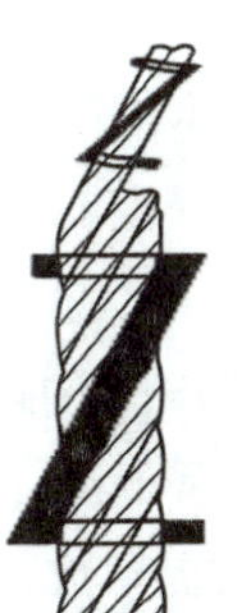

图3-7　钢丝绳的捻制方法示意图

1. 型号

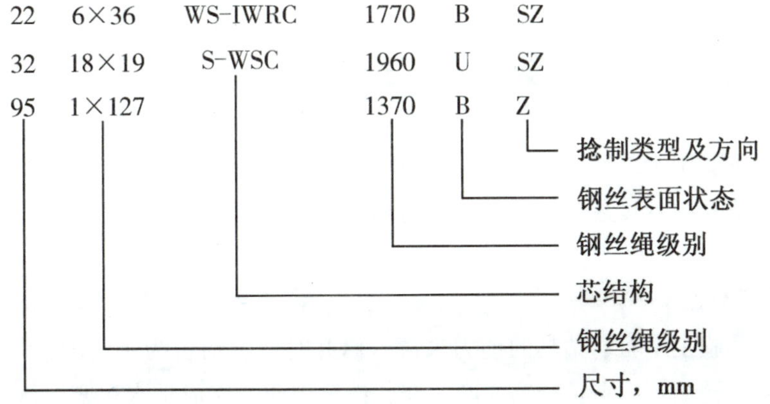

示例：

22 6×36 WS-IWRC 1770 B SZ 型钢丝绳，22 指公称直径为 22mm；6×36 指 6 股钢丝绳，每股钢丝绳有 36 根钢丝；WS-IWRC 指瓦林吞—西鲁式独立钢丝绳芯；1770 指公称强度为 1770N/mm^2；B 指光面；SZ 指交互捻。

2. 结构组成

修井使用的钢丝绳与一般起重机械使用的钢丝绳结构相同，它是由若干根相同丝径的钢丝围绕一根中心钢丝先捻成绳股，再由若干绳股围绕一根浸有润滑油的绳芯捻成的钢丝绳。

钢丝采用优质碳素钢制成，丝径多为 0.22～3.2mm，作用是承担载荷。

绳芯有油浸麻芯、油浸石棉芯、油浸棉纱芯和软金属芯等，作用是润滑保护钢丝，增加柔性，减轻钢丝在工作时的相互摩擦，减少冲击，延长钢丝绳的使用寿命。国内油田广泛使用普通型 D 级 6 股 119 丝不松散的逆捻钢丝绳，国外广泛使用不同丝径的钢丝绕制而成的复合结构的钢丝绳，目的是提高钢丝绳的柔性与耐磨性。

3. 注意事项

(1) 钢丝绳放置时，应缠绕在木滚筒上，避免砂子、泥土等脏物沾到钢丝绳上。

(2) 向绞车滚筒缠绕钢丝绳时一定要拉紧，并尽可能地保持钢丝绳的张紧力，防止扭曲打结。

(3) 滚筒上的钢丝绳要排列整齐，不能相互挤压。

(4) 钢丝绳应保持清洁，要经常上油，保持绳芯润滑。

(5) 起下操作要平稳，不能猛提猛放，防止钢丝绳因突然加载或卸载产生冲击载荷，导致疲劳损伤。

(6) 严禁钢丝绳在运动过程中碰磨天车、游动滑车或井架等设备，造成钢丝绳磨损。

(7) 严禁用锤子或其他工具敲击钢丝绳，避免在钢丝绳上造成凹痕，影响钢丝绳使用寿命。

第三节 旋转系统

旋转系统主要用于驱动钻杆(油管)和井下工具进行旋转钻进，在处理复杂工况时起着重要作用。本节介绍了转盘、水龙头的结构和安全操作等基本知识。

一、转盘

转盘是修井施工中驱动钻具的动力来源。修井时以发动机为主动力，带动转盘转动，转盘则驱动钻具转动，用来进行钻、磨、套、铣等作业，完成钻水泥塞、侧钻、磨铣、倒扣、套铣等施工。

转盘可分为以下几类：

按结构型式可分为船型底座和法兰底座转盘。

按传动方式可分为有轴传动和链条传动转盘。

转盘的主要作用是传递扭矩和转速，带动井下钻具完成旋转钻进工作；在起下钻作业中，承载井筒中全部钻具的重量；协助处理井下事故，如倒扣、造扣、套铣、磨铣等工作。

1. 型号

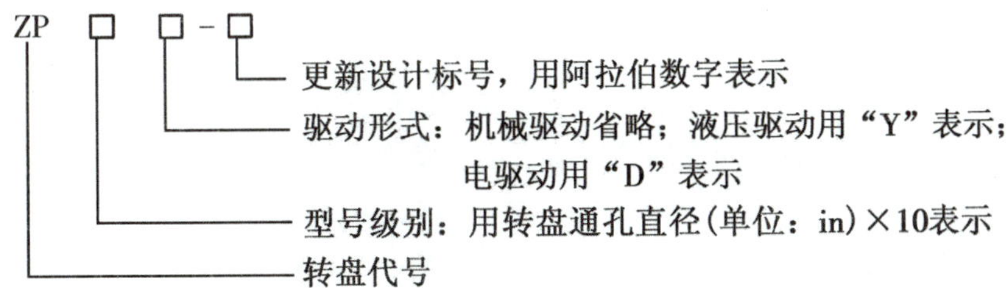

示例：

ZP175D 型转盘，ZP 表示转盘；175 表示通孔直径为 17.5in(444.5mm)；D 表示电驱动。

2. 结构组成

转盘是一个伞形齿轮减速器，它将发动机提供的水平旋转运动变为转台的垂直旋转运动。

转盘主要由底座、转台、传动轴、齿轮等组成。如图 3-8 所示。

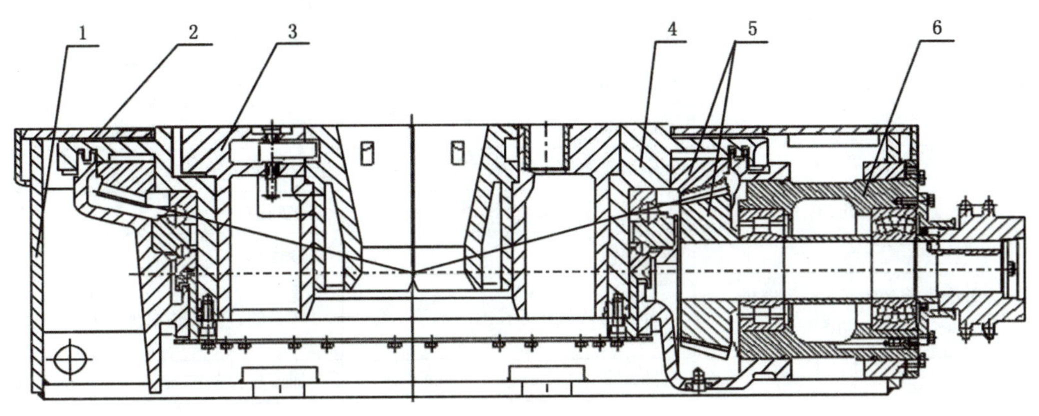

图 3-8　转盘结构示意图

1—底座；2—上盖；3—转台装置；4—主补芯装置；5—锥齿轮付；6—输入轴总成

3. 注意事项

(1)转盘在安装时首先要打好底座基础，底座基础要平整坚固，用方木或型钢等将转盘垫牢、放平、放正，使之中心与天车和井口在一条铅垂线上。

(2)转盘链轮必须与带动转盘的链轴在一条直线上。链条的长度要适当，松紧要适宜。

(3)启动转盘前，必须打开制动器，检查转盘牙是否打开。

(4)平稳启动转盘，先低速运转 5 ~ 10min，正常后方可开始工作。

(5)在使用过程中，检查油池液面高度是否符合要求。

(6)钻进、起下钻过程中应操作平稳，油门要逐渐加大，避免振动或骤停。

(7)不得使用转盘上卸扣。

(8)如发现阻卡、异响或箱体严重晃动等现象，应停车进行检查，故障排除后方可继续使用。

4. 维护保养

(1)每班检查转盘的“平、正、稳、紧”及油面情况，保持外表清洁。

(2)每周检查一次油池内润滑油的清洁程度，发现有泥物及铁屑等杂质时，要及时清除和更换。

(3)在拆装转盘时，应注意壳体与各压盖之间的垫片厚度和位置，不要随意变动，以免影响齿轮的啮合间隙。

5. 常见故障及排除方法

转盘的常见故障及排除方法见表 3-10。

表 3-10　转盘的常见故障及排除方法

故障现象	产生的原因	排除方法
转盘壳体发热	油池缺油	及时加注润滑油
	油池润滑油污染	清洗更换润滑油
	转台漏修井液	调整、检修
转盘局部壳体发热	转盘中心偏移井口	调整、校正
	转盘偏斜	调整、校正
	转盘偏磨	调整、检修
圆锥齿轮巨响	圆锥齿轮磨损、断齿	检修更换齿轮
	主轴承、防跳轴承间隙大	调整间隙
	转台故障	检修排除
方补心不能全部安装在转盘的补心孔内	方补心与转盘补心孔内的销子不合	沿转盘的补心孔边缘加以修理
油池漏油	机油太多，工作时越过挡油圈而流出	少加或放掉些机油
	挡油圈损坏	检修、更换
	转盘倾斜	调整、校正

二、水龙头

水龙头是井下作业旋转循环的主要设备，它既是提升系统和钻具之间的连接部分，又是循环系统与旋转系统之间的连接部分。水龙头上部通过提环挂在游车大钩上，旁边通过鹅颈管与水龙带相连，下部接方钻杆及井下钻具，整体可随游车上下运行。

水龙头的主要作用有：悬挂钻具，承受井下钻具的全部重量；保证下部钻具的自由转动而方钻杆上部接头不倒扣；与水龙带相连，向转动着的钻杆内泵送高压液体，实现循环钻进。

1. 型号

水龙头型号的表示方法如下：

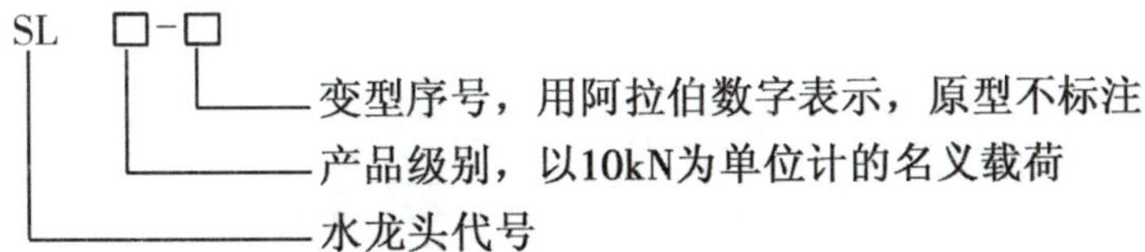

示例：

SL135-1 型水龙头，SL 表示水龙头；135 表示最大静载荷为 1350kN；1 表示第一次变型。

2. 结构组成

水龙头主要由循环通道部分、固定部分、承转部分组成。如图 3-9 所示。

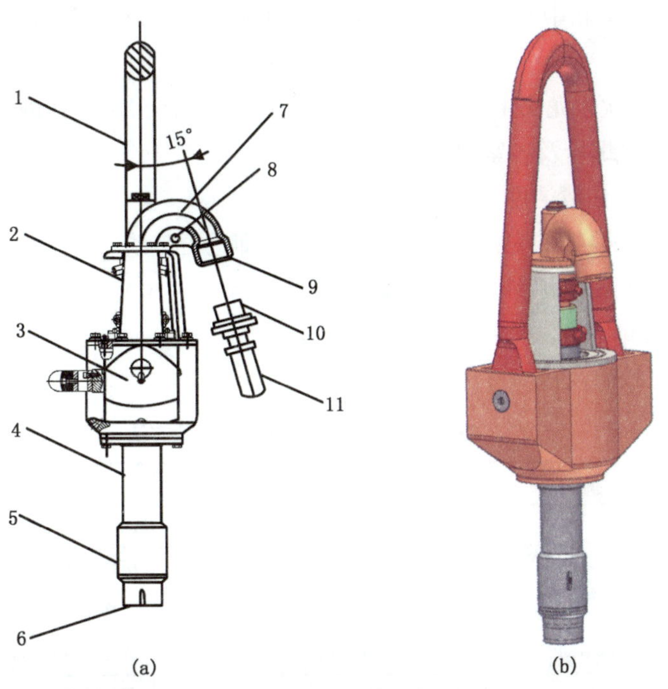

图 3-9 水龙头结构示意图及三维外形图

1—提环；2—密封装置；3—外壳；4—中心管；5—接头；6—接头下端螺纹；7—鹅颈管；8—吊耳；9，10—连接螺纹；11—水龙带

3. 注意事项

(1)新水龙头在使用前必须测试压力。

(2)新水龙头、长时间停用的水龙头启动时，应先慢速运转，待转动灵活后，再提高转速。

(3)低速启动水龙头后，应注意修井液通过水龙头水眼的情况，特别是在冬季，应采取措施防止冻结，确保水眼畅通。

(4)在紧急情况下，不允许转盘驱动钻柱时，可用旋扣器短时间驱动钻柱作旋转运动。

4. 维护保养

(1)水龙头的保护接头在搬运和运输时必须带上护丝。

(2)检查保护接头盒中心管的螺纹情况，若发现螺纹断裂或有裂纹时，及时进行更换。

(3)检查中心管的转动情况，以用链钳转动灵活为合格，若中心管不转动，经调整压紧螺帽后仍不动，应更换水龙头。

(4)检查中心管及密封填料磨损情况，磨损严重的要及时更换。

(5)检查水龙头内的机油量及清洁程度，如不足或太脏，应按要求加足或更换机油。

(6)检查下部油封的密封情况，如漏油应拧紧螺母或更换机油盘根。

(7)每次起下时，应检查油面及冲管密封填料情况。

(8)检查保护接头和中心管的情况，如发现中心管下部螺纹漏应及时拧紧或更换水龙头。

(9)每天检查一次水龙头上盖及下部底盖的固定情况，在快速钻进及跳钻严重时，应检查鹅颈管法兰连接螺栓及各紧固件的松动情况。

(10)定期检查机油清洁度，并及时更换。

(11)定期检查保险绳的完好情况，发现问题立即进行整改。

(12)拆换冲管及密封填料时，要加黄油润滑。

5. 常见故障及排除方法

水龙头的常见故障及排除方法见表3–11。

表3–11　水龙头的常见故障及排除方法

故障现象	产生的原因	排除方法
水龙头壳体发热	缺润滑油	添加润滑油
	润滑油污染	更换润滑油
中心管转动不灵活、转不动	轴承损坏	更换轴承
	冲管密封盒调整过紧	调整密封松紧度
	防跳轴承间隙小	调整防跳轴承间隙
中心管径向摆动大	扶正轴承磨损	更换扶正轴承
	方钻杆弯曲	更换方钻杆

续表

故障现象	产生的原因	排除方法
中心管下部螺纹处漏修井液	螺纹损坏	送修
	下部密封盒内密封圈损坏	更换下部密封盒内密封圈
	下部密封盒调整过松	调整下部密封盒
下部密封盒漏油	下部密封盒内密封圈损坏	更换下部密封盒内密封圈
	中心管偏磨	送修
鹅颈管法兰刺漏	法兰密封圈损坏	更换法兰密封圈
	法兰盘未压紧	调整法兰盘
	法兰盘螺栓损坏	更换法兰盘螺栓
冲管密封盒刺漏	密封装置压紧螺帽松动	紧固密封装置压紧螺帽
	密封装置磨损	更换密封装置
	冲管外缘磨损	更换冲管
	冲管破裂	更换冲管
壳体内有修井液	上部密封盒内密封圈损坏	更换上部密封盒内密封圈
	下部密封盒内密封圈损坏	更换下部密封盒内密封圈

第四节 常用井口工具

井口工具在井下过程中起到辅助施工、安全防护、提高工作效率的作用。本节介绍了卡瓦、吊卡、吊环、液压油管钳等常用井口工具的安全操作和维护保养等基本知识。

一、卡瓦

卡瓦是在井下作业起下钻时将钻杆或油管等管柱卡紧在井口法兰盘上或转盘台上的专用工具，它能减轻工人的劳动强度，提高起下速度。

1. 分类

(1)按动力来源分为手动卡瓦和动力卡瓦。

(2)按用途分为钻杆卡瓦、钻铤卡瓦、套管卡瓦、安全卡瓦等。

①钻杆卡瓦。

钻杆卡瓦是由右手把、右页卡瓦体、销轴、挡环、左页卡瓦体、左手把、铰链销、牙板、中页卡瓦体、中手把、沉头螺钉、锁紧螺母、垫圈和开口销等组成。

②钻铤卡瓦。

钻铤卡瓦是由右页卡瓦体、边手把、开口销、左页卡瓦体、连接销、中页卡瓦体、中页手把、垫圈和牙板等组成。

③套管卡瓦。

套管卡瓦是由边页手把、右页卡瓦体、销轴、垫圈、开口销、左页卡瓦体、中页卡瓦体、中页手把、卡瓦体连接销、牙板和螺钉等组成。

④安全卡瓦。

安全卡瓦是防止没有台肩的管柱或工具发生滑脱落井的保险卡紧工具，是用于防止从卡瓦中滑脱的重要辅助工具。其主要由牙板套、卡瓦牙、弹簧、调节丝杆、螺母、手柄以及连接杆组成。它是依靠拧紧螺栓来卡紧钻铤的。

(3)按结构分为三片式卡瓦和四片式卡瓦等。卡瓦主要由卡瓦体、卡瓦牙、手柄以及连接件等组成。

①三片式卡瓦。

三片式卡瓦主要由手柄、卡瓦体、卡瓦牙和衬套等组成，如图 3-10 所示。三片式卡瓦由三片扇形的卡瓦体组成。三片卡瓦体用铰链销钉连接，但不封闭。每片卡瓦体内开有轴向燕尾槽，并装有衬板和卡瓦牙，一副卡瓦要装 60 块卡瓦牙。

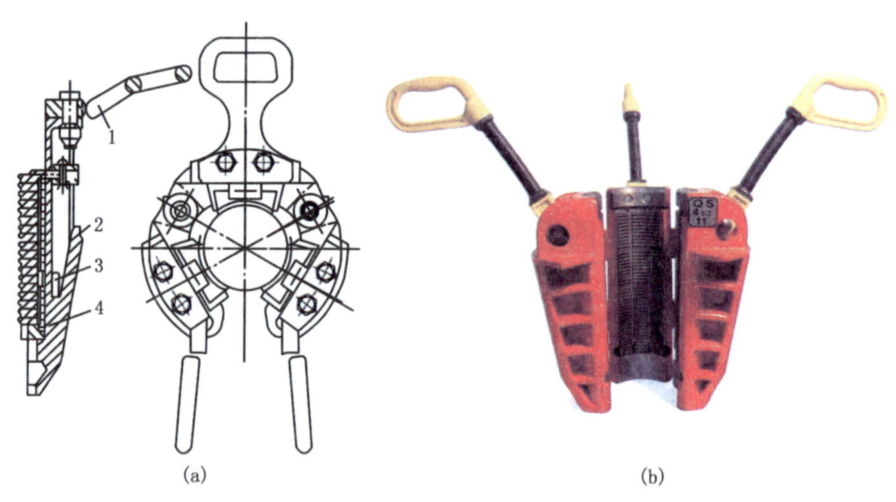

图 3-10　三片式卡瓦结构示意图及实物图

1—手把；2—卡瓦体；3—卡瓦牙；4—衬套

三片式卡瓦的特点是结构简单，操作方便，卡瓦牙更换容易。此种卡瓦对钻柱的抱合长度不长，因此能承受的负荷较小。这种卡瓦适用于直径 87.5 ~ 114.3mm 和直径 127 ~ 177.8mm 的管柱。

②四片式卡瓦。

四片式卡瓦主要由手柄、卡瓦体、铰链销钉和卡瓦牙等组成。四片式卡瓦的四片卡瓦体分为二副组合，每副卡瓦体两片之间用铰链销钉连接。卡瓦牙形式与上述的三片式卡瓦的前一种形式相同。

2. 型号

卡瓦型号的表示方式如下：

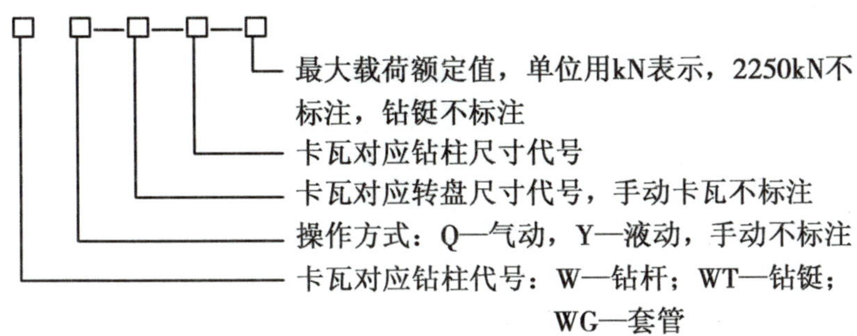

示例：

W-5 型卡瓦，W 表示钻杆卡瓦；5 表示用于 127mm(5in) 钻杆。

3. 安全操作技术

(1)根据所卡管体外径，选择相应尺寸的卡瓦，然后调整卡瓦，使其开口对正钻具。

(2)内钳工右手手心向后握住卡瓦中间手把，左手五指并拢扶住钻具；外钳工两手手心相对，虎口相向绕过所卡钻具握住卡瓦两端手把。

(3)外钳工两手斜向上用力将卡瓦向怀中提拉，内钳工右手上提中间手把并前推，掌握好所卡部位，将卡瓦卡牢抱紧钻具，并使其坐在方瓦内。若卡瓦打滑，可适当转动，使卡瓦牙贴紧管体卡住钻具。

(4)上提钻具时，内、外钳工姿势不变，借钻具上升之力，将卡瓦提出转盘面，同时内钳工右手向怀中拉卡瓦中间手把，外钳工分开卡瓦两端手把并前推，使卡瓦离开井口，立于转盘护罩上。

(5)禁止坐卡瓦时猛顿、猛砸。

(6)起下钻时，一定要先刹住滚筒后再卡紧卡瓦，等管柱被卡住后再打开吊卡。起下过程中一定要平稳操作，避免因管柱跳动，使卡瓦松动造成管柱落井事故。

4. 维护保养

(1)卡瓦牙必须保持清洁，随时清除卡瓦牙里的油污或杂物，卡瓦牙应完好，固定牢靠且不能装反。

(2)绞链销钉、垫圈、开口销应齐全完好，并及时加注机油以保证其灵活好用。

(3)紧固卡瓦手把螺栓，使用前卡瓦的背面要涂润滑油。

二、吊卡

吊卡是扣在钻杆接头、套管或油管接箍下面，用以悬挂、提升和下入钻杆、套管或油管的工具。

吊卡按用途分为钻杆吊卡、套管吊卡和油管吊卡。

按结构型式分为侧开式双保险吊卡、对开式双保险吊卡和闭锁环式油管吊卡。

1. 型号

吊卡型号的表示方式如下：

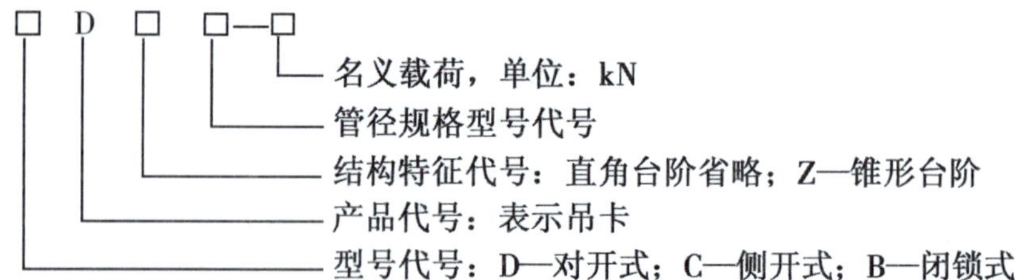

示例：

CD $2\frac{7}{8}$EU-150 型吊卡，C 表示侧开式；D 表示吊卡；$2\frac{7}{8}$EU 表示用于管径 $2\frac{7}{8}$in (73mm)的外加厚油管；150 表示能承受最大载荷为 150kN。

抽油杆吊卡型号表示如下：

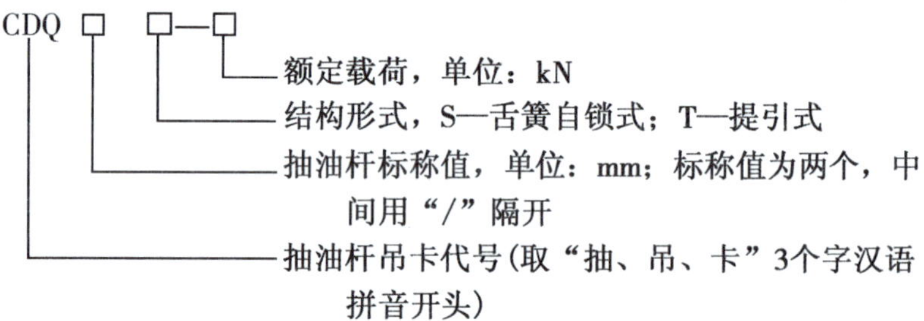

示例：

CDQ16/19S-150 型吊卡，CDQ 表示抽油杆吊卡；16/19 表示适用于标称值为 16mm 和 19mm 的抽油杆；S 表示舌簧自锁式；150 表示额定载荷为 150kN。

2. 结构组成

1)侧开式吊卡

侧开式吊卡主要由吊卡体、活页、锁销等组成。这种吊卡适应较重负荷，一般用于起下钻杆、套管，如图 3-11 所示。

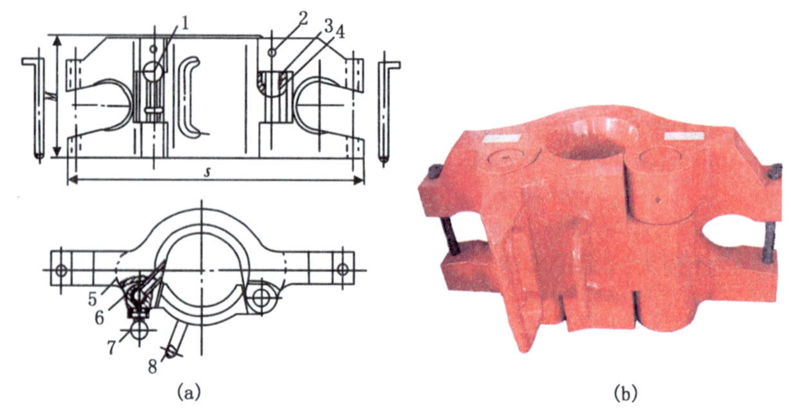

图 3-11 侧开式吊卡结构示意图及实物图

1—锁销手柄；2—螺钉；3—上锁销；4—活页销；5—主体；6—活页；7—开口销；8—手柄

2）对开式吊卡

对开式吊卡主要由主体、锁板、锁销等组成。这种吊卡具有使用方便、安全可靠、承受负荷大等特点，如图 3-12 所示。

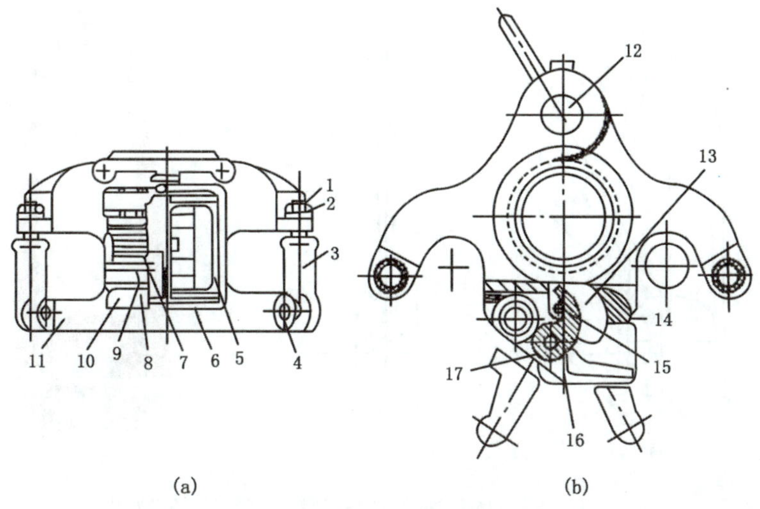

图 3-12　对开式吊卡结构示意图

1—螺栓；2—垫圈；3—耳环；4—耳销；5—锁板；6—右主体；7—扭力弹簧；8—弹簧座；9—长销；10—锁销；11—左主体；12—轴销；13—右体锁舌；14—锁孔；15—锁销；16—短锁；17—锁板

3）闭锁式吊卡

（1）油管吊卡。

常用的油管闭锁式吊卡主要由主体、锁销、把手等组成。这种吊卡承受负荷较小，一般用于起吊油管，如图 3-13 所示。

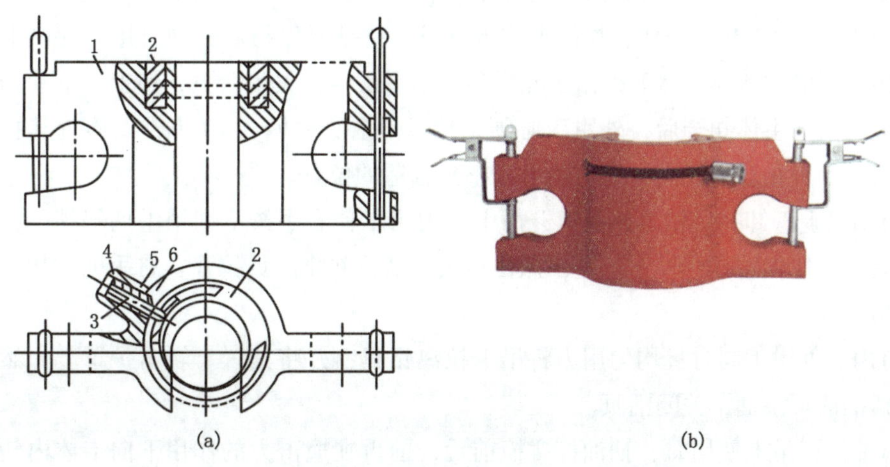

图 3-13　闭锁式吊卡结构示意图及实物图

1—主体；2—闭锁环；3—锁销；4—弹簧；5—把手；6—壳体

(2)抽油杆吊卡。

抽油杆吊卡分为舌簧自锁式和提引式两种。现场常用的舌簧自锁式抽油杆吊卡主要由卡体、吊环和手柄等组成，如图3-14所示。

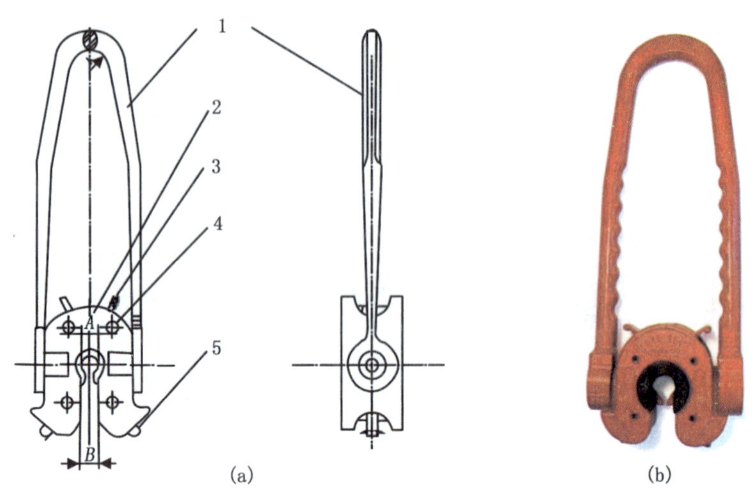

图3-14　舌簧自锁式抽油杆吊卡结构示意图及实物图

1—提环；2—吊卡体；3—后舌；4—圆柱销；5—前舌

3. 安全操作技术

(1)操作工在操作前应选用与钻具直径一致的吊卡。

(2)内钳工伸右手按下吊卡锁销手柄，并顺势拉动锁销手柄(或左手按下锁销手柄，右手拉动活页手柄)，将吊卡活页打开。然后右手朝被扣合钻具方向握住吊卡耳，左手扶住钻具。

(3)外钳工右手朝被扣合钻具方向握住吊卡耳，左手抓住吊卡活页手柄。

(4)内、外钳工相互协作，拉吊卡靠近钻具，待钻具停稳后，同时用力使吊卡主体靠紧钻具接头下面的本体，然后外钳工左手猛推活页手柄，关闭活页，使上、下锁销复位锁紧。吊卡活页与主体扣合后，外钳工必须试拉吊卡活页手柄2～3下，以检查其扣合的可靠性。吊卡活页扣合无误后，应将吊卡调整到合适的位置。

(5)钻具上、卸扣后钻具接头离开吊卡。内钳工伸右手按下锁销手柄解锁，将活页打开，然后左手扶住钻具；外钳工左手抓住活页手柄，并将活页拉开，右手朝被扣合钻具方向握住吊卡耳。

(6)内、外钳工同时且均匀用力将吊卡拉离钻具，并将其置于转盘护罩上，然后外钳工左手猛推活页手柄，关闭活页。

(7)抽油杆吊卡使用时，抽油杆碰撞前舌，前舌在撞击力的作用下向卡体内转动，抽油杆进入卡体中孔；此时，在扭簧的作用下前舌回复原位，锁住抽油杆，防止抽油杆脱出。卸开时，按紧后舌，前舌即可轻便地向卡体内转动，此时可取出抽油杆。

(8)禁止超负荷使用，禁止将绳套扣在吊卡内提拉重物。

(9)坐吊卡时，速度要慢，禁止猛顿、猛砸，以防损坏吊卡。

4. 维护保养

(1)对活页转动部分、锁销及时注机油润滑，确保摘扣灵活。

(2)台肩面磨损深度大于2mm时要及时进行更换。

(3)检查弹簧回弹力，确保操作锁销手柄时无阻卡现象。

(4)检查专用保险销是否完好，且用保险绳拴在吊环上。

(5)使用后应清除泥污，检查各零件的安全性，然后涂防锈油，并存放于干燥通风处。

三、吊环

吊环是在起下钻作业中连接游车大钩与吊卡的工具，主要作用是在起下钻作业时悬挂吊卡，以悬持钻具。

1. 型号

吊环型号的表示方法如下：

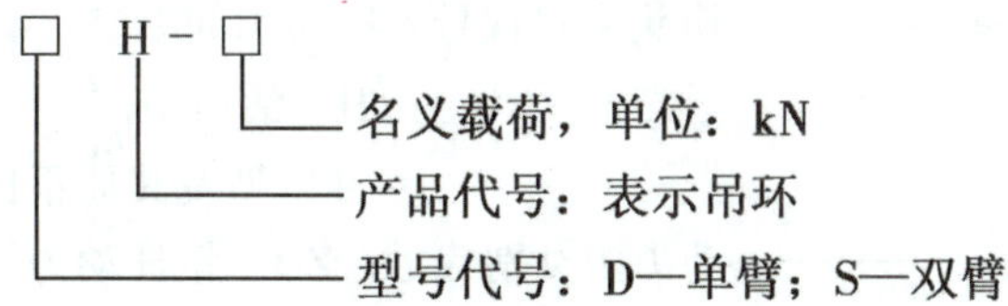

示例：

SH-1350型吊环，S表示双臂；H表示吊环；1350表示最大载荷为1350kN。

2. 结构组成

吊环一般选用45号优质碳素钢制成。现场常用的吊环有单臂吊环和双臂吊环两种。如图3-15所示。

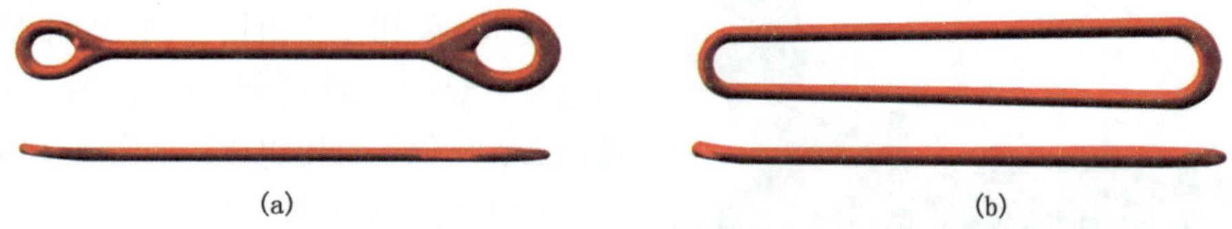

图3-15　单臂吊环及双臂吊环实物图

3. 注意事项

(1)吊环的上部挂在大钩上，要确保大钩安全销锁住吊环。

(2)使用时，将吊环的下部放入吊卡两耳内，并用锁销锁紧。

(3)选用吊环的最大拉力必须与起升设备动力相匹配，严禁超载使用。

(4)吊环不得有任何裂纹和焊缝。

(5)吊环必须成对使用，长短不一、新旧不同的吊环不能混用。

(6)吊环不得猛摔、猛砸，否则易产生应力集中，造成弯曲变形。

4. 维护保养

使用后应及时清除泥污，检查是否弯曲变形，有无裂纹，然后涂防锈油，存放于干燥通风处。

四、液压油管钳

液压油管钳是在井下作业过程中用来快速上卸螺纹的一种开口式动力工具，适用于油管、小钻杆和小套管，具有结构简单、操作方便、输出扭矩大等特点。

1. 型号

液压油管钳型号的表示方式如下：

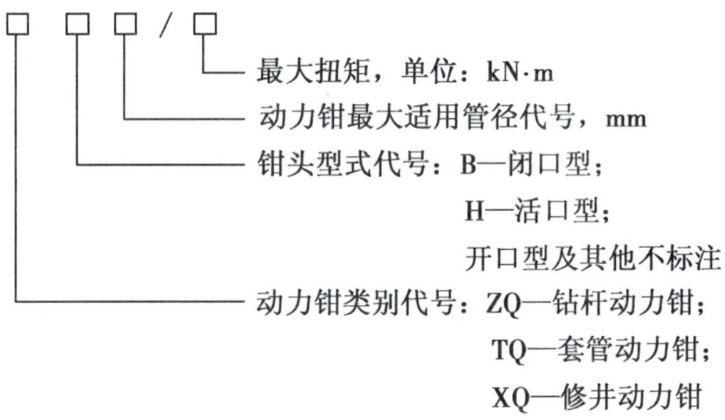

示例：

XQ89/3 型液压钳，XQ 表示修井动力钳；89 表示适用最大管径为 89mm；3 表示低挡最大扭矩为 3 kN · m。

图 3-16　液压油管钳实物图

2. 结构组成

液压油管钳主要由钳体(包括钳头、液压马达和行星减速器)、弹簧悬挂器、节流阀、扭矩表、尾绳、背钳组成。如图 3-16 所示。

3. 安全操作技术

1)液压钳的安装

(1)悬吊。

悬吊器一端与悬吊杆连接，另一端连接钢丝绳并悬吊于井架上。在自由状态下，主钳头中心离井口中心约 0.5m。悬吊高度以背钳钳牙对准油管接箍为准。

(2)调平。

拧动调平螺钉，使液压油管钳达到水平位置。

(3)连接尾绳。

尾绳一端连接在井架上，另一端连接在背钳的后导杆座上，尾绳应在操作者对面，并与液压油管钳保持垂直。在上卸扣出现意外时，通过调节尾绳的长短控制液压油管钳左右摇摆的幅度，确保操作者的安全。

(4)连接液压油管线。

安装前，快速接头要保持清洁干净。

2)安全操作

(1)换挡。

操作(微动)换向阀手柄，下压拨叉轴(挂挡手柄)挂为高速挡。反之，上拨拨叉轴(挂挡手柄)挂为低速挡，换挡操作必须在液压油管钳主钳旋转速度较慢的情况下进行，以防损坏齿轮。

(2)安装主钳颚板及背钳牙座。

选择与所用管柱相匹配的主钳颚板和背钳牙座，并进行安装。

(3)调节系统压力。

将溢流阀丝杆松开，液压油管钳挂高挡卡住管柱，缓慢拧进溢流阀丝杆，使供油压力缓慢上升，当升至预定压力时，停止拧动，并背紧背帽，溢流阀即已调定为预定系统压力。

(4)调整扭矩调节阀。

在系统压力已调定的情况下，退出扭矩调节阀螺杆，将液压油管钳卡紧管柱，观察扭矩表指针变化，然后旋进扭矩调节阀螺杆，将扭矩调至对应的压力值。

(5)上扣。

在主钳和背钳钳头对齐缺口的状态下，分别将主钳复位旋钮及背钳复位旋钮扳向上扣方向，并将液压油管钳推向管柱，操作换向阀手柄，进行上扣。上扣完毕，操作换向阀手柄，使主钳反转至缺口，然后将液压油管钳撤离管柱，即完成一次上扣操作。

(6)卸扣。

在主钳和背钳钳头对齐缺口的状态下，分别将主钳复位旋钮及背钳复位旋钮搬向卸扣方向，并将液压油管钳推向管柱，操作换向阀手柄，进行卸扣。卸扣完毕，操作换向阀手柄，使主钳反转至缺口，然后将液压油管钳撤离管柱，即完成一次卸扣操作。

(7)调整主钳、背钳间距。

在组合钳体落地状态下，将前后导杆销插入前后导杆靠上孔眼，主钳、背钳间距将加大；反之，将前后导杆销插入前后导杆靠下孔眼，主钳、背钳间距将减小。

4. 注意事项

(1)液压油管钳尾绳、吊绳应根据其型号选用12.5mm的钢丝绳，每端各匹配3个绳卡卡牢，卡距为钢丝绳直径的6~8倍。

(2)液压油管钳吊绳上端悬挂点必须用符合要求的滑轮进行调节。

(3)液压油管钳使用双尾绳，分别卡在井架大腿两侧，钳头抱住管体尾绳松紧度要适宜。

(4)液压油管钳吊绳、尾绳出现扭伤和断丝时，应立即更换。

(5)液压油管钳尾绳、吊绳销轴应使用开口销锁住。

(6)液压油管钳钳口应安装防挤手装置，防护门部分和连接固定部分齐全完好。

(7)油管进出钳口处时，靠自身撞击力将弧形门扇和门板闭合或打开，不影响正常操作。

(8)拖拽液压油管钳两侧把手进行上卸扣，严禁拖拽防挤手装置。

(9)打开钳口处的防挤手装置时，严禁使用手指扳动门侧边，避免发生挤伤事故。

(10)操作液压油管钳上卸扣时，严禁两人同时操作，井口人员站位合理，避免钳尾摆动伤人。

(11)上扣遵循先高后低，卸扣遵循先低后高的操作规程，严禁猛憋猛挂。

(12)无论上扣或卸扣，在初始转动时，力求转速缓慢，以减轻主钳背钳的反向撞击及对管柱的损伤。

(13)严禁使用液压油管钳上卸各类下井工具。

(14)操作液压油管钳时衣袖必须系好，防止绞进液压油管钳内导致人员受伤。

(15)液压油管钳出现异响时，必须切断动力源查找问题。

(16)液压油管钳更换部件、维修、拆装颚板架的颚板固定螺丝时，必须在动力设备熄火的情况下方可操作。动力设备未熄火，严禁将手指伸入钳头内的开口处，以防挤伤手指。

5. 维护保养

(1)坚持日常保养，及时清除钳体里的积水或油泥脏物，保持设备清洁。

(2)不得用高温水或蒸汽清洗液压管线，以免造成零件损坏。

(3)根据环境温度选择相应型号的液压油，液压油必须保持清洁，定时清洗过滤器。

(4)每施工一井次，应清洗主钳及背钳钳头，将松动螺栓拧紧，并注润滑脂。

(5)连续使用3个月，应进行一次全面的清洗和润滑。

第五节　安全防护设备

安全防护设备对事故的危险因素进行预警，并能有效保护人身安全，在各种特殊作业施工或应急抢险救援工作中起到重要作用。本节介绍了正压式空气呼吸器、气体检测仪、灭火器等安全防护设备的工作原理和应用方法等基本知识。

一、正压式空气呼吸器

正压式空气呼吸器专用于非常规状态、有伤害风险的作业环境，它是一种专业的抢险、救援及个体逃生防护器材，对一氧化碳、硫化氢、瓦斯气、二氧化硫、火灾烟雾、有毒颗粒及其悬浮颗粒等毒害物有良好的隔离效果。它主要保护佩带者的面部组织器官(口、鼻、眼)，保证人体生理供氧，满足人体在毒害作业环境中正常呼吸。

一般情况下，满瓶足压的气瓶可供单个人员在毒害环境中使用30～45min。当气量不足时，发出报警鸣笛提示。

1. 结构组成与工作原理

1)结构组成

正压式空气呼吸器主要由高压气瓶、一级减压器、报警哨、压力表、二级减压器、面罩以及背带等部件组成。如图3-17所示。

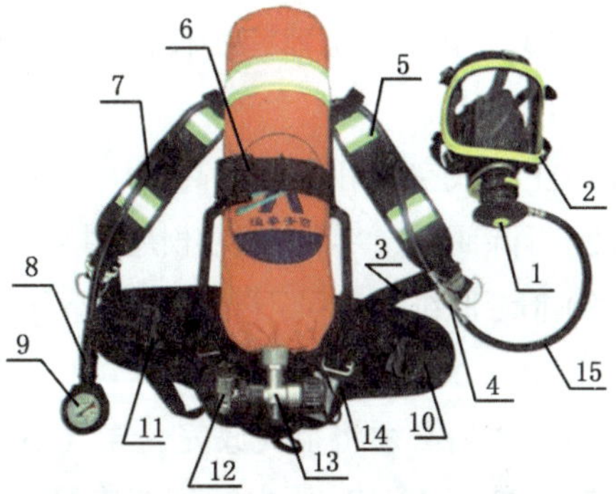

2)工作原理

洁净空气通过压缩机被填充储存在高压气瓶内(最高压力可达30MPa)，使用时气瓶内的高压气流经过两级减压，最后形成常压空气(1.003个大气压)，进入面罩供人呼吸。

图3-17 正压式空气呼吸器实物图

1—供气阀；2—全面罩；3—调节带；4—快速接头；5—肩带；6—气阀固定带；7—高压管路；8—警报哨；9—压力表；10—腰带卡；11—腰带；12—减压器；13—气瓶和气阀；14—背板；15—中压管路

2. 安全操作技术

1)使用前检查

(1)面罩检查。

先检查面罩表面有无破损裂纹、大面积雾迹或深度划痕，面罩边侧、头部系带是否有裂纹、老化、断裂，如发现上述情况，必须更换；然后检查其密封性，戴上面罩用手掌心堵住面罩的接口，如感到无法呼吸，则说明气密性良好即可使用，如发现面罩有漏气和面部结合不严密的现象，禁止使用。

(2)气瓶检查。

检查气瓶是否变形、划伤。气瓶开关完全打开后，检查压力表，压力应保持在28～30MPa之间，当瓶内压力低于25MPa时，必须充气或更换满瓶足压气瓶。

(3)附件检查。

检查高压橡胶软管、阀门、螺纹接口有无漏气现象，背带、腰带是否有断裂、滑脱现象。如发现上述情况，不得使用。

(4)气密检查。

打开并立即关闭气瓶开关，观察压力表的读数，1min内压力下降不大于2MPa，表明供气管系统气密完好，然后轻轻按动供气阀按钮，当压力表指数下降至5MPa时，报警哨自动发出报警。

2)安全操作

(1)检查合格后，将空气呼吸器主体背起，系好胸带，调节好肩带，并系紧腰带。

(2)戴上面罩，收紧系带，调节好松紧度，面部应感觉舒适，无明显的压迫感及头痛，用手堵住供气口测试面罩气密性，确保面罩软质侧缘和人体面部的充分结合。

(3)打开气瓶阀，连接好快速插头，然后做2～3次深呼吸，感觉供气舒畅无憋闷。

(4)在使用过程中要随时观察压力表的指示值，当压力下降到5MPa或听到报警声时，佩戴者应立即停止作业，安全撤离现场。

(5)使用完毕并撤离到安全地带后，拔开快速插头，放松面罩系带卡子，摘下面罩，关闭气瓶阀，卸下呼吸器。按住供气阀按钮，排除供气管路中的残气。

3. 注意事项

(1)正压式空气呼吸器的高压、中压压缩空气禁止直吹身体。

(2)拆除阀门、零件及脱开快速接头时，应释放气瓶外管路系统内的残余空气。

(3)非专职维修人员不允许调整空气呼吸器减压阀、报警器和中压安全阀的出厂压力值。

(4)使用后必须将余气放完，充气不能超过额定工作压力(30MPa)。

(5)不准将30MPa压力的气瓶连接到与之不匹配的减压器上。

(6)不准混用正压空气呼吸器和负压空气呼吸器的供气装置配件。

(7)不准使用已超过使用年限的零部件。

(8)充满气体的气瓶禁止在阳光下曝晒，不要靠近热源，防止敲击、碰撞、表面划伤和部件锈蚀。

(9)气瓶内的气体不能全部用尽。

(10)空气呼吸器严禁沾污油脂。长期不用时，应在橡胶件上涂上一层滑石粉，以延长使用年限。

(11)空气呼吸器的气瓶不允许充填氧气或其他气体、液体。

(12)不得随意改变面罩和气瓶之间的搭配。

(13)在使用过程中防止气瓶与尖锐的物品碰撞。

(14)必须正确佩戴面罩以确保有效的保护效果。

(15)在使用过程中如发现感觉不适、面罩或与之相连的呼吸保护装置的性能有问题，要迅速离开危险区域。

(16)面罩不得单独使用，必须和呼吸保护设备配套使用。

(17)气瓶要在校检日期内安全使用，并定期进行检查(对使用期未满10年的气瓶，应每3年进行一次水压试验；超过10年的气瓶，应每2年进行一次水压试验)，气瓶压力表应每年校验一次。

4. 维护保养

(1)每周检查一次压力是否在规定范围内；面罩的气密性是否良好；压力表是否归零；报警哨是否报警(压力降到5MPa时)。

(2)压缩气瓶必须由专人进行保养维护，每次使用后要对气瓶进行目测检查。

(3)每次使用后要对面罩进行清洗，切勿用有机溶剂或磨砂型洗涤用品清洗面罩。

(4)按月检查面罩、束带、侧缘有无损伤，密封垫圈和阀门有无裂缝。如发现上述情况，立即调换，切勿继续使用。

(5)制作护套，对气瓶进行防护，防止划伤外体，导致承压能力下降或气瓶报废。

(6)在运输和储存时，供气阀必须有一个阀盖对螺纹进行保护，防止外界污染或损坏。

(7)在运输时气瓶必须竖直放置、瓶阀向上。在移动气瓶时必须使用双手操作，切勿击打、滚动或把气瓶扔在地上。

(8)面罩存放在干净且避免阳光直射，远离高温、有机溶剂及蒸汽的地方，不要存放在温度范围超出-20～50℃或空气湿度超出90%的环境中。面罩要朝上放置，存放在原包装箱中或防尘的密封箱中。

二、气体检测仪

1. 可燃气体检测仪

可燃气体检测仪(又称可燃气体检测报警器)是石油化工行业普遍使用的安全防护仪器，用于检测单一或多种可燃性气体。当发生可燃性气体泄漏，气体浓度达到一定数值时，可燃气体检测仪能够检测到空气中可燃气体的含量，发出声、光或声光报警信号，提醒工作人员及时采取相应措施，预防事故的发生。

1)适用范围与分类

(1)使用范围。

可燃气体检测仪适用于氢气、一氧化碳、甲烷、乙烷、丙烷、丁烷、丙烯、乙炔、丙炔等气体的检测。

(2)分类。

依据GB 12358—2006《作业场所环境气体检测报警仪通用技术要求》的分类方法，可燃气体检测仪分类如下：

按使用方式，可分为固定式和便携式。

按检测原理，可分为半导体型、催化燃烧型、红外线吸收型和热导型。

按采样方式，可分为扩散式和泵吸式。

按使用场所，可分为防爆型和非防爆型。

现场常用的可燃气体检测仪主要有ESD200，ESD3000，ES2000T，EP200，ESP210，XP-3110和X-am2000等型号，其中4种外观实物如图3-18所示。

2)结构组成与工作原理

(1)结构组成。

①便携式。

该仪器由传感器、测量电路、显示器、报警器、充电电池、抽气泵等组成，小巧轻便，便于携带，泵吸式采样，可随时随地进行检测。

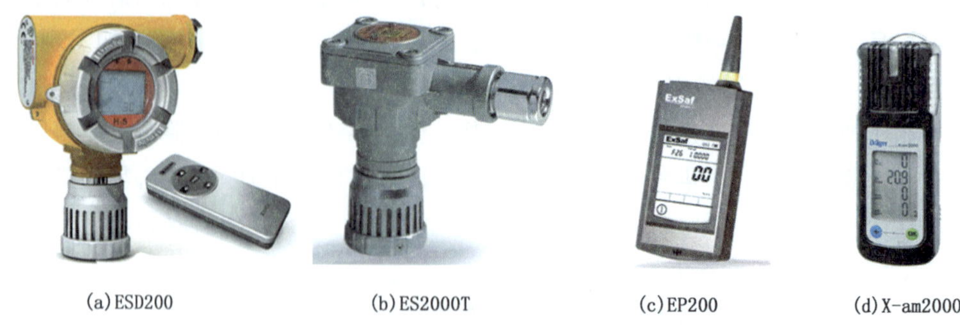

(a)ESD200　(b)ES2000T　(c)EP200　(d)X-am2000

图 3-18　常用可燃气体检测仪实物图

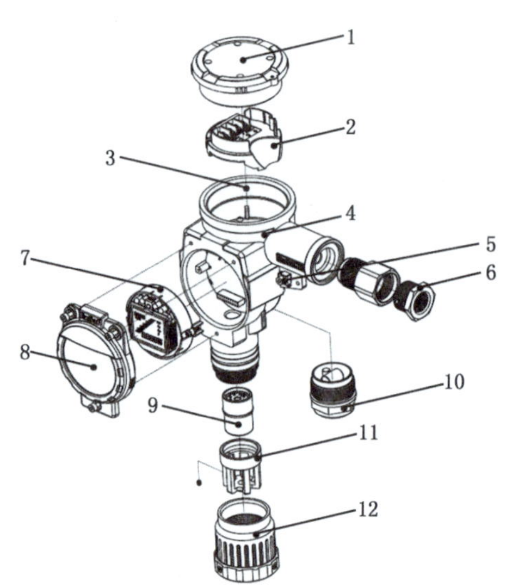

图 3-19　固定式可燃气体检测仪结构示意图

1—上盖；2—端子模块；3—内部接地点；4—机壳；5—外接地点；6—3/4in 电缆进口；7—显示模块；8—前盖；9—传感器；10—蜂鸣器；11—传感器底座；12—防尘罩

②固定式。

这类仪器固定在现场，连续自动检测可燃气体，超限自动报警，有的还可自动控制排风机等。固定式可燃气体检测仪分为一体式和分体式两种。

一体式：与便携式一样，不同的是安装在现场，220V 交流供电，连续自动检测报警，多为扩散式采样。油田常见固定式可燃气体检测仪的组成模块如图 3-19 所示。

分体式：传感器和信号变送电路组装在一个防爆壳体内，俗称探头，安装在现场(危险场所)；第二部分包括数据处理、二次显示、报警控制和电源，组装成控制器，俗称二次仪表，安装在控制室(安全场所)。探头扩散式采样检测，二次仪表显示报警。

(2)工作原理。

当含有可燃性气体的空气进入可燃气体检测仪后，仪表内的传感器或检测元件利用催化燃烧、红外吸收等方式，通过电子元件转化为浓度值显示出来。现场常用可燃气体检测仪为催化燃烧型、红外吸收型。

催化燃烧型可燃气体检测仪检测原理：利用难熔金属铂丝加热后的电阻变化来测定可燃气体浓度。当可燃气体进入探测器时，在铂丝表面引起氧化反应(无焰燃烧)，其产生的热量使铂丝的温度升高，而铂丝的电阻率便发生变化。

红外吸收式可燃气体检测仪检测原理：大部分的气体在中红外区都有特征吸收峰，检测特征吸收峰位置的吸收情况，就可以确定某气体的浓度，分辨气体的种类。目前二氧化碳、甲烷的检测常用到此类气体检测仪。

3)选用要求

(1)防爆要求。

①催化燃烧型检测仪，宜选用隔爆型。

②电化学型检测仪和半导体型检测仪，可选用隔爆型或安全防爆型。

(2)选型要求。

①烃类可燃气体宜选用催化燃烧型或红外吸收型气体检测仪。

②当使用场所空气中含有能使催化燃烧型检测元件中毒的硫、磷、硅、铅、卤素化合物等介质时，应选用抗毒性催化燃烧型检测仪或红外吸收型气体检测仪。

③在缺氧或高腐蚀性等场所，宜选用红外吸收型气体检测仪。

④监测组分单一的可燃气体，宜选用热传导型气体检测仪。

4)安装

可燃气体检测仪的安装，应严格满足 GB 50160—2008《石油化工企业设计防火规范》及 SY 6503—2008《石油天然气工程可燃气体检测报警系统安全技术规范》中相关规定。可燃气体检测仪的有效覆盖水平平面半径，室内宜为 7.5m，室外宜为 15m。在有效覆盖面积内，可设一台检测仪。

(1)非封闭场所。

可燃气体释放源处于露天或半露天的设备区内，当检测点位于释放源的最小频率风向的上风侧时，可燃气体检测点与释放源的距离不宜大于 15m；当检测点位于释放源的最小频率风向的下风侧时，可燃气体检测点与释放源的距离不宜大于 5m。其安装高度应距地面或不透风楼地板 0.3～0.6m。

(2)封闭场所。

若可燃气体释放源处于封闭或半封闭厂房内，每隔 15m 可设一台检测仪，且检测仪距其所覆盖范围内的任一释放源不宜大于 7.5m。其安装高度应根据使用现场的可燃气体密度而定。当气体密度大于 0.97kg/m^3(标准状态下)时，其安装高度应距地面或不透风楼地板 0.3～0.6m；当气体密度小于或等于 0.97kg/m^3(标准状态下)时，其安装高度应高出释放源 0.5～2.0m，且应在场所内最高点易于积聚可燃气体处设置检测仪。

5)注意事项

(1)可燃气体检测仪的周围不能有对仪表工作有影响的强电磁场(如大功率电机、变压器)。

(2)可燃气体检测仪探头在安装时一定要轻拿轻放，避免摔坏探头。

(3)可燃气体检测仪为隔爆型防爆设备，不得在超出规定的范围使用。可燃气体检测仪不得在含硫的场合使用。可燃气体检测仪应尽量在可燃气体浓度低于爆炸下限的条件下使用，不得用蘸汽油的棉纱或打火机用液化气检测试验，否则，有可能烧坏元件。

6)维护保养

可燃气体检测仪工作时，必须将传感器置于检测环境中，环境中的各种污染性气体和积尘进入探测器是无法避免的，会对传感器造成损坏。检测仪的维护保养应做到以下几点：

(1)对于有实验按钮的检测仪，每周应按动一次实验按钮，检查指示报警系统是否正常。各类检测仪均应定期检查标定零点和量程。

(2)应经常检查检测仪有无意外进水。检测仪透气罩在仪表检修时，应取下清洗，防止堵塞。

(3)保持检测仪干燥，远离雨水、湿气和腐蚀性液体。

(4)不可长时间在充满灰尘、较脏的场所使用和存放检测仪。

(5)禁止在高温或寒冷的地方存放检测仪。

(6)禁止摔落、敲击或剧烈摇动检测仪，否则可能会损坏仪器内部元件。

(7)禁止使用刺激性大的化学药品、洗涤剂清洗检测仪。

(8)使用生产厂家提供或认可的充电器对仪器充电。

(9)应定期检测接地，接地达不到标准要求或未接地会使可燃性气体检测仪受到电磁干扰，造成故障。

7)常见故障与处置

可燃气体检测仪在工作过程中，常会出现一些故障，故障的及时判定和处置对工作环境的监测至关重要，日常使用过程中常见故障及处置方法归纳参见表3-12。

表3-12　可燃气体检测仪常见故障与处置方法

故障现象	可能的原因	排除方法
接通仪表电源工作灯不亮	没接通电源、保险丝断	接通电源；重接保险丝； 检查显示器内部电路
用标准样气检测时不报警	烧结金属孔堵塞；元器件老化	换新过滤器；重新标定
浓度指示不回零	检测仪周围有残余气体；零点漂移	吹净；在洁净空气下标定调整零位
按实验按钮时无报警信号	按钮接触不良； 报警点设置电位器设置不当	使按钮接触可靠；重新调整报警点
浓度显示值偏差太大	传感器损坏；传感器工作点漂移	更换传感器；调整传感器工作点
浓度显示值不稳定	周围电场干扰	排除干扰后重新复位
屏幕显示 8 F	传感器接线连接不正常	检查传感器是否插好
探测器无法标定	传感器失效	更换传感器
与控制器无法通信	线路故障或电子元器件损坏	检查控制器和探测器的信号线及电源线连接或更换电子元器件

8)检定

依据《中华人民共和国强制检定的工作计量器具明细目录》，可燃气体检测仪为安全防护类计量器具，列入强制检定目录。未按照规定申请检定或者检定不合格的，不得使用。

JJG 693—2011《可燃气体检测报警器》中要求可燃气体检测仪的检定周期一般不超过一年。

当仪表经过非正常振动、更换主要原件或对示值有怀疑时，应随时送检。

(1)检定工作要求。

①检定环境条件。

环境温度：0～40℃，相对湿度小于85%，通风良好，无干扰被测气体。

②检定用设备。

气体标准物质：采用与仪器所测气体种类相同的气体标准物质。若仪器未注明所测气体种类，可以采用异丁烷或丙烷气体标准物质，钢瓶盛装标准样气实物如图3-20所示。

图3-20　标准样气钢瓶实物图

流量控制器：流量控制器由检定用流量计和旁通流量计组成，测量范围不小于500mL/min，流量计的准确度级别不低于4级。

零点气体：清洁空气或氮气(氮气纯度不低于99.99%)。

秒表：分度值不大于0.1s。

减压阀和气路：使用与气体标准物质钢瓶配套的减压阀和不影响气体浓度的管路材料。

标定罩：扩散式仪器应有专用标定罩。

绝缘电阻表：输出电压为500V，准确度级别10级。

(2)计量性能要求。

可燃气体检测仪计量性能要求参见表3-13。

表3-13　计量性能要求

性　　能	要　　求
示值误差	±5% FS
重复性（%）	≤2
响应时间（s）	扩散式：≤60
	吸入式：≤30
漂　　移	零点漂移：±2% FS
	量程漂移：±3% FS

注：FS表示仪表的满量程。

①示值误差。

示值误差是测量仪器示值与对应输入量的真值之差，反应了测量仪器的准确度。仪器通电预热稳定后，连接气路。根据被检测仪器的采样方式使用流量控制器，控制被检仪器所需要的流量。检定扩散式仪器时，流量的大小依据使用说明书要求的流量。按照上述通气方法，分别通入零点气体和浓度约为满量程60%的气体标准物质，调整仪器的零点和示值。然后分别通入浓度约为满量程10%，40%和60%的气体标准物质，记录仪器稳定示值。每点重复测量3次。按式(3-1)计算每点ΔC，取绝对值最大的ΔC为示值误差：

$$\Delta C=\frac{\overline{C}-C_0}{R}\times 100\% \tag{3-1}$$

式中 $\overline{C}$——仪器示值的平均值；

C_0——通入仪器的标准值；

R——仪器满量程。

LEL：Lower Explosion Limited，简称“LEL”，指可燃气体在空气中遇明火爆炸的最低浓度，称为爆炸下限。

气体检测仪显示的检测气体浓度是爆炸下限再分100等分，是爆炸下限的百分比，可燃气体检测仪通常设有两个报警点：25% LEL为一级报警，50% LEL为二级报警，报警点可根据现场工况进行调整。当检测到的气体达到报警点时提醒要马上采取相应的措施，比如开启排气扇或截断一些阀门等。

②响应时间。

通入零点气体调整仪器零点后，再通入浓度约为满量程40%的气体标准物质，读取稳定示值，停止通气，让仪器回到零点。再通入上述气体标准物质，同时启动秒表，待示值升至上述稳定示值的90%时，停止秒表，记下秒表显示的时间。按上述操作方法重复测量3次，3次测量结果的平均值为仪器的响应时间。

该指标实质上是考察仪器的灵敏度，以便在较短的时间内迅速反映空气中可燃气体含量，为及时采取措施争取时间。扩散式检测仪响应时间应在60s内，吸入式检测仪响应时间应在30s内。

③重复性。

仪器预热稳定后，通入约为满量程40%的气体标准物质，记录仪器稳定示值C_i，撤去气体标准物质。在相同条件下重复上述操作不少于6次。按式(3-2)计算的相对标准偏差为重复性。

$$s=\frac{1}{\overline{C}}\sqrt{\frac{\sum_{i=1}^{6}(C_i-\overline{C})}{5}}\times 100\% \tag{3-2}$$

式中 $\overline{C}$——6次测量的平均值；

C_i——第i次的测量值。

④漂移。

仪器的漂移包括零点漂移和量程漂移。

通入零点气至仪器示值稳定后（对指针式的仪器应将示值调到满量程(R)5%处），记录仪器显示值 Z_0，然后通入浓度约为满量程60%的气体标准物质，待读数稳定后，记录仪器示值 S_0，撤去标准气体。便携式仪器连续运行1h，每间隔10min重复上述步骤一次，固定式仪器连续运行6h，每间隔1h重复上述步骤一次；同时记录仪器显示值 Z_i 及 S_i(i=1，2，3，4，5，6)。按式(3-3)计算零点漂移。

$$\Delta Z_i = \frac{Z_i - Z_0}{R} \times 100\% \tag{3-3}$$

取绝对值最大的 ΔZ_i，作为仪器的零点漂移。

按式(3-4)计算量程漂移：

$$\Delta S_i = \frac{(S_i - Z_i) - (S_0 - Z_0)}{R} \tag{3-4}$$

取绝对值最大的 ΔS_i 为仪器的量程漂移。

2. 硫化氢检测仪

硫化氢气体检测仪能够及时检测硫化氢气体的含量，及早发现泄漏，发出报警信号或启动连锁保护装置，从而避免引发作业人员中毒、燃烧等事故。

1)分类

依据GB 12358—2006《作业场所环境气体检测报警仪通用技术要求》的分类方法，硫化氢气体检测仪分类如下：

按使用方式，可分为固定式和便携式。

按检测原理，可分为电化学型、半导体型和光电离子型。

按采样方式，可分为扩散式和泵吸式。

按使用场所，可分为防爆型和非防爆型。

现场常用的硫化氢气体检测仪主要有ESP210，XP-913H，X-am5000，PAC5500和ALTARPRO等型号，其部分实物如图3-21所示。

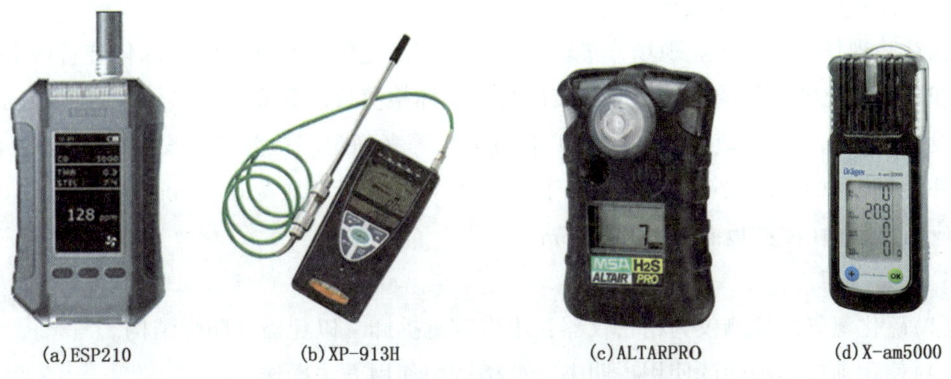

(a)ESP210　(b)XP-913H　(c)ALTARPRO　(d)X-am5000

图3-21　常用硫化氢气体检测仪实物图

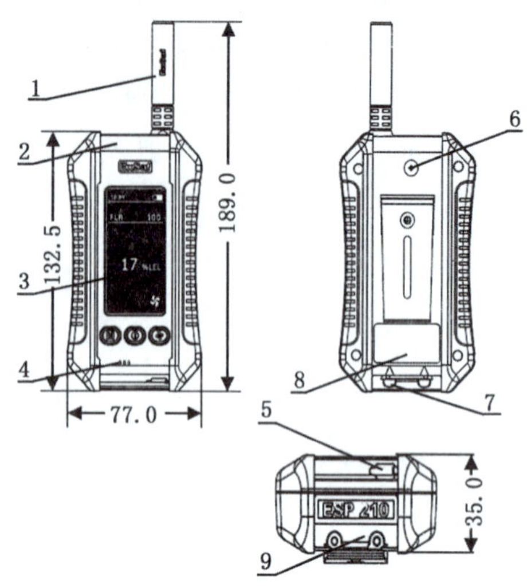

图 3-22　便携式硫化氢气体检测仪结构示意图

1—探杆；2—指示灯；3—显示屏；4—蜂鸣器孔；5—充电插孔；6—排气孔；7—锁盖螺丝；8—铭牌；9—电池盖

2）结构组成与工作原理

（1）结构组成。

由外壳、电源、传感器、电子线路、显示屏、计算机接口等组成。油田常见便携式硫化氢气体检测仪的组成模块如图 3-22 所示。

固定式硫化氢气体检测仪结构与固定式可燃气体检测报警器结构基本一致。

（2）工作原理。

油田使用最为普遍、技术相对成熟、综合指标较好的硫化氢气体检测仪为电化学型。

电化学型检测仪的原理：放置在特定电解液中的电极，在足够的电压下，与待测气体发生氧化还原反应产生电流，通过仪器中的电路系统测量电流，由微处理器计算出气体的浓度。

3）选用要求

（1）下列情况宜采用泵吸式检测仪：

①在密闭受限空间内因少量泄漏有可能引起严重后果的场所。

②由于受安装条件和环境条件的限制，难于使用扩散式检测的场所。

③易产生硫化氢气体的地点。

（2）生产或贮存岗位需长期运行的检测仪器宜选用固定式，而检修检测、应急检测、进入检测和巡回检测等可选用便携式。

4）安装

硫化氢气体检测仪的安装，应满足 SY 6503—2008《石油天然气工程可燃气体检测报警系统安全技术规范》中相关规定。

在钻井现场、井下作业现场、集输站、天然气净化厂、水处理站和炼化装置区等易于释放和聚集硫化氢气体的区域，应安装硫化氢气体检测仪。其安装的具体位置应根据现场设备设施、工艺装置、硫化氢气体的扩散与集聚等来确定。检测仪应安装于释放源下方，在室外距释放源不大于 2m，室内不大于 1m，最好在靠近释放源 0.5～0.6m 处安装，安装高度应高出地面（或楼板面）0.3～0.6m。

5）注意事项

（1）硫化氢气体检测仪为精密仪器，不得随意拆卸，以免破坏防爆结构。

（2）使用前应详细阅读使用说明书，严格按照使用方法操作。

（3）特别潮湿环境中存放要加防潮袋。

(4)防止从高处跌落或受到剧烈振动。

(5)仪器长时间不用也应定期对仪器进行充电处理(每月一次)。

(6)仪器使用完毕后应关闭电源开关。

6)维护保养

参照可燃气体检测仪的维护保养内容。

7)常见故障与处置

硫化氢气体检测仪常见故障及处置方法参见表3-14。

表3-14　硫化氢气体检测仪常见故障与处置方法

故障现象	可能的原因	排除方法
开机报警	探头寿命到期	更换探头
	仪表损坏或进水造成示值漂移	打开防护罩进行检查，及时更换或清理
	线路故障	查看设备接线是否存在问题
示值误差较大	探头及隔爆膜受污染	清洗隔爆膜、清洁传感器
	传感器灵敏度降低	及时送检校验
检测无示值	隔爆片完全堵塞	清洗隔爆片
	传感器失效	传感器寿命到期需更换；若主机出现故障代码提示，按照仪器使用说明书进行对照，采取相应措施

8)检定

依据《中华人民共和国强制检定的工作计量器具明细目录》，硫化氢气体检测仪为安全防护类计量器具，列入强制检定目录。未按照规定申请检定或者检定不合格的，不得使用。

JJG 695—2003《硫化氢气体检测仪》中要求硫化氢气体检测仪的检定周期一般不超过一年。

当仪表经过非正常振动、更换主要原件或对示值有怀疑时，应随时送检。

(1)检定工作要求。

①检定环境条件。

环境温度：0～40℃(波动不大于5℃)，相对湿度不大于85%。

②检定用设备。

气体标准物质：采用浓度为满量程的20%，50%和80%以及报警设置点1.5倍的硫化氢标准气体，其不确定度应不大于2%。

流量控制器：0～1L/min，准确度级别不低于4级。

零点气体：高纯度氮气或空气。

秒表：准确度为0.1s。

绝缘电阻表：输出电压为500V，准确度级别10级。

(2)计量性能要求。

硫化氢气体检测仪计量性能要求参见表3–15。

表3–15 计量性能要求

性 能	要 求
示值误差	$\pm5\times10^{-6}$(量程为A：硫化氢摩尔分数不大于100×10^{-6}) ±5% FS(量程为B：硫化氢摩尔分数大于100×10^{-6})
响应时间(s)	扩散式：60
	泵吸式：30
重复性(%)	2
报警误差(%)	±20

①示值误差。

硫化氢气体检测仪经预热稳定后，用零点气和浓度为测量范围上限值80%左右的标准气体校准仪器的零点和示值。在测量范围内依次通入浓度为量程上限值20%，50%左右的标准气体，并记录通入后的实际读数。重复上述步骤3次，按式(3–5)或式(3–6)计算仪器各检定点的示值误差：

$$\Delta_e = \frac{\bar{A} - A_s}{R} \times 100\% \tag{3-5}$$

$$\Delta_e = \bar{A} - A_s \tag{3-6}$$

式中 $\bar{A}$——仪器示值的平均值；

A_s——通入仪器的标准值；

R——仪器满量程。

当仪器量程为A时，用式(3–5)计算；当仪器量程为B时，用式(3–6)计算。

②响应时间。

硫化氢气体检测仪经预热稳定后，用零点校准气校准仪器零点，再通入浓度为量程50%左右的标准气，读取稳定数值后，撤去标准气，使仪器显示为零。再通入上述浓度的标准气，同时用秒表记录从通入气体瞬时起到仪器显示稳定值的90%时的时间，即为仪器的响应时间。重复上述步骤3次，取算术平均值作为仪器的响应时间。

③重复性。

硫化氢气体检测仪经预热稳定后，用零点校准气校准仪器零点，再通入浓度为50%左右的标准气，待读数稳定后，记录测量值。重复上述测量6次，分别记录读数A_i。重复性以相对标准偏差Δ_c表示。按式(3–7)计算仪器的重复性：

$$\Delta_c = \frac{1}{\bar{A}}\sqrt{\frac{\sum_{i=1}^{n}(A_i - \bar{A})^2}{n}} \tag{3-7}$$

式中　A——6 次测量的平均值；

A_i——第 i 次的测量值；

n——测量次数。

④报警误差。

硫化氢气体检测仪经预热稳定后，用零点气和浓度为测量范围上限值 80% 左右的标准气体校准仪器的零点和示值。然后通入浓度约为报警设置点 1.5 倍的标准气，记录仪器的实际报警浓度值，撤去标准气，通入零点气使仪器回零。重复上述步骤 3 次，按式(3-8)计算仪器的报警设置误差：

$$\Delta A_i = \frac{(A_i - A_s)}{R} \times 100\% \tag{3-8}$$

取绝对值最大的 ΔA_i 作为仪器的报警设置误差。

3. 一氧化碳检测报警器

一氧化碳检测报警器是一种能测量空气中一氧化碳气体浓度，并做出相应声光报警的检测装置，广泛应用于油气田生产场所。

1）分类

依据 GB 12358—2006《作业场所环境气体检测报警仪通用技术要求》的分类方法，一氧化碳检测报警器分类如下：

按使用方式，可分为固定式和便携式。

按检测原理，可分为电化学型、半导体型和光电离子型。

按采样方式，可分为扩散式和泵吸式。

按使用场所，可分为防爆型和非防爆型。

现场常用的一氧化碳检测报警器主要有 SOLARIS，MULTIPRO 和 ALTARPRO 等型号，其实物如图 3-23 所示。

(a) SOLARIS

(b) MULTIPRO

(c) ALTARPRO

图 3-23　常用一氧化碳检测报警器实物图

2）结构组成与工作原理

(1)结构组成。

一氧化碳气体检测报警器的结构与可燃气体检测仪、硫化氢气体检测仪结构相似。

(2)工作原理。

现场常用的一氧化碳检测报警器有两种：电化学型和半导体型。

电化学一氧化碳检测报警器采用零功耗电化学一氧化碳传感器作为敏感元件，利用定电位电解法进行氧化还原电化学反应，检测扩散电流便可得出一氧化碳气体的浓度。

半导体一氧化碳检测报警器采用半导体型一氧化碳传感器作为敏感元件，与一氧化碳气体相互作用，引起电导率、伏安特性或表面电位变化，检测其变化便可得出一氧化碳气体的浓度。

3)选用要求

工业用一氧化碳检测报警器，要求准确度非常高，温度和零点漂移都要很小，有些特殊场合常常还需要使用防爆外壳。工业用一氧化碳报警器必须采用电化学传感器，其他选型要求与硫化氢气体检测仪选型要求一致。

4)安装

具体内容参见硫化氢气体检测仪安装要求。

5)注意事项

(1)一氧化碳传感器的寿命大概在一年左右；电化学传感器的寿命取决于其中电解液的干涸，如果长时间不用，将其密封放在较低温度的环境中可延长一定的使用寿命。

(2)随时对仪器进行校零，经常性地对仪器进行校准和检测。

(3)注意一氧化碳检测仪的浓度测量范围，只有在其测定范围内完成测量，才能保证仪器准确地进行测定。

(4)在使用前，了解其他气体对该传感器的检测干扰。

6) 维护保养

参照可燃气体检测仪的维护保养内容。

7)常见故障与处置

一氧化碳检测报警器常见故障及处置方法参见表3-16。

表3-16　一氧化碳检测报警器常见故障与处置方法

故障现象	可能的原因	排除方法
液晶屏无显示	设备关闭	开启报警器
	电池未充电或未连接电源	充电或连接电源
报警器鸣响不停或不报警	报警点设置不正确	重设报警点
	电路故障	联系厂家维修或更换
对标定气体无反应	传感器失效	更换传感器
气体浓度读数异常	未调零	在零点气中调零
	传感器故障	更换传感器
	需标定	送检测机构进行标定
	过滤器堵塞	清洗或更换过滤器

8)检定

依据《中华人民共和国强制检定的工作计量器具明细目录》，一氧化碳气体检测报警器为安全防护类计量器具，列入强制检定目录。未按照规定申请检定或者检定不合格的，不得使用。

JJG 915—2008《一氧化碳检测报警器检定规程》中规定一氧化碳检测报警器的检定周期一般不超过一年。

当仪表经过非正常振动、更换主要原件或对示值有怀疑时，应随时送检。

(1)检定工作要求。

①检定环境条件。

环境温度0~40℃，相对湿度不大于85%。

②检定用设备。

气体标准物质：气体标准物质的扩展不确定度应不大于2%。

流量控制器：0~1L/min，准确度级别不低于4级。

零点气：高纯度氮气。

秒表：分辨力不大于0.1s。

(2)计量性能要求。

一氧化碳检测报警器计量性能要求参见表3-17。

表3-17　计量性能要求

性　能	要　求
示值误差	绝对误差：±0.05% μmol/mol 相对误差：±10% 以上满足其一即可
响应时间（s）	扩散式：60
	泵吸式：30
重复性（%）	≤2

①示值误差。

对仪器的首次检定和后续检定，校准零点后，依次通入浓度约为1.5倍仪器报警(下限)设定值、30%和70%测量范围上限值的标准气体。记录气体通入后仪器的读数。重复测量3次，按式(3-9)和式(3-10)计算仪器3个浓度测试点的示值误差Δ_e和Δ_e'，取绝对值最大的Δ_e和Δ_e'作为仪器的示值误差：

$$\Delta_e = \frac{\overline{A} - A_s}{R} \times 100\% \tag{3-9}$$

$$\Delta_e' = \overline{A} - A_s \tag{3-10}$$

式中 Δ_e——相对误差；

Δ_e'——绝对误差；

A——仪器示值的平均值；

A_s——通入仪器的标准值；

R——仪器满量程。

对仪器的使用中检验，首先确定仪器的报警设定值，选择浓度约为仪器报警（上限）设定值1.1倍的标准气体及零点气对仪器进行零点和示值的调整。通入标准气体后记录仪器的显示值，测量3次，按式(3–9)和式(3–10)计算仪器的示值误差。

②响应时间。

对于仪器的首次检定和后续检定，用零点气调整仪器的零点，通入浓度约为70%测量范围上限值的标准气体，读取稳定数值后，撤去标准气，通入零点气至仪器稳定后，再通入上述浓度的标准气，同时用秒表记录从通入标准气体瞬时起到仪器显示稳定值90%时的时间。重复测量3次，取3次测量的平均值作为仪器的响应时间。

③重复性。

用零点气调整仪器的零点，通入浓度约为70%测量范围上限值的标准气体，待读数稳定后，记录仪器显示值A_i。重复上述测量6次，重复性以单次测量的相对标准差来表示。按式(3–11)计算仪器的重复性s_r：

$$s_r = \frac{1}{\overline{A}}\sqrt{\frac{\sum_{i=1}^{n}(A_i - \overline{A})^2}{n-1}} \times 100\% \tag{3-11}$$

式中 $\overline{A}$——6次测量的平均值；

A_i——第i次的测量值；

n——测量次数。

4. 四合一气体检测仪

四合一气体检测仪是一种可以检测单种气体或多种气体的检测仪器，它可以任选4种气体传感器或单种气体传感器。现场常用的四合一气体检测仪主要用于检测氧气、一氧化碳、硫化氢和可燃气体。当任意一种气体的浓度达到或超过设定的报警值时，便会发出声光振动报警信号，提醒作业人员采取相应的处置措施或撤离现场。

现场常用的四合一气体检测仪以便携式为主，主要有ALTAIR4，BX–80，Multipro，EM4和M40等型号，其部分实物如图3–24所示。

1)结构组成与工作原理

(1)结构组成。

现场常用四合一气体检测仪由外壳、电源、传感器、电子线路、显示屏、计算机接口等组成，结构与可燃气体检测仪、硫化氢气体检测仪、一氧化碳检测报警器结构相似。

(a)ALTAIR4

(b)Multipro

(c)EM4

图 3-24 常用四合一气体检测仪实物图

(2)工作原理。

现场常用四合一气体检测仪对氧气、一氧化碳及硫化氢气体测量采用定电位电解法原理，参见前文硫化氢气体检测仪及一氧化碳检测报警器的工作原理。其对可燃性气体的测量采用催化燃烧原理，参见可燃气体检测报警器的工作原理。

2)选用要求

现场常用四合一气体检测仪选用时要同时满足可燃气体检测仪、硫化氢气体检测仪、一氧化碳检测报警器的选用要求。

3)安装

具体内容参见可燃气体检测仪、硫化氢气体检测仪安装要求。

4)注意事项

(1)使用前应详细阅读使用说明书，严格按照使用方法操作。

(2)按使用说明书规定进行充电，充电时，仪器处于关机状态。

(3)仪器长时间不用时，每月定期对仪器充放电一次。

(4)仪器使用完毕后应关闭电源开关。

(5)开机时务必在气体指标都正常的情况下开机，待仪器初始化完成后再进行气体检测。

(6)仪器为精密仪器，不得随便拆卸，防止撞击或从高处跌落，以免影响测量精度。

(7)避免在腐蚀环境中使用仪器。

(8)避免仪器与水接触。

(9)不能用高浓度的气体对传感器进行喷射，防止传感器中毒。

5)维护保养

参照可燃气体检测仪的维护保养内容。

6)常见故障与处置

四合一气体检测仪常见故障及处置方法参见表 3-18。

表 3-18　四合一气体检测仪常见故障与处置方法

故障现象	可能的原因	排除方法
不能开机	无电池	安装电池
	电池电量耗尽	更换电池或充电
	电池装反	重新安装电池
开机报警	探头寿命到期	更换探头
	探头中毒	更换探头
	线路故障	查看设备接线是否存在问题
	电池低电压报警	更换电池或充电
不报警	报警点设置不准确	重新设置报警点
	电路故障	送检校验
示值误差较大	探头受污染	更换探头
	传感器灵敏度降低	送检校验维修
	未校准	校准仪器
检测无示值	探头完全被堵塞	更换探头
	传感器脱落	送检校验维修
	传感器失效	传感器寿命到期需更换；若主机出现故障代码提示，按照仪器使用说明书进行对照，采取相应措施

7）检定

依据《中华人民共和国强制检定的工作计量器具明细目录》，四合一气体检测仪为安全防护类计量器具，列入强制检定目录。未按照规定申请检定或者检定不合格的，不得使用。

四合一气体检测仪的检定参照可燃气体检测仪、硫化氢气体检测仪、一氧化碳检测报警器的检定规范执行。

三、灭火器

灭火器是一种常用的灭火器材，主要用于扑救各种物质的初期火灾，具有轻便灵活、灭火速度快等特点。

1. 灭火器的分类

按其移动方式，可分为手提式和推车式。

按所充装的灭火剂，可分为泡沫、干粉、二氧化碳和水基等。

按灭火类型，可分为 A，B，C，D 和 E 五类灭火器。

A 类：用于扑灭固体物质火灾。如木材、煤、棉、毛、麻、纸张等物质的火灾。

B 类：用于扑灭液体火灾和可熔化的固体物质火灾。如汽油、煤油、柴油、原油，甲醇、乙醇、沥青、石蜡等物质的火灾。

C 类：用于扑灭气体火灾。如煤气、天然气、甲烷、乙烷、丙烷、氢气等物质的火灾。

D类：用于扑灭金属火灾。如钾、钠、镁、铝镁合金等物质的火灾。

E类：用于扑灭带电物体和精密仪器等物质的火灾。

2. 常用灭火器

目前，常用的灭火器有泡沫灭火器、干粉灭火器、二氧化碳灭火器、水基灭火器等。

1)泡沫灭火器

(1)结构组成。

①手提式化学泡沫灭火器由筒体、筒盖、喷嘴及瓶胆等组成。

②推车式化学泡沫灭火器由筒体、筒盖、瓶胆、瓶口密封机构、安全装置、喷射系统和行驶机构组成。

(2)工作原理。

泡沫灭火器内有两个容器，分别盛放两种液体，分别是硫酸铝和碳酸氢钠溶液。两种溶液互不接触，不发生任何化学反应(平时千万不能碰倒泡沫灭火器)。当需要灭火时，把灭火器倒立，两种溶液混合在一起，就会产生大量的二氧化碳气体，其化学反应方程式如下：

$$Al_2(SO_4)_3+6NaHCO_3 = 3Na_2SO_4+2Al(OH)_3\downarrow+6CO_2\uparrow$$

除了两种反应物外，灭火器中还加入了一些发泡剂。打开开关，泡沫从灭火器中喷出，覆盖在燃烧物品上，使燃烧的物质与空气隔离，达到灭火的目的。

(3)适用范围。

泡沫灭火器主要用于扑救油品火灾，如汽油、煤油、柴油、植物油、动物油以及苯、甲苯等的初期火灾，也可用于扑救固体物质火灾，如木材、棉、麻、纸张等初期火灾，不适于扑救带电设备火灾、气体火灾以及醇、酮、酯等有机溶剂火灾。

(4)安全操作。

①手提筒体上面的提手，迅速到达火灾现场。

②用手捂住喷嘴，把灭火器倒置呈垂直状态，上下晃动，加速药剂混合。

③松开手，把喷嘴朝向燃烧区进行喷射。

④灭火时随着有效喷射距离的缩短，使用者应逐渐向燃烧区靠近，并始终将泡沫喷在燃烧物上，直到扑灭。

⑤推车式泡沫灭火器使用方法基本同手提式相同，由于推车灭火器的喷射距离远，连续喷射时间长，因而可充分发挥其优势，用来扑救较大面积的初期火灾。使用时，一般由两人操作，先将灭火器迅速推拉到火场，在距离着火点10m左右处停下，由一人施放喷射软管后，双手紧握喷枪并对准燃烧处；另一人则先逆时针方向转动手轮，将螺杆升到最高位置，使瓶盖开足，然后将筒体向后倾倒，使拉杆触地，并将阀门手柄旋转90°，即可喷射泡沫进行灭火。如阀门装在喷枪处，则由负责操作喷枪者打开阀门。

(5)注意事项。

①在运送灭火器过程中，不能过分倾斜、摇晃、横置或颠倒。

②在喷射泡沫过程中，应一直保持灭火器的倒置、垂直状态，不能横置或直立过来，否则，喷射会中断。

③如在容器内燃烧，应将泡沫射向容器的内壁，使泡沫沿着内壁流淌，逐步覆盖着火液面。

④切忌直接对准液面喷射，以免由于射流的冲击，将燃烧的液体冲散或冲出容器，扩大燃烧范围。

⑤在扑救固体物质火灾时，应将射流对准燃烧最猛烈处。

⑥使用时严禁将筒盖、筒底对着人体，以防灭火器爆炸伤人。

⑦泡沫灭火器存放应选择干燥、阴凉、通风并取用方便之处，不可靠近高温或可能受到曝晒的地方，以防止碳酸分解而失效。

⑧冬季要采取防冻措施，以防止冻结。

⑨应经常擦除灰尘、疏通喷嘴，使之保持通畅。

⑩检查筒身有无腐蚀或泄漏，如筒身有损，应及时更换或维修。

2）干粉灭火器

（1）结构组成。

①手提式干粉灭火器主要由筒体、器头组件、压力指示器、喷射软管或喷嘴、ABC 干粉灭火剂及驱动气体等组成。

②推车式干粉灭火器由筒体、筒盖、贮气瓶、行驶系统、喷射系统和开启机构等组成。

（2）工作原理。

干粉灭火器内充装的干粉灭火剂是干燥且易于流动的微细固体粉末，由具有灭火效能的无机盐和少量的添加剂经干燥、粉碎、混合而成。当压下压把时，开启阀门，筒体内的干粉灭火剂在驱动气体压力的作用下，经喷射软管（或喷嘴）喷出，形成粉雾流射向火场，达到灭火目的。

（3）适用范围。

碳酸氢钠干粉灭火器适用于易燃、可燃液体、气体及带电设备的初期火灾；磷酸铵盐干粉灭火器除可用于上述几类火灾外，还可扑救固体类物质的初期火灾，但都不能扑救金属类物质的火灾。

（4）安全操作。

①灭火时，可手提或肩扛灭火器到达火场。

②灭火使用人员应站在距燃烧处 5m 左右的上风方向。

③一只手将保险销拔下，然后握住喷射软管前端喷嘴，朝向火苗，另一只手开启压把，打开灭火器，对准火源根部左右移动进行灭火，直至将火扑灭。如图 3-25 所示。

④如条件许可，使用者可提着灭火器沿着燃烧物的四周边走边喷，使干粉灭火剂均匀地喷在燃烧物的表面，直至将火焰全部扑灭。

⑤推车式干粉灭火器一般由两人操作，使用时应将灭火器迅速拉到或推到火场，在离

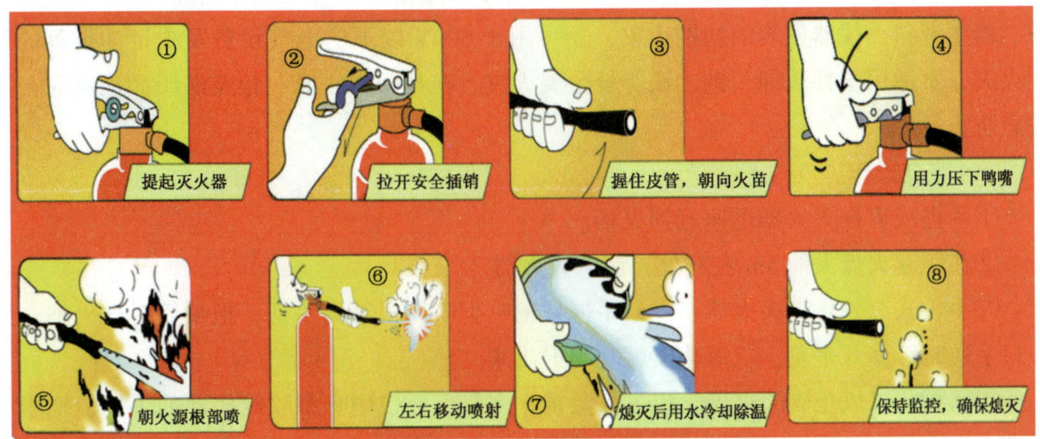

图 3-25　干粉灭火器的使用方法

起火点大约 10m 处停下，一人取下喷枪，迅速展开喷射软管；另一人拔出保险销，迅速开启阀门手柄，喷粉灭火，灭火方法同手提式干粉灭火器相同。

(5)注意事项。

①如果液体火灾呈流淌燃烧时，应对准火焰根部由近而远，并左右扫射，直至把火焰全部扑灭。

②在扑救容器内可燃液体火灾时，应注意不能将喷嘴直接对准液面喷射，防止喷流的冲击力使可燃液体溅出而扩大火势，造成灭火困难。

③如果可燃液体在金属容器中燃烧时间过长，容器的壁温高于扑救可燃液体的自燃点时，极易造成复燃，应与泡沫类灭火器联用，或不断给容器外壁降温。

④如果可燃液体在容器内燃烧，对准火焰根部左右晃动扫射，使喷射出的干粉流覆盖整个容器开口表面，当火焰被赶出容器时，继续喷射至火焰全部扑灭。

⑤使用时，一手应始终压下压把，不能放开，否则会中断喷射。

⑥干粉灭火器在使用时应保持直立状态，不能平放或倒置使用，否则不能喷粉。

3)二氧化碳灭火器

(1)结构组成。

二氧化碳灭火器有手提式和推车式两种。

手提式二氧化碳灭火器按其开启后机械情况，可分为手轮式二氧化碳灭火器和鸭嘴式二氧化碳灭火器。

手轮式二氧化碳灭火器主要由喷筒、手轮式启闭阀和筒体组成。

鸭嘴式二氧化碳灭火器由提把、压把、启闭阀、筒体和喷管等组成。

(2)工作原理。

二氧化碳灭火器内部充装了加压液化的二氧化碳，利用气化的二氧化碳气体来灭火。

(3)适用范围。

由于二氧化碳灭火时不污损物件，灭火后不留痕迹，更适于扑救精密仪器和贵重设备、档案资料、仪器仪表的初期火灾，还可用于600V以下的电气设备及少量油类等的初期火灾。不适用于扑救钾、钠、镁等轻金属火灾。在扑救棉、麻、粮及纺织品火灾时，要注意防止复燃。

(4)安全操作。

①手提或肩扛灭火器迅速赶到火场。

②在距起火点大约5m左右处，放下灭火器。

③手轮式二氧化碳灭火器：一只手握住喇叭型喷筒根部的手柄，把喷筒对准火焰，另一只手逆时针旋开手轮，二氧化碳就会喷射出来。

④鸭嘴式二氧化碳灭火器：拔去保险销，一只手握住喇叭型喷筒根部的手柄，把喷筒对准火焰，另一只手压下压把，二氧化碳即可喷射出来。

⑤在扑救流动的液体火灾时，要使灭火器由近而远向火焰喷射，如果燃烧面较大，使用者可左右摆动喷筒，直至把火扑灭。

⑥推车式二氧化碳灭火器一般由两人操作，使用时两人一起将灭火器推或拉到燃烧处，在离燃烧物10m左右处停下。一人快速取下喇叭筒并展开喷射软管后，握住喇叭筒根部的手柄，另一人快速按逆时针方向旋动手轮，并开到最大位置，安全操作与手提式相同。

(5)注意事项。

①不要用手直接握住喷筒或金属管，以防冻伤。

②灭火时，当可燃液体呈流淌状燃烧时，二氧化碳灭火剂的喷流由近到远对火焰进行喷射。

③如果可燃液体在容器内燃烧时，提起喇叭筒从容器的一侧上部向容器中进行喷射。

④不能将二氧化碳射流直接冲击可燃液面，防止可燃液体冲出容器而扩大火势，造成灭火困难。

⑤扑救容器内火灾时，使用者应手持喷筒根部的手柄，从容器上部的一侧向容器内喷射。

⑥在喷射过程中，灭火器应始终保持直立状态，不要平放或颠倒使用。

⑦室外使用时，要站在上风方向喷射，尽量避免在室外大风条件下使用。

⑧在狭小密闭的空间使用后，迅速撤离，避免因吸入大量二氧化碳发生窒息事故。

⑨扑救室内火灾后，应先通风，然后再进入，以防窒息。

4)水基(水雾)灭火器

水基(水雾)型灭火器绿色环保，灭火后药剂可100%生物降解；不会对周围设备、空间造成污染；高效阻燃、抗复燃性强；灭火速度快，渗透性极强，可灭深层次火灾。

(1)结构组成。

主要由筒体总成、器头总成、喷管总成等组成，灭火剂为水成膜泡沫预混液，驱动气体为氮气，常温下其工作压力为1.2MPa。

(2)工作原理。

灭火机理属于物理灭火机理。药剂可在可燃物表面形成并扩展一层薄水膜，使可燃物与空气隔离，实现灭火。药剂经雾化喷嘴，喷射出细水雾，漫布火场并蒸发热量，可迅速降低火场温度，同时降低燃烧区空气中氧的浓度，防止复燃。

(3)适用范围。

主要适合配置在学校、商场、纺织、橡胶、纸制品、煤矿等具有可燃固体物质的火险(A类火)场所；也适合配置在车、船、机场、加油站等具有可燃液体的火险(B类火)场所；还可以配置在36kV以下的室内外变压器、油浸开关、变电站等涉及到电器设备的火险(E类火)场所。

除了灭火之外，水雾型灭火器还可以用于火场自救。在起火时，将水雾灭火器中的药剂喷在身上，并涂抹于头上，可以使自己在普通火灾中免除火焰伤害，在高温火场中最大限度地减轻烧伤。

(4)安全操作。

①灭火时，手提灭火器快速奔赴火场。

②在距燃烧处5m左右的上风方向停下，放下灭火器。

③一只手将保险销拔下，然后握住喷射软管前端喷嘴，另一只手开启压把，打开灭火器，对准燃烧区域进行灭火。

(5)注意事项。

①电器设备灭火时，灭火距离不小于1m，灭火后必须先切断电源，再清理现场。

②使用时不得倒置或平放。

③防止日晒、雨淋、高温，存放于干燥处。

④定期检查，发现压力指示器指针低于绿色区域时，应进行充气。

⑤灭火器一经开启，必须送专业部门再次充装。

3. 使用原则

(1)灭火器应设置在规定的地方，并设有指示标志，且不得被遮挡。

(2)灭火器应设置在便于取用的地方。

(3)灭火器的位置不得影响安全疏散。

(4)灭火器应设置稳固，防止倾斜，导致失效。

4. 维护保养

(1)将灭火器存放于干燥通风，不宜受潮腐蚀、避免日光曝晒和热源强辐射的地方。

(2)检查压力表压力是否符合使用要求。

(3)检查灭火器筒体是否有锈蚀，变形现象。

(4)检查灭火器保险销、压把、阀体、喷嘴、喷射软管等部件是否有严重损伤、变形、锈蚀等缺陷。

(5)每隔6个月在相同批次的灭火器中抽取一具灭火器进行灭火性能测试。

(6)灭火器应按制造厂规定的要求和检查周期，进行定期检查。

(7)应由专业人员对灭火器进行检查。

5. 报废规定

根据中华人民共和国行业安全标准 GA 95—2007《灭火器维修与报废规程》中的规定，灭火器的报废标准如下：

(1)灭火器从出厂日期算起，达到如下年限的，必须报废：

①水基型灭火器——6 年；

②干粉灭火器——10 年；

③洁净气体灭火器——10 年；

④二氧化碳灭火器和贮气瓶——12 年。

(2)检查发现灭火器有下列情况之一者，必须报废：

①筒体、器头进行水压试验不合格的；

②二氧化碳灭火器的钢瓶进行残余变形率测试不合格的；

③筒体严重锈蚀（漆皮大面积脱落，锈蚀面积大于筒体总面积的三分之一，表面产生凹坑者）或连接部位、筒底严重锈蚀的；

④筒体严重变形的；

⑤筒体、器头有锡焊、铜焊或补缀等修补痕迹的；

⑥筒体、器头(不含提、压把)的螺纹受损、失效的；

⑦筒体与器头非螺纹连接的灭火器；

⑧器头存在裂纹、无泄压结构等缺陷的；

⑨水基型灭火器筒体内部的防腐层失效的；

⑩没有间歇喷射机构的手提式灭火器；

⑪筒体为平底等结构不合理的灭火器；

⑫没有生产厂名称和出厂年月的(含铭牌脱落，或虽有铭牌，但已看不清生产厂名称；出厂年月钢印无法识别的)；

⑬被火烧过的灭火器；

⑭按规定应予报废的 1211 灭火器；

⑮不符合消防产品市场准入制度的灭火器；

⑯按国家或有关部门规定应予报废的灭火器。

第六节　常 用 仪 表

在井下作业施工过程中，常用各种仪表测量和显示压力、拉力等数值，确保施工参数控制在安全范围内，保证作业安全。本节介绍了压力表和指重表的结构、原理及使用维护等基本知识。

一、压力表

压力表是用来测量压力容器内介质压力的一种计量仪器，也是一种重要的安全附件。

1. 分类

压力表的种类较多，有液柱式、弹簧式、活塞式和电量式四大类。常用的压力表为弹簧式压力表。

2. 弹簧式压力表的结构组成

弹簧式压力表主要由弹簧管、传动机构、指示机构和表壳四部分组成。如图 3-26 所示。

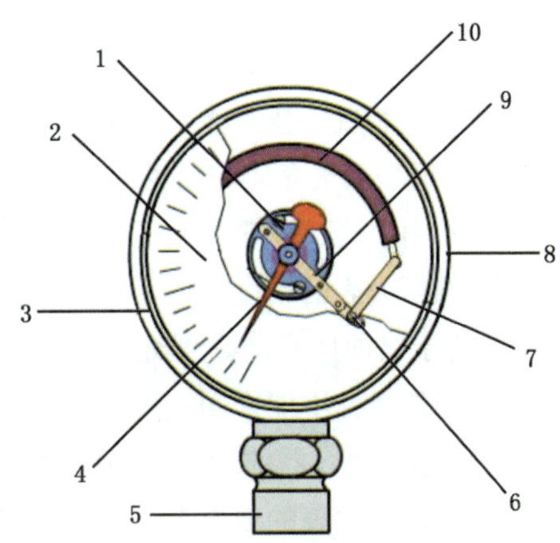

图 3-26　压力表结构示意图

1—游丝；2—刻度盘；3—衬圈；4—指针；5—接头；6—调整螺钉；7—连杆；8—表壳；9—传动机构；10—弹簧管

1) 弹簧管

它是一根弯曲成圆弧形状、椭圆形横截面的空心管子。它的一端焊接在压力表的管座上固定不动，并与被测压力的介质相连通，另一端是封闭的自由端，在压力的作用下产生位移，在一定的范围内，位移量与所测压力成线性关系。

2) 传动机构

一般称为机芯，它由扇形齿轮、中心齿轮、游丝、上下夹板、支柱等组成。其主要作用是将弹簧管自由端的微小位移加以放大，并转换成仪表指针的圆弧形旋转位移。

3) 指示机构

包括指针、刻度盘等，其作用是将指针的旋转位移通过刻度盘的分度指示被测压力值。

3. 选用与安装

1) 选用

(1) 压力表的量程。

装在压力容器上的压力表，其最大量程应与容器的工作压力相适应，压力表表盘刻度极限值为最高工作压力的 1.5 ~ 3.0 倍，最好选用 2 倍。

(2) 压力表的准确度。

压力表的准确度是指压力表的允许误差占表壳刻度极限值的百分数，按级别来表示。例如准确度等级为 1.6 级的压力表，其允许误差为表盘刻度极限值的 1.6%，准确度级别一般都标在表盘上。选用压力表时应根据容器的压力等级和实际工作需要确定表的准确度等级。低压容器使用的压力表准确度等级不应低于 2.5 级；中压及高压容器使用的压力表准确度等级不应低于 1.6 级。

(3) 超高压容器的压力表或压力传感器的选用应符合 TSG R0002—2005《超高压容器

安全技术监察规程》的规定。

2) 安装

(1) 装设位置应便于操作人员观察和维护，应避免受到热辐射、冻结或振动等不利影响。

(2) 压力表与压力容器之间，应装设三通旋塞或针型阀；三通旋塞和针型阀上应有开启标记和锁紧装置；压力表和压力容器之间不得连接其他用途的任何配件或接管。

(3) 用于水蒸气介质的压力表，在压力表和压力容器之间应装有存水弯管，使蒸汽在这一段弯管内冷凝，以避免高温蒸汽直接进入压力表的弹簧管内，造成指示表内元件过热变形而影响压力表的精度。

(4) 对于腐蚀性或高黏度介质，压力表与压力容器间应装设有隔离介质的缓冲装置。如果限于操作条件不能采用这种装置时，应选用抗腐蚀的压力表。

(5) 根据压力容器的最高许用压力，在压力表的刻度盘上画上警戒红线，但不应把警戒红线涂画在压力表的玻璃上，以免玻璃转动时操作人员产生错觉，造成事故。

(6) 超高压容器的压力表或压力传感器的安装应符合 TSG R0002—2005《超高压容器安全技术监察规程》的规定。

4. 维护与校验

(1) 压力表的校验与维护，应符合国家计量部门的有关规定。

(2) 压力表安装前应由国家法定的计量检验单位进行校验，并按计量部门规定的期限定期校验。

(3) 经调校的压力表应在刻度盘上画出指示最高工作压力的红线，并注明下次校验日期，压力表校验合格后应加铅封。

5. 检定

依据《中华人民共和国强制检定的工作计量器具明细目录》，一般压力表为安全防护类计量器具，列入强制检定目录。未按照规定申请检定或者检定不合格的，不得使用。

JJG 52—2013《弹性元件式一般压力表、压力真空表和真空表检定规程》中要求压力表的检定周期一般不超过半年。

当仪表经过非正常振动、更换主要原件或对示值有怀疑时，应随时送检。

1) 检定工作要求

(1) 检定环境条件。

检定温度：(20±5)℃；

相对湿度：≤85%；

环境压力：大气压力。

仪表在检定前应在以上规定的环境条件下至少静置 2h。

(2) 检定用设备。

标准器最大允许误差绝对值应不大于被检压力表最大允许误差绝对值的 1/4。

①标准器：

a. 弹性原件式精密压力表和真空表；

b. 活塞式压力计；

c. 双活塞式压力真空计；

d. 标准液体压力计；

e. 补偿式微压计；

f. 0. 05 级及以上数字压力计(年稳定性合格的)；

g. 其他符合要求的标准器。

②辅助设备：

a. 压力(真空)校验器；

b. 压力(真空)泵；

c. 油—气、油—水隔离器；

d. 电接点信号发讯设备；

e. 额定电压为 DC 500V，准确度等级 10 级的绝缘电阻表；

f. 频率为 50Hz，输出电压不低于 1. 5kV 的耐电压测试仪。

③检定用工作介质：

a. 测量上限不大于 0. 25MPa 的压力表，工作介质为清洁的空气或无毒、无害和化学性能稳定的气体；

b. 测量上限大于 0. 25MPa 到 400MPa 的压力表，工作介质为无腐蚀性的液体或根据标准器所要求使用的工作介质；

c. 测量上限大于 400MPa 的压力表，工作介质为药用甘油和乙二醇混合液或根据标准器所要求使用的工作介质。

2)计量性能要求

压力表的准确度等级和允许误差及其关系见表 3–19。

表 3–19　计量性能要求

准确度等级(级)	最大允许误差（%）			
	零位		测量上限的(90% ~100%)	其余部分
	带止销	不带止销		
1. 0	1. 0	±1. 0	±1. 6	±1. 0
1. 6（1. 5）	1. 6	±1. 6	±2. 5	±1. 6
2. 5	2. 5	±2. 5	±4. 0	±2. 5
4. 0	4. 0	±4. 0	±4. 0	±4. 0

注：(1)使用中的 1. 5 级压力表最大允许误差按 1. 6 级计算，准确度等级可不更改。

(2)压力表最大允许误差应按其量程百分比计算。

(1)零位误差。

带有止销的压力表，在通大气的条件下，指针应紧靠止销，“缩格”应不超过表3-19规定的最大允许误差绝对值。

没有止销的压力表，在通大气的条件下，指针应位于零位标志内，零位标志宽度应不超过表3-19规定的最大允许误差绝对值的2倍。

矩形膜盒压力表的指针偏离零位分度线的位置应不超过表3-19规定的最大允许误差绝对值。圆形膜盒压力表和真空表的指针应紧靠止销并压住零分度线，圆形膜盒压力真空表的指针应位于零位分度线内。

在规定的环境条件下，将压力表内腔与大气相通，并按正常工作位置放置，用目力观察。零位误差检定应在示值误差检定前后各做一次。

(2)示值误差。

压力表的示值误差应不超过表3-19所规定的最大允许误差。

压力表的示值检定是采用标准器示值与被检压力表的示值直接比较的方法。示值误差检定点应按标有数字的分度线选取。

检定时逐渐平稳地升压(或降压)至第一个检定点，读取被检压力表的示值，然后轻敲一下压力表外壳，读取记录被检测压力表的示值。轻敲表壳前、后的示值与标准器示值之差即为该检定点的示值误差。如此依次在各检定点进行检定直至测量上限，切断压力源(或真空源)，稳压3min，然后按原检定点平稳地降压(或升压)倒序回检。

(3)回程误差。

压力表的回程误差应不大于最大允许误差的绝对值。

回程误差的检定是在示值误差检定时进行，同一检定点升压、降压轻敲表壳后，被检压力表示值之差的绝对值即为压力表的回程误差。

(4)轻敲位移。

轻敲表壳前、后，压力表的示值变动量应不大于最大允许误差绝对值的1/2。

轻敲位移的检定是在示值误差检定时进行，同一检定点，轻敲压力表外壳前、后指针位移变化所引起的示值变动量即为压力表的轻敲位移。

(5)指针偏转平稳性。

在测量范围内，指针偏转应平稳，无跳动或卡针现象；双针双管或双针单管压力表两指针在偏转时应互不影响。

在示值误差检定过程中，目力观测指针的偏转情况。

二、指重表

指重表是井下作业过程中的常用仪表，具有显示井下钻具悬重和钻压的功能。

1. 分类

按工作原理来分，可将指重表分为液压式指重表、机械式拉力表和电子指重表。井下作业现场常用的指重表为机械式拉力表。

2. 机械式拉力表

1)结构组成

主要由大环、销子、压盖、表盘、指针、调零装置组成。

2)工作原理

当拉力作用在拉力表两边拉环上时，变形体产生相应弧变，通过拉杆，带动圆柱齿轮转动，使工作指针和瞬时指针指示被测拉力瞬时值。当拉力解除后，工作指针回零，瞬时指针停留在拉力瞬时最大值的位置上，即为测量拉力值。

3. 注意事项

(1)指重表安装的位置应便于操作人员观察，通常安装在司钻对面或右前方，以看清楚为准，不宜过远，表盘中心高度应与司钻的眼睛对平，并放在安全的地方。

(2)指重表在使用前，先检查仪表各部件和总成的密封性。

(3)指重表在使用前，必须进行校正，应旋转调零旋钮使主动针(黑色指针)对准零位线，调整复位旋钮使被动针(红色指针)与主动针重合。校正时所用的钢丝绳应与使用的钢丝绳直径相同。

(4)不能将指重表固定在井架上，使用时不得使拉力表撞击或跌落，加卸载荷应平稳缓慢，以免受外界振动，影响精确性。

(5)载荷不得超过极限负荷，以免损坏指重表。

(6)不得将内部机械拆卸，以免影响指重表示值的准确度。

(7)指重表在使用过程中应保持玻璃表面的洁净，以利于观察，不得用蒸汽冲洗玻璃，以免炸裂。

(8)指重表使用的液压油必须洁净，无沉淀物，不同牌号不得混用，更不能混入其他带腐蚀性的液体。

(9)使用后清除指重表上面的油污、污泥等脏物，保持干净整洁。

(10)指重表应定期由专业维修人员进行维修、保养和检定。

(11)搬迁时应卸掉载荷，使工作指针回零。

(12)使用满一年后应重新检验。

4. 检定

依据《中华人民共和国强制检定的工作计量器具明细目录》，指重表为安全防护类计量器具，列入强制检定目录。未按照规定申请检定或者检定不合格的，不得使用。

JJG(石油) 03—1999《石油钻井指重表》中要求压力表的检定周期一般不超过一年。

当仪表经过非正常振动、更换主要原件或对示值有怀疑时，应随时送检。

1)检定工作要求

(1)检定环境条件。

环境温度 20℃±10℃。

(2)检定用设备。

检定用主要仪器及设备见表3–20。

表3–20　主要仪器及设备推荐表

序号	仪器及设备名称	测量范围	准确度
1	数字测力计（拉式）	0～200kN	0.1%
2	数字压力计	0～6MPa	0.1%
3	石英钟表	0～24h	±30s/d
4	钢板尺	0～150mm	±0.5mm
5	指重表检定台	0～200kN	—
6	压力表校验器	0～60MPa	—

(3)检定用介质。

检定中所用介质应与仪器使用中所用介质相一致。

2)计量性能要求

(1)指重表的基本误差。

指重表的基本误差见表3–21。

表3–21　指重表的基本误差

项　　目	允许误差	
	新制造	修理后和使用中
死绳固定器满量程输出压力(MPa)	6±0.07	—
悬重、钻压指示仪基本误差(%)	±1	±1.5
记录仪基本误差(%)	±2.5	±2.5

与检定点标准压力值对应的二次仪表力值用式(3–12)计算：

$$W_i = nd_i \tag{3-12}$$

式中　W_i——与检定点标准压力值对应的二次仪表力值，kN；

n——钢丝绳股数；

d_i——检定点的标准压力值，MPa。

二次仪表基本误差计算公式为：

$$\Delta W_i = \frac{W'_i - W_i}{W_i} \times 100\% \tag{3-13}$$

式中　ΔW_i——二次仪表基本误差；

W'_i——二次仪表示值，kN。

(2)钻压指示仪的灵敏限。

钻压指示仪的灵敏限(单股绳载荷)见表 3-22。

表 3-22　钻压指示仪的灵敏限

死绳固定器型号	JZG35	JZG24	JZG18	JZG12	JZG9
钻压指示仪的灵敏限（f）	2.0	2.0	1.0	1.0	0.5

分别在指重表满量程的 20%，50% 和 80% 的位置上，施加载荷，其钻压指示仪指针应有明显的移动。施加压力载荷值用式(3-14)计算：

$$P=\frac{f}{d} \tag{3-14}$$

式中　P——施加压力载荷值，MPa；

f——表 3-22 规定的载荷值。

灵敏限应符合表 3-22 的要求。

(3)轻敲变动量。

轻敲变动量不应超过允许基本误差绝对值的 1/2。

在示值检定中，观察仪表指针轻敲前后的变动量，应符合表 3-21 的要求。

(4)回程误差。

回程误差不应超过允许基本误差绝对值。

进程和回程之差应符合表 3-21 的要求。

(5)记录仪时钟。

记录仪时钟走时均匀，满弦运行时间大于 24h，误差小于 5min/d。

用石英钟表比对，记录仪时钟走时误差应符合表 3-21 的要求。

思　考　题

1. 简述操作通井机时的安全操作注意事项。
2. 天车的常见故障有哪些？并简述其排除方法。
3. 转盘在使用过程中的注意事项有哪些？
4. 简述液压钳的安全操作要求。
5. 如何对正压式空气呼吸器进行使用前的检查？
6. 可燃气体检测仪如何进行维护保养？
7. 按燃烧物质特性可分为哪几类火灾？并简述适用的灭火器类型。
8. 指重表的主要部件有哪些？并简述其工作原理。

第四章　井下作业工序及安全操作技术

掌握井下作业各施工阶段的工序和安全操作技术，不仅能够规范井下作业施工操作，还能及时发现和消除各种危险因素，加快施工进度，确保施工安全。本章主要介绍了井下作业工序及其安全操作技术等相关知识。

第一节　迁装阶段主要作业工序

井下作业施工是由多岗位、多设备联合作业的一项工作。因此，做好充分的施工准备工作，对提高作业效率和质量有着重要意义。本节介绍了施工前搬迁、立井架、穿大绳和井场布置等作业工序的相关知识。

一、搬迁

1. 搬迁准备

1）井场勘察

接到施工任务后，首先对施工井场进行全面勘察。主要内容包括：井场、井位、采油树、电源、地面流程、排污池、交通道路、通信等情况。通过勘察，为后续施工做好准备工作。

2）车辆及吊装工具的准备

根据施工所需设备、物资的多少及设备、物资的重量，合理安排所需车辆，并准备吊装的工具，如钢丝绳套、固定物件用的铁丝等。

3）物资的归类、包装及整理

按工作需求，对设备、工具进行归类整理，便于安全装卸车、搬运，确保设备工具无损坏、无丢失。

4）井场交接

井场交接主要是从油井、水井、气井管理单位了解掌握施工井的有关情况，明确井口流程和管线走向以及井场用电设备的电线走向，同时明确施工前的井场情况和施工后的恢复标准。

（1）施工单位派专人到施工井场与采油单位按规定进行施工井的交接。交接时要从井口设备完整情况、井口流程通畅情况、各部位阀门灵活情况、井场平整情况、电线等情况逐点进行细致交接，对重点设备与项目应当场试运转、试刹车。

(2)交接后双方应在交接书上签字，以备施工后确认。

2. 注意事项

在搬家过程中，特别是装卸车时，现场施工人员要与搬家车司机、吊车司机密切配合，确保安全操作。

(1)装卸大件设备工具时，绳套要卡牢、系牢、挂牢。专人指挥搬家车司机、吊车司机吊装操作。地面工作人员要位于被装卸物件一侧，按指挥人员的指挥进行推拉扶正。

(2)装卸小件设备工具时，装车顺序要合理，重量大、能挤压的可先装，不能挤压的后装。

(3)吊装过程中，做到不挤压碰撞、不在地下拖拉等。

(4)对于贵重易损设备、工具和仪表等，必须由专人负责搬迁。

(5)对于绳类设备、工具，搬迁时盘卷好，便于安全搬迁。

(6)对于盛液体的容器与管类设备，必须清空其内的液体。

(7)吊装挂绳套时，施工人员和吊车司机要密切配合，保证不磕不碰。

(8)对于搬家车上的大件物体，应用铁丝或棕绳固定于车上。

(9)水龙头、方钻杆搬迁时，必须带护丝。

(10)搬迁中应遵守有关交通规则，严禁人货混装。

(11)装卸车时，吊臂下及被吊物件下不能站人。

(12)在超高、超宽物件搬迁时，要在搬家车上挂好标记。

二、立放井架

1. 车背井架的立放安装

1)作业前准备

(1)根据作业井场的实际情况，选择修井机的停放位置，修井机应停放在地势较高、没有积水的地方，还应特别注意风向对修井作业的影响。

(2)按照规定的尺寸打好4个绷绳地锚坑。

(3)放井架底梁的地面应平坦。

(4)将修井机按选好的位置和要求对准井口，起动车上发动机(传动箱处于空挡位置)。

(5)使发动机略高于怠速运转(传动箱处于空挡位置)，并挂合主油泵。

(6)操作底盘车前、后支腿液缸的液压换向阀手柄，使液缸伸出并支承在各自的底座和垫木上，并观察水平仪，使底盘前、后、左、右均处于水平状态，然后将支腿液缸的锁紧螺帽锁住。

(7)操纵底座液缸的液压换向阀手柄，使液缸伸出，并使底梁支承在地面上，然后将锁紧螺帽锁住。

2)安装标准

(1)停车时，井架中心与井口成一直线，左右偏差小于50mm。

(2)车身要求停正、左右平衡，且左右轮胎用三角掩木固定。

(3)4 个车身千斤底座下面基础应夯实，垫正方木(长 40cm×高 25cm×宽 30cm)，受力均匀，同时锁紧千斤防滑套。

(4)井架立起后，上提游动滑车 1.5～2.0m，大钩中心对准井口，且不碰挂驴头(井架倾斜度以不同的车型而定)。

(5)井架千斤底座基础应坚硬，方木受力均匀，同时不应长时间被油水浸泡。

(6)各道绷绳受力均匀，与地锚坑连接处应有法兰螺栓调节，每道绷绳 3 个绳卡，卡距、卡向符合规定，卡紧程度以咬扁钢丝绳为准。

3)起井架安全操作

(1)松开前支架处井架固定装置和大钩上的连接绳索，然后将绷绳散开，检查游动系统的钢丝绳不应有挂联。

(2)将发动机怠速控制在 1500r/min 以下，传动箱处于空挡位置，并挂合油泵。

(3)向上抬起液压换向阀手柄，使井架缓慢升起，当井架升到接近垂直位置时，应减小液压换向阀的开度，以便井架平稳地立到工作位置，然后将换向阀手柄放回中位。

(4)井架立起到工作位置后，挂好 2 根车上绷绳，拉好 4 根地面绷绳，并调节各绷绳的松紧度，确保各绷绳拉紧并受力均匀。

(5)井架的工作倾角和限位绳在出厂时已经调好，井架立起到工作位置后，不需再进行调节。如天车中心与井口中心偏离较多，影响修井作业时，应找出原因，调整正常。

4)放井架安全操作

(1)摘开 4 根地面绷绳和 2 根车上绷绳，松开锁紧螺母，拔出拉杆上的销子。

(2)将发动机转速控制在 1500r/min 以下，传动箱处于空挡位置，然后挂合主油泵。

(3)向下压液压换向阀手柄，换向阀手柄回复到中间位置，然后打开升降液缸顶部的放气塞，将液缸中的空气排除干净(如果一次排不净，应反复排几次)，将放气塞关上。再压下换向阀手柄，使液缸缓缓收缩，将井架平稳放倒在前支架上，最后将换向阀手柄放回到中位。

(4)将绷绳缠绕在井架侧边的绳钩上。

(5)分别将底座液缸的锁紧螺母和 4 个支腿液缸的锁紧螺母松开，并转到最下端，然后先后收回底座液缸和 4 个支腿液缸到行车位置后，再把锁紧螺母锁住。最后摘开主油泵离合器。

(6)用绳索把井架固定在前支架上，并将大钩挂连限定。

2. 固定井架的立放安装

固定井架现场多用两种方法，一是井架车立放，二是吊车立放。

1)作业前准备

(1)井架车司机应按车辆完好标准和安全行驶要求，逐项对发动机、转向、制动和底盘等系统进行检查。

(2)检查油箱液面是否达到规定高度，以油杆尺最上面的刻线为准。

(3)检查托架、保险绳及其他紧固件是否紧固。立井架前要检查井架及附件是否符合要求。

(4)各润滑点加足润滑油，每次立放加注一次润滑油。检查各油路、气路有否漏油、漏气现象。

(5)各控制开关应停在中间或不工作状态。

2)井架车立放井架

在载重汽车底盘上装配专用的设备，把立、放、运井架集于一身的专用车称为立放运井架车，简称井架车。井架车由载重汽车、托架、液压支脚、气动锁销、井架固定装置和横纵向调整液缸等部分组成。其具体立放操作步骤如下：

(1)立井架安全操作。

①将井架车中心对准井口中心，后轮中心线离井口7m左右，刹住后轮。

②把全部绷绳拉到合适的长度和位置，松开井架上的紧绳器，启动油泵。

③踩离合器，将变速手柄放在空挡，打开油泵传动控制单向气动开关，松开离合器，油泵开始工作。

④打开手动换向阀，将左右液压支腿撑到地面。

⑤在液压支腿下垫木块，松开4个横向液缸，打开单向气动开关。

⑥将手动换向阀放到上升位置，顶起井架10°左右时停止，查看各部位工作是否正常。

⑦在井架立起70°左右时停止起升，丈量井架中心到井口中心距离，并观察位置是否合适。

⑧将井架送到工作位置，固定后四道绷绳。

⑨用横纵向液缸调整井架的倾斜度与井口中心线的位置。

⑩固定绷绳，收回托架、液压支腿，做好收尾工作。

(2)放井架安全操作。

①将井架车中心对准井架中心，后轮中心线距井口7m左右，刹住车，并将车固定好。

②启动油泵，打开手动换向阀，支好液压支腿，起升托架。

③托架靠近井架时，打开单向气动开关，使抱紧销收到气缸内，托架靠上井架后，关闭气动开关，使抱紧销复位，抱住井架，松开前绷绳。

④将托架放到支架上，用调整液缸把井架的位置调整好，销紧。

⑤收回液压支腿，将绷绳缠好，固定在井架上。

3)吊车立放井架

(1)立井架安全操作。

①吊车开进井场停住，打好千斤，把井架从拖车上吊下。

②把井架放在基础上向外躺平，根据井架的高度和井场条件调整吊车位置，打好千斤。

③按要求对井架的各个部位进行认真检查。

④在井架上部距天车 5 ~ 6m 处系钢丝绳套。

⑤启动吊臂，挂好绳套。

⑥缓慢起吊井架。

⑦把井架吊放在基础上，观察井架位置是否合适。

⑧固定后面两道绷绳，稍松吊钩到无负荷，再观察井架是否倾斜。

⑨固定其余绷绳，从井架上摘掉吊钩绳套。

(2)放井架安全操作。

①吊车停在适当的位置，测试吊车工作是否正常。

②在距天车 5 ~ 6m 处挂牢绳套，另一端挂在吊钩上。

③待吊钩稍加负荷后松前绷绳，将井架竖直，重心平衡后，松掉各道绷绳及井架与基础的连接销轴等，即可将井架放倒。

④把绳套挂在井架重心处，起吊装车。

3. 注意事项

(1)井架地基必须坚实、平整、无油水、污泥等。

(2)修井机的摆放位置要平整，防止井架立放时倾倒。

(3)井架与井口的距离要符合标准，防止井架立放时撞坏井口设备。

(4)井架倾斜角度不大于 3.5°，天车、游动滑车、井口在同一垂直线上。

(5)天车中心与井口垂向的地面水平距离不大于 3cm。

(6)防止液压系统压力低，导致井架立放时制动失灵。

(7)立放井架必须使用符合标准的钢丝绳，使用完毕后按要求进行保养。

(8)起升井架时应注意观察井架上升高度，防止井架窜出，造成恶性事故。

(9)操作平台上不准堆放和悬挂任何物品，使用的扳手、大锤等工具应拴好安全绳。

(10)绷绳及绳卡规格尺寸、数量、绳卡固定位置、各道绷绳坑到井口中心距等必须符合安装标准。

(11)做好绷绳花篮螺栓的防腐除锈保养工作，使用时要有调节余量。

(12)在大风、雨雪等特殊天气施工作业或进行解卡、打捞等特殊作业时，必须加固井架。

三、穿大绳

1. 施工前准备

(1)准备穿大绳的工具。

(2)作业机就位，游动滑车摆在井架正前方。

(3)检查天车。

①紧固天车螺栓。

②检查天车轴是否完好。

③清洁天车轮。

④检查天车轮槽有无损伤，轮槽边有无缺损。

⑤安装防碰装置。

⑥检查滑轮转动是否灵活好用，轴承内有无咬伤摩擦的声音。

(4)检查游动滑车。

①按照设计要求选用合适的游动滑车。

②检查滑轮转动是否灵活，轮槽边有无缺损，轴是否加足黄油。

③检查滑轮护罩是否磨损钢丝绳。

④检查连接部位是否牢固。

2. 穿大绳安全操作

(1)由井架工把引绳穿过天车上的第一个滑轮，绳头下放到地面。

(2)地面操作人员将引绳一端系在钢丝绳头上，另一端连在钢丝绳本体上。拉动引绳，使钢丝绳头穿过天车上的第一个滑轮到达地面。解开引绳，把钢丝绳穿过游动滑车的第一个滑轮后，再系到引绳上。

(3)井架工、地面操作人员利用同样的方法穿完天车和游动滑轮的滑轮组。

(4)大绳穿好后，将绳的一端固定于井架底脚。

3. 固定死绳头安全操作

(1)不装拉力计时，将钢丝绳固定在井架腿上，打好绳卡。

(2)装拉力计时，将拉力计一端通过拉力环固定在死绳端，另一端通过拉力环固定在井架底脚两端，打好绳卡。

(3)在底脚钢丝绳与死绳头间加双绳套，防止拉力计提环拔出发生事故。

(4)绳卡要符合尺寸和间隔要求，开口方向朝向绳端，螺栓上紧后以压扁钢丝绳外圆弧为宜。

(5)绳卡螺栓和螺帽应无裂痕，否则不能使用。

4. 卡活绳头及盘大绳安全操作

(1)将钢丝绳活绳端从滚筒内侧穿过固定孔，从外侧拉出，用绳卡进行固定。

(2)盘大绳时，钢丝绳排列要紧密整齐，不能挤压重叠。

(3)排列时，缓慢旋转滚筒，禁止猛合离合器或使滚筒旋转过快，防止大绳将操作人员挤伤或将游动滑车拉翻。

(4)拉拽大绳人员要注意防止钢丝绳毛刺挂伤，远离滚筒，防止被大绳带入滚筒。

(5)盘大绳时，禁止用大锤锤击大绳，防止大绳受损。

(6)将游动滑车放至地面，滚筒上钢丝绳的余量不少于15圈。

5. 注意事项

(1)穿大绳时，钢丝绳头与引绳连接要牢固，以防中途脱落伤人。

(2)拉动引绳时，不得与井架角铁摩擦，以免磨断。

(3)井架工必须拴好安全带，地面操作人员必须带好安全帽。

(4)井架工与地面操作人员要密切配合，拉放要有信号和口令，以防将手挤伤。

(5)严禁从井架上往下扔工具，使用的工具应拴好保险尾绳，固定在天车台护圈上。

四、井场布置

1. 井场布置原则

(1)根据自然环境、风向、修井工艺要求及井场实际情况，合理布置井场。

(2)设备工具的摆放要有利于生产、便于施工、方便拉送生产材料。

(3)井场布置满足防喷、防爆、防火、防毒、防冻、防洪、防汛等安全要求。

(4)井场设备、设施标准化，文明施工，防止环境污染。

2. 井架基础

井架基础的作用是承受负荷后不会下沉、倾斜与翻转，在施工作业过程中保持稳定性。井架的基础由木方组装、管子排列焊接或混凝土预制等。

3. 绷绳坑、绷绳

绷绳坑的位置要便于设备、油管、抽油杆、钻杆的摆放，同时还应考虑搬运和安装等条件。根据井深、负荷和井架高度确定绷绳位置及数目。一般前面 2 道绷绳，后面 4 道绷绳。

(1)井架绷绳坑应避开管沟、水坑、钻井液池等，打在坚实的地面上。

(2)地锚管应使用外径不小于 62mm 的钢制管线。若用水泥地锚时，尺寸为 0.2m×0.2m×1.5m。

(3)绷绳坑尺寸：1.6m×0.8m×1.8m(长×宽×深)。

(4)井架绷绳直径应大于 15mm，无打结、锈蚀、夹扁等缺陷，绷绳每股断丝不应超过 6 丝。

(5)每条绷绳用绳卡进行固定，将多余尾绳绕成圆环状固定在绷绳上。

(6)绷绳与电力线路保持 10m 以上的安全距离。

4. 搭油管、杆桥

(1)油管置于油管桥上，每 10 根一组按顺序排放整齐，第 10 根油管节箍应突出。

(2)油管桥不低于 3 组，支点不少于 3 个，高度不小于 0.3m，纵横保持水平。

(3)抽油杆置于抽油杆桥上，每 10 根一组按顺序排放整齐，第 10 根油杆节箍应突出。

(4)抽油杆桥不低于 3 组，支点不少于 3 个，高度不小于 0.5m，纵横保持水平。

(5)油管、杆桥座底部应平实，桥上禁止堆积杂物，禁止人员在其上行走。

5. 放喷管线

(1)地面放喷管线应使用外径 73mm 的油管，中间每隔 8～10m 用标准地锚(长度不小于 1.8m；中心管外径不小于 73mm；锚片厚度不小于 5mm，直径不小于 250mm，长度不小于400mm)固定，拐弯处两端用地锚固定，放喷出口用双地锚固定，放喷口距井口不小于30m。

(2)放喷阀门距井口3m，压力表接在井口与放喷阀门之间。

(3)放喷管线布局应考虑当地季节盛行风向、居民区、道路、油罐区、电力线及各种设施。

(4)放喷管线不能焊接，拐弯处不应用弯管，应使用锻造高压三通，并且高压三通的堵头正对油气流冲击方向，放喷出口使用120°的锻造弯头。

(5)放喷管线应平直，各部位无泄漏。放喷管线与修井机、油管杆之间保持2m以上的距离。

6. 井场电路

(1)井场所用电线应满足载荷要求，绝缘可靠，不准用照明线代替动力线。

(2)井场照明应采用直流电压设备，并具有防爆功能，不准直射司钻和井口操作人员，确保电线绝缘良好，固定可靠。

(3)电器开关应装在距井口5m以外的开关盒内，低压照明灯、闸刀应分开设置且不准放在地面。所有保险丝应规范使用，严禁用铜、铝等材料代替。

(4)野营房、工具房等要有接地线。

(5)使用周期在1个月以上的临时用电线路，应采用架空方式安装，并满足以下要求：

①架空线路应架设在专用电杆或支架上，严禁架设在树木、脚手架及临时设施上；

②在架空线路上不得进行接头连接，如果必须接头，则需进行结构支撑，确保接头不承受拉力、张力；

③临时架空线最大弧垂与地面距离，在施工现场不低于2.5m，穿越机动车道不低于5m；

④在起重机等大型设备进出的区域内不允许使用架空线路。

(6)使用周期在1个月以下的临时用电线路，可采用架空或地面走线方式，地面走线应满足以下要求：

①所有的地面走线应设有走向标识和安全标识；

②需要横跨道路或在有重物挤压危险的部位，应加设防护套管，套管应固定；当位于交通繁忙区域或有重型设备经过的区域时，应用混凝土预制件对其进行保护，并设置安全警示标识；

③要避免敷设在可能施工的区域内；

④电线埋地深度不应小于0.7m。

(7)临时用电线路经过有高温、振动、腐蚀、积水及机械损伤等危害的部位，不得有接头，并应采取相应的保护措施。

7. 工具设施

(1)接头、短节、管钳等工具整齐摆放在工具台上，保持干净。

(2)值班房、发电机房距井口的距离应不小于30m。若有防喷器远程控制台，应摆放在面对修井机左前方，与修井机的距离应不小于25m。

(3)储油罐距井口、值班房、发电机房的距离应不小于30m。

(4)宿舍、厨房、生活水罐应摆放在施工现场30m以外。

(5)工具房内的工具配件应定期保养，摆放整齐并挂牌管理。

(6)在施工区入口、紧急集合点应设置风向标。

8. 井控装备

(1)所有井控设备及配件应是指定生产厂家生产的合格产品。

(2)一级井控风险井：按照不低于35MPa的压力级别配备防喷井口一套、单闸板手动防喷器一套、油管旋塞阀一套、7MPa抽油杆防喷器一套、防爆工具(铍铜材质管钳、扳手、大锤、撬杆)一套、放喷和压井管汇一套，如进行射孔或测井等电缆作业，应配套电缆防喷器和剪线钳。

(3)二级、三级井控风险井：按照21MPa的压力级别配备与作业井井口匹配的防喷井口一套、单闸板手动防喷器一套、油管旋塞阀一套、7MPa抽油杆防喷器一套、放喷管汇一套。

(4)井口各阀门开关状态应正确，做好状态标识。

(5)油管架上应备有防喷单根或防喷短节，以及相应的变扣接头。

(6)油气层打开后，起下钻作业应安装防喷器，准备好防喷井口、井口钢圈和油管旋塞阀等井控器材，摆放在井口备用。

9. 消防设施

(1)井下作业现场应配备8kg干粉灭火器6个、35kg灭火器2具、消防锹4把、消防桶4个、消防毛毡10条、消防斧2把、消防镐2把、消防钩2个、消防砂2m^3。

(2)消防器材应置于距井口不小于10m的上风方向。

(3)修井机、野营房、发电机房各配8kg干粉灭火器2个。

10. 安全防护设施

(1)在含有硫化氢和一氧化碳油水井作业现场应至少配备便携式多功能气体检测仪(测量一氧化碳、硫化氢、氧气、可燃气体)4台、固定式多功能检测仪1台、正压式空气呼吸器6套、配套的空气压缩机1台。在其他油水井作业现场应配备便携式多功能气体检测仪(测量测量一氧化碳、硫化氢、氧气、可燃气体)1台、复合式气体检测仪2台、便携式可燃气体检测仪1台、正压式空气呼吸器4套。

(2)作业现场的空气呼吸器应摆放在井场上风方向，方便取用的地方，并采取相应的防护措施。

(3)在含有毒有害气体区域进行施工的机组，应配备鼓风机。

(4)井架天车人字梁左侧应安装速差自控器，防止井架工坠落。

第二节　施工过程主要作业工序

了解和掌握井下作业过程中各施工工序的流程和安全操作技术，可以有效加快施工进度，杜绝违章作业，避免井下事故的发生。本节介绍了通井、酸化、压裂等重要作业工序的安全操作及注意事项等知识。

一、起下管柱

1. 起管柱

1)起管柱前准备

(1)地质设计、工程设计、施工设计、井控设计方案齐全、数据准确。技术人员根据施工设计对操作人员进行技术交底，包括基础数据、目前井内情况、施工内容及注意事项等。

(2)司钻必须掌握井内管柱的规范、根数、长度，井下工具的名称、规格、性能、解坐封方式、管柱重量、井下管柱结构示意图等。

(3)了解历次作业情况及井下事故发生时间、事故类型、实物图片及铅印图等。

(4)召开班前安全例会，并做好相关记录。

(5)按规定穿戴劳动防护用品，持证上岗，按 HSE 现场检查表巡回检查，并填写记录。

(6)检查井口工用具，确保灵活好用。

(7)检查井场设备情况：

①确保修井动力系统运转正常，刹车系统灵活、可靠。

②校正井架，使天车、游动滑车和井口中心在一条垂直线上。

③选用型号匹配的液压钳、管钳和吊卡。

④安装检定合格的指重表。

⑤大绳使用直径为 22～25mm 的钢丝绳。

⑥搭好井口操作台、拉油管装置及滑道。

⑦液压钳应悬挂在合适的位置，拴牢尾绳，并配备扭矩表。

(8)参照井场布置规范搭建油管杆桥。

2)拆井口采油树安全操作

(1)关闭采油树控制阀门。卸掉流程控制阀门与井口间的卡箍或法兰螺栓，取出小钢圈。

(2)卸掉油管头上法兰与大四通相连的螺栓，并整齐放在工具台上。

(3)钢丝绳套挂在修井机吊钩上，绳套两端分挂在采油树小四通两边，牵引绳一端绑在采油树本体上。司钻上提采油树，使采油树底部高出大四通 0.3m 左右，取下钢圈放好，钢圈槽内涂好黄油，贴上保护纸。

(4)拉牵引绳，指挥司钻将采油树缓慢放在工具台上，取掉绳套。

(5)松开油管挂顶丝，卸掉油管内护丝。

3)安装防喷器安全操作

(1)将钢圈槽擦干净，涂抹黄油，装好钢圈。将4条螺栓对角插入防喷器。

(2)上提防喷器，缓慢下放至大四通的平面上，对正螺栓孔，转动防喷器使钢圈进入钢圈槽内。

(3)插入剩余螺栓，带上螺母，对角上紧。螺栓与螺母拧紧上满后，螺栓顶部不能高出螺母顶部3mm。

(4)将提升短节拧紧在油管挂上，下放吊卡，将吊卡扣在提升短节上，关紧月牙活门。

4)试提安全操作

(1)地面人员撤离至井架后两侧安全范围内，安排专人负责观察地锚及绷绳受力变化情况，发现异常及时通知司钻停止上提，卸掉负荷妥善处理。试提必须缓慢提升，如果井内管柱遇卡，在设备提升安全范围内，上下活动管柱，直至悬重正常无卡阻现象，再继续提升管柱。

(2)安排专人边观察指重表，边指挥司钻操作，待指重表悬重与井内管柱负荷基本一致，井内第一根油管接箍起出井口约0.3m时，指挥司钻停止上提。

5)起管柱安全操作

(1)在试提的基础上，井口操作人员将吊卡扣在起出的第1根油管本体上，并关紧月牙活门。缓慢下放管柱，使油管的接箍坐在井口吊卡上，直至提升吊卡下移，离开提升短节接箍，停止下放。

(2)用管钳卡住油管悬挂器下的短节，将其卸开。

(3)上提提升短节约0.3m。将油管悬挂器缓慢平放在井口操作台上。取下吊卡，将油管悬挂器及提升短节放置在井口附近合适的地方。

(4)将液压钳旋钮调至卸扣方向，下放游车大钩。当吊环距井口约1m时，缓慢下放，将吊环推进吊卡两耳内，并锁好吊卡销子，扣好防跳环。

(5)匀速上提管柱，同时注意观察指重表的变化。当井内下一根油管接箍提离井口约0.3m时，停止上提。

(6)将井口吊卡扣在油管本体上，关紧吊卡月牙活门，下放管柱，使油管接箍坐在井口吊卡上。

(7)将液压钳拉至井口并扣住油管本体，把变速挡手柄扳至低速位置卸扣，卸松扣后扳动变速手柄为高速挡，待油管螺纹卸扣至最后3~5扣时转为低速挡，直至油管螺纹全部卸开，液压钳颚板总成归位，然后把液压钳从油管本体上退出。

(8)上提油管约0.3m时刹车，再缓慢下放油管，拉住油管的下部将油管外螺纹端放在油管滑道上的小滑车中间，用管钳卡住下放的油管本体并下拉油管，使小滑车滑行速度与游车大钩下放速度一致。

(9)当油管接箍一端接触油管枕后，停止下放游车大钩，取出吊环，摆好油管。

(10)缓慢上提游车大钩，井口人员双手握住吊环，当吊环下端缓慢上升至与井口吊卡耳口持平时，迅速将吊环推进吊卡内，并锁好吊卡销子，扣好防跳环。

(11)继续进行起管柱操作，直至将井内全部油管及工具起出井口，卸掉工具并将油管整齐排放到油管桥座上。

(12)将起出油管按每10根一组排放整齐，且油管两端分别探出桥座1m左右为宜，最大不超过1.5m。当油管桥座上排满一层油管需另起一层时，必须在该层油管的油管桥对应上方相同方向，放置相应根数的油管作为支架。

(13)关闭防喷器或安装井口。

2. 下管柱

1)下管柱前准备

下管柱前的准备参照起管柱的准备工作执行，另外还需注意以下几点：

(1)下管柱时，操作人员还要掌握下井管柱、工具的先后顺序。

(2)下井工具、油管按设计要求准备。油管的规格、数量和钢级应满足设计需要，不同钢级、壁厚的油管不能混杂堆放。

(3)下井油管应用油管规逐根检查畅通情况。油管规的选用规范参照SY/T 5587.5—2004《常规修井作业规程》，具体见表4-1。

表4-1　油管规选用规范

油管内径（mm）	油管外径（mm）	油管规直径（mm）	油管规长度（mm）
40	48.3	37	800～1200
50	60.3	47	
62	73.0	59	
76	88.9	73	
88	101.6	85	

2)下管柱安全操作

(1)将液压钳调至上扣方向，将要下井的3～5根油管抬至油管枕上。

(2)将连接下井工具的油管或短节放在滑道上的小滑车中间，用管钳卡住油管本体，并向井口方向推送油管，油管接箍距井口约0.3～0.4m时停止。

(3)下放游车大钩，当吊卡距井口约1m时缓慢下放，用吊卡扣住油管，锁紧月牙活门，检查防跳吊卡销子，扣好防跳环，同时扶稳吊环。

(4)匀速提起油管，注意防止油管接箍挂在井口凸出部位上。

(5)用一根棕绳兜住油管或工具下端，将其稳住，并随油管向井口方向滑动跟进，当小滑车靠近滑道的井口端时，将油管交给井口操作人员。

(6)井口操作人员双手接住提起的油管，将其扶至井口方向并对准井口将油管放入井内。

(7)将小滑车拉至滑道尾端，并将另一根油管外螺纹端放在小滑车中间。

(8)将另一只吊卡扣在要下井的第二根油管本体靠近接箍处，锁紧月牙活门。

(9)当吊卡距井口约1m时，缓慢下放，使吊卡坐到井口上，取下吊环，并将游车大钩缓慢下放，将吊环挂入第二根油管上的吊卡两耳内，插入吊卡销子，扣好防跳环。

(10)匀速提起油管，注意防止油管接箍挂在井口凸出部位上。

(11)用一根棕绳兜住油管或工具下端，将其稳住，并随油管向井口方向滑动跟进，当小滑车靠近滑道的井口端时，将油管交给井口操作人员。

(12)井口操作人员双手接住提起的油管，将其扶至井口上方约0.3m，并缓慢下放油管。将提起的油管外螺纹对入油管内螺纹中，当提升吊卡下移离开上端油管接箍时，停止下放。

(13)井口操作人员将液压钳拉至井口并扣住油管本体，把变速挡手柄扳至低速位置；当旋进2~3扣时转为高速挡，待旋进剩余2~3扣时转为低速挡，上紧油管，将液压钳颚板总成归位，从油管本体上退出。

(14)上提油管约0.3m刹车。

(15)取下吊卡，将其扣在待下井的另一根油管本体靠近接箍处，锁紧月牙活门。

(16)将油管下入井内。

(17)重复第(7)~第(16)操作步骤，直至将入井油管全部下完。接上干净合格的油管悬挂器（装好密封圈)，对准井口下入并坐稳，再顶上顶丝。

(18)详细记录下入井内油管的规格、数量、下入深度；下入工具的名称、规格、长度、数量、下入深度。

3)拆防喷器安全操作

(1)防喷器螺栓用配套的工具拆卸，螺栓戴上螺帽整齐放在工作台上。

(2)钢丝绳套挂在修井机吊钩上，绳套分别挂在防喷器两边，上提防喷器至大四通上平面约0.3m，取出大四通两侧4条螺栓。把黄油涂在防喷器上下钢圈槽内并贴上纸。

(3)牵引绳一端绑在防喷器本体上，地面人员拉住牵引绳，将防喷器缓慢放至工作台上，摘掉绳套，取下钢圈放好。上提游动滑车。

4)装井口采油树安全操作

(1)大四通上平面钢圈槽用棉纱擦干净，均匀涂抹黄油，钢圈擦干净放在大四通钢圈槽内。

(2)钢丝绳套挂在修井机吊钩上，绳套分别挂在采油树小四通两边，牵引绳一端绑在采油树本体上。

(3)拉住牵引绳，上提采油树至大四通上平面约0.30m。用棉纱擦干净油管头上的法兰钢圈槽，并涂抹黄油。

(4)扶正采油树，下放采油树至大四通平面上，转动采油树使钢圈进入钢圈槽，至上下螺栓孔对正、手轮方向一致，摘掉绳套及牵引绳。

(5)将所有螺栓插入螺栓孔带上螺母，对角上紧，螺栓与螺母拧紧上满后，螺栓顶部不能高出螺母顶部3mm。

(6)安装后对采油树进行试压，确保各部件紧固牢靠，阀门灵活，顶丝到位。

3. 注意事项

(1)作业前要对设备(通井机、修井机)进行安全巡回检查。检查内容包括设备机身状况、刹车系统、提升系统、大绳及井架情况等。

(2)卸井口装置前，首先将油套管阀门缓慢开启，无喷溢趋势时方可拆卸采油树。

(3)有自溢能力的井，井筒内修井液应保持常满状态，每起10～20根油管，灌注一次修井液。

(4)控制油管下放速度，当下到接近设计井深的最后几根时，下放速度不超过5m/min。下入大直径工具通过射孔段时，下放速度应小于5m/min。

(5)起井下工具或最后几根油管时，提升速度要小于5m/min，防止碰坏井口、拉断拉弯油管或井下工具。

(6)起完管柱或中途暂停作业时，井架工应在二层平台上将管柱固定。

(7)油管外螺纹应放在小滑车拉送。拉送油管人员应站在油管滑道外侧，两腿不应骑跨油管。下井油管螺纹必须清洁，涂匀密封脂。

(8)起下油管时井口应有防掉、防喷装置，严防井下落物、井喷事故，按规定配备消防器材。

(9)井控装置要经鉴定合格后方可使用，下井工具和管柱经地面检验合格后方可入井。

(10)禁止用修井动力锚头上卸油管螺纹，禁止用大锤敲击油管。

(11)下油管时，按照各类油管规定的最佳上扣扭矩上紧螺纹。

(12)起下油管时操作平稳，严禁猛刹猛放，禁止顿钻、挂单吊环。

(13)随时观察修井机、井架、绷绳和游动系统的运转情况，发现问题立即停车处理，正常后方可继续施工。

(14)起下带有封隔器、油管锚等大直径工具时，严格控制下放速度，防止管柱旋转。遇卡时应慢慢上下活动或旋转管柱，分析原因，进行妥善处理。

(15)在起下钻作业时，司钻与其他岗位操作人员要密切配合、行动默契，严格按指令进行操作。

(16)严禁串岗、乱岗，除持有有效证件的司钻外，其他人不许操作设备。

二、压井

1. 压井的目的和原则

压井就是将具有一定性能和数量的液体泵入井内，利用液柱压力平衡地层压力的过程。压井的目的是防止井喷。压井作业应遵循“压而不喷、压而不漏、压而不死”的原则。

2. 压井液的选择

1)压井液应具备的性能

(1)与地层岩性相配伍，与地层流体相容，并保持井眼稳定。

(2)密度可调，以便平衡地层压力。

(3)在井下温度和压力条件下稳定。

(4)滤失量少。

(5)有一定携带固相颗粒的能力。

2)压井液密度的选择

(1)常规选择法。

计算公式是：

$$\rho=100(p_{油层}+p_{附加})/H \tag{4-1}$$

式中 ρ——压井液的密度，g/cm^3；

$p_{油层}$——静压或当前地层压力，MPa；

$p_{附加}$——附加压力，MPa；

H——油层中部深度，m。

(2)地层压力倍数选择法。

计算公式是：

$$\rho=100kp_{油层}/H \tag{4-2}$$

式中 ρ——压井液的密度，g/cm^3；

$p_{油层}$——静压或当前地层压力，MPa；

k——附加系数，取1.10～1.15；

H——油层中部深度，m。

(3)压力梯度选择法。

计算公式是：

$$\rho=100[p_{油层}+p_{附加}-i(H-h)]/h \tag{4-3}$$

式中 ρ——压井液的密度，g/cm^3；

$p_{油层}$——静压或当前地层压力，MPa；

$p_{附加}$——附加压力，MPa；

h——实际压井深度，m；

i——压力梯度，MPa/m；

H——油层中部深度，m。

从保护油层的角度出发，现场多采用常规选择法确定压井液密度。

3)用量计算

(1)加大压井液密度所需加重剂的计算。

计算公式是：

$$G=\frac{\rho_1 V(\rho_2-\rho_3)}{\rho_1-\rho_2} \tag{4-4}$$

式中　G——加重剂所需量，kg；

V——加重前压井液体积，m^3；

ρ_1——加重剂密度，g/cm^3；

ρ_2——加重后压井液密度，g/cm^3；

ρ_3——加重前压井液密度，g/cm^3。

(2)降低压井液密度所需水量的计算。

计算公式是：

$$Q = \frac{V(\rho_1 - \rho_2)\rho}{\rho_2 - \rho} \tag{4-5}$$

式中　Q——降低压井液密度时需要加入的水量，m^3；

V——原压井液体积，m^3；

ρ_1——原压井液密度，g/cm^3；

ρ_2——稀释后压井液密度，g/cm^3；

ρ——加水的密度，g/cm^3。

3. 压井方法的选择

压井方法的选择关系到压井成败，因此选择时要确定以下因素：一是井内管柱的深度和规范；二是管柱内阻塞或循环通道；三是实施压井工艺的井眼及地层特性。常用的压井方法有灌注法、循环法和挤注法。

1)灌注法

灌注法是向井内灌注压井液，用井筒液柱压力平衡地层压力的压井方法。此方法多用于压力不高、施工工序简单、时间短的修井作业。特点是压井液与油层不直接接触，修井后很快投产，可基本消除对产层的伤害。

2)循环法

循环法是将压井液泵入井内并进行循环，将密度较小的液体替出井筒的过程。

循环法压井的关键是确定压井液的密度和控制适当的回压，分为反循环压井和正循环压井。

(1)反循环压井。

反循环压井是将压井液从油套环形空间泵入井筒内顶替井筒内流体，由管柱内上升到井口的循环过程，反循环压井多用于压力高、产量大的油气井中。

(2)正循环压井。

正循环压井是将压井液从管柱内泵入井筒内顶替井筒内流体，由油套环形空间上升到井口的循环过程。正循环压井多用于压力低、产量大的油气井中。

3)挤注法压井

挤注法压井是指对油套不连通、无循环通道的井在地面用高压将压井液挤入井内，把井筒内的油、气、水挤回地层的过程。挤注法的缺点是可能将泥沙等脏物挤入产层，造成孔道堵塞，需要压裂、酸化等手段解除堵塞，恢复油井生产。

4. 压井安全操作技术

1)压井前准备

(1)资料准备。

①查询井史资料。

②掌握井下管柱、套管结构现状，特别是井下油管规格、工具规格、深度、抽油泵及抽油杆规格。

③了解该井生产情况，如产液量、气油比、油压、套压、压力梯度等。

④了解历次作业施工情况。

⑤熟知地质、工艺设计，施工方案要求。

⑥了解本井所在区块或邻近区块地质状况。

(2)设备、工具准备。

①根据设计施工压力、压井液性能和地面流程，准备好压井用泵注设备、气液分离设备。

②准备储液容器、仪表、计量器具、废液回收容器、循环管线和管阀配件。

③固定出口管线，进口装单流阀，出口装针型阀。备足压井液和隔离液，对地层压力较高和压井难度较大的井应有备用泵注设备。

(3)管线连接。

①正压井管线的连接顺序。

进液流程：储液容器→水泥车→循环进口管线→活动弯头→采油树生产阀门。

出液流程：套管阀门→活动弯头→出口管线→120°弯头→储液容器。

②反压井管线的连接顺序。

进液流程：储液容器→水泥车→循环进口管线→活动弯头→套管阀门。

出液流程：采油树生产阀门→活动弯头→出口管线→120°弯头→储液容器。

2)循环法压井安全操作

(1)油管、套管放气，若进系统流程，先将井口控制在系统承受能力范围内，然后降压至稳定状态；无流程的井放压至见液后停止。

(2)关进口阀门，缓慢对管线试压至设计工作压力的1.5倍，不刺不漏为合格。

(3)打开站内进站流程阀门。

(4)打开油管、套管阀门，先用清水循环脱气。洗井两周后，再用配制好的压井液循环压井。

(5)压井过程中，指派专人观察储液罐上水情况。泵注设备操作人员和压井指挥人员要分别观察泵压、进站压力和井口压力。

(6)压井快结束时，打开流程取样阀门，检查进出口液体性质是否一致，一致后方可停止压井。

(7)关闭站内进站流程，关闭井口阀门，注入泵放压，观察30min，井口无溢流、压力平衡后，方可拆除压井管线。

3)挤注法压井安全操作

(1)油管、套管放气，若进系统流程，先将井口控制在系统承受能力范围内，然后降压至稳定状态；无流程的井放压至见液后停止；挤入法压井时要尽量放出原井内气体或原压井液。

(2)关进口阀门，缓慢对管线试压至设计工作压力的1.5倍，不刺不漏为合格。

(3)打开井口油管或套管阀门，按设计要求先挤入隔离液，然后挤入所选压井液。

(4)计量挤入量，将压井液挤至油层顶界50m处停泵。

(5)压井过程中，专人观察储液罐上水情况。泵注设备操作人员和压井指挥人员分别观察泵压和井口压力。

(6)关井1~2h扩散压力。

(7)打开阀门，控制放压，观察30min，井口无溢流、压力平衡后，方可停止施工。

5. 注意事项

(1)储液容器要清洁、摆放整齐，能满足一次连续泵入的需求。施工前，先用泵在储液容器内循环压井液，使压井液密度一致。废液回收容器要满足施工要求。

(2)仪表、计量器具应鉴定合格。

(3)压井前，按施工设计要求调整或下入管柱，并装好井口装置。

(4)泵吸入管要装过滤器，防止脏物进入泵内。

(5)管线试压值不低于最高设计施工压力的1.5倍，但也不应高于其某一管阀管件的最低额定工作压力。

(6)压井施工前应仔细检查泵注设备，避免中途停泵，造成压井液气侵。

(7)循环压井时，若发现出口排量小于进口排量，地层发生漏失时，及时与设计部门取得联系，更换压井液或压井方式。

(8)挤注压井施工时，不得将压井液挤入地层，施工压力不得超过地层破裂压力、套管的抗内压强度。

(9)施工时，高压区禁止人员穿越。施工现场要有防触电、防火、防爆措施，并按规定配备消防器材。

三、探砂面、冲砂

1. 探砂面

这里指的砂面主要为水泥面、井底、桥塞、落物鱼顶。

1)软探砂面安全操作

(1)井内有管柱软探砂面时，管柱应畅通无阻，管柱下部为喇叭口。

(2)软探砂面时，应确认井底无落物，井筒无严重变形，下放速度均匀，严格按操作标准施工。

(3)无论井内是否有管柱，软探砂面时，均要装好井口采油树，安装防喷管，严禁敞井口软探砂面。

(4)软探砂面时，应关闭井口阀门。若井口压力较高，则需要压井后再探，确保井口压力在防喷管允许压力值以下。

2)硬探砂面安全操作

(1)当油管下至预定位置以上30~50m时，控制下放速度，缓慢加深油管，同时观察拉力计，严禁猛顿、猛放。

(2)探到砂面后加压并反复探试3次。探砂面加压10~20kN，探井底、水泥面加压30~40kN，探井内落物鱼顶加压不超过30kN。

(3)探完井底后，将管柱停在井底位置不动，在井口没有完全下入井内的那根油管上，在与套管四通上法兰面平齐的位置，用铅油标记。

(4)起出打上标记的那根油管，用钢卷尺量出下入井内的长度。计算出探砂面位置。

(5)探完砂面后，将管柱上提5~10m，装井口或进行下一步施工，严禁将管柱停放在砂面位置。

(6)探水泥塞时，若没有探到，应将管柱上提至原候凝位置，并循环洗井两周。

(7)当探砂面管柱下至距油层上部30m时，下放速度不高于5m/min。

(8)确定砂面深度，2000m以内的井深误差不大于0.3m；大于2000m的井深误差不大于0.5m。

(9)采用金属绕丝筛管防砂的井，要下入带冲管的组合管柱探砂面。

(10)在冲管接近防砂铅封顶部或进入绕丝筛管时，应边转管柱边下放，以悬重下降5~10kN为准，连探两次，确定砂面位置，误差不大于0.5m。

(11)禁止用带有封隔器的原井管柱下探砂面。

2. 冲砂

1)冲砂液的选择

一般常用的冲砂液有钻井液、油、水、乳化液、气化液等，对冲砂液的要求是：

(1)具有一定的黏度，以保证有良好的携砂能力。

(2)具有一定的相对密度，以便形成适当的液柱压力，防止冲砂过程中造成井喷。

(3)性能稳定，能保护油气层的渗透性，对油层的伤害要小。

(4)在满足冲砂的条件下，尽量采用来源广、价格便宜的冲砂液。

2)冲砂方法的选择

按循环方式可分为正冲砂、反冲砂、正反冲砂3种；按所用的管类工具不同，可分为油管冲砂和冲管冲砂等。

(1)正冲砂。

井内下入冲砂管柱，连接正冲砂循环管线，按要求向井内泵入选用的冲砂液，使冲砂液沿着油管向下流动，被冲散的砂子与冲砂液混合后一起沿着油套环空返至地面，达到冲砂的目的。

(2)反冲砂。

井内下入冲砂管柱，连接反冲砂循环管线，按要求向井内泵入选用的冲砂液，使冲砂液从油套环空进入，被冲起的泥沙和冲砂液混合后沿油管上返到地面，达到冲砂的目的。

(3)正反冲砂。

井内下入冲砂管柱，连接冲砂循环管线，地面井口安装管汇，以便改换冲砂方式时迅速关闭阀门。按要求首先采取正冲砂方式，使砂粒成悬浮状态，然后迅速改用反冲砂方式，将冲散的砂粒从冲砂管内冲出，达到冲砂的目的。

(4)冲管冲砂。

冲管冲砂就是采用小直径的管子下入油管中进行冲砂，以清除砂堵。

3)冲砂安全操作

(1)冲砂前准备。

①资料准备、设备准备、工具管柱准备按照起下管柱的施工准备执行。

②出口管线用硬管线连接，管线末端安装120°弯头，喷口向下，管线每10～15m用地锚或水泥墩固定。

③井场备有2具30m^{3}以上的储液容器。

④采用泡沫冲砂时，要准备泡沫发生器。

⑤冲砂液的密度、黏度、pH值和添加剂性能符合设计要求，防止井喷和漏失。

⑥冲砂液储备量为井筒容积2倍以上，要有较强的携砂能力。一般情况下避免使用钻井液冲砂，严禁用沟渠水冲砂。

⑦配制冲砂液用的容器要摆放整齐，标示清楚，保持清洁。使用的处理剂、原材料必须经检验合格。

⑧冲砂液与油层配伍性好，不伤害油层。

⑨冲砂时根据具体的井下管柱结构、出砂情况、砂径、油套环空面积、冲砂液性能、地层压力、泵车排量等，综合考虑选择适用的冲砂方式。

⑩管线连接。

a. 正冲砂管线连接顺序。

进液流程：储液容器→水泥车→进口管线→水龙带→水龙头→油管。

出液流程：套管阀门→活动弯头→出口管线→120°弯头→储液容器。

b. 反冲砂管线连接顺序。

进液流程：储液容器→水泥车→进口管线→活动弯头→套管阀门。

出液流程：油管→水龙头→水龙带→出口管线→120°弯头→储液容器。

(2)冲砂安全操作。

①将斜尖接在第一根油管底部上紧，下油管至砂面以上10～20m。

②缓慢加深油管复探砂面，核实砂面深度。

③上提油管，最下端距砂面3～5m，连接冲砂施工管线，管线试压至设计施工泵压的1.5倍，不刺不漏为合格。

④水泥车小排量向井内泵入冲砂液，观察水泥车压力表，待泵压稳定后，加大排量循环洗井。

⑤待泵入量与返出量平衡后，专人观察指重表，缓慢加深管柱，水泥车同时向井内泵入冲砂液，冲至砂面时加压小于10kN。

⑥如果有进尺，则以0.5m/min的速度均匀加深管柱。

⑦冲完一个单根后，循环洗井15min以上，防止接单根时砂子下沉造成砂卡。

⑧水泥车停泵，接好单根后，起泵继续冲砂至设计深度。

⑨用干净的冲砂液循环洗井，出口含砂量小于0.2%为合格。

⑩上提油管至原砂面10m以上，沉降4h后复探砂面，深度达到设计要求。

3. 注意事项

(1)冲砂前对自封封井器进行试压，冲砂管柱可直接用探砂面管柱。冲砂管柱下端可接斜尖或涡轮钻具等工具。冲砂工具应根据井况、历次冲砂井史合理选择。冲砂罐要将进口、出口隔离，砂量多时要及时清砂。

(2)冲砂工具在砂面3m以上开泵循环正常后，匀速缓慢下放，冲砂排量要达到设计要求。

(3)每次单根冲完必须充分循环，洗井时间不得小于15min，控制接单根时间在3min以内。冲砂超过5根单根，洗井循环一周后方可继续下冲。

(4)套管直径大于139.7mm的井，可采用正反冲砂的方式并配以大的排量。改反冲砂前，正洗不少于30min，将管柱上提6～8m反循环正常后方可下入。

(5)各岗位密切配合，根据泵压、出口排量控制下放速度。若发现出口不能正常返液或憋泵时，要迅速上提并活动管柱，正常后方可继续进行。

(6)泵车发生故障需停泵修理时，要上提管柱至原始砂面10m以上，并反复活动管柱。提升设备发生故障时，必须保持正常循环。冲砂时提升设备要连续运转。

(7)冲砂过程中发现地层严重漏失，冲砂液不能返出地面时，应立即停止冲砂，将管柱提至原始砂面10m以上，并反复活动管柱。可选择暂堵、蜡球封堵、大排量联泵冲砂、气化液冲砂或抽油泵捞砂等方式继续进行冲砂。

(8)冲砂必须在压井后进行。高压自喷井冲砂要控制出口排量，应保持与进口排量平衡，防止井喷。

(9)冲砂至设计深度后，应保持500L/min以上的排量继续循环，直至出口含砂量达到要求。

(10)水龙带必须栓保险绳，循环管线不刺不漏，水龙带工作压力应与设计最高压力匹配。施工时，高压区禁止人员穿越。施工前应有防触电、防火、防爆措施，按规定配备消防器材。

(11)采用气化液冲砂时，压风机出口与水泥车之间应安装单流阀。泵车排量为500L/min左右，压风机排量8m^3/h左右，加钻压不大于10kN，井口装高压封井器。

(12)洗井洗出的污油、污水要集中处理，有条件的可直接进入系统流程进行处理。冲砂后，对修井液和砂子进行处理，达到环保要求。

(13)禁止用带有大直径工具(如通井规、封隔器等)的管柱进行冲砂施工。

(14)正反循环冲砂出口必须用硬管线连接，出口连接120°弯头，弯头出口向下，并固定牢靠，出口控制阀门灵活、可靠。

(15)冲砂时，要在下冲的油管单根上部与水龙带之间连接油管旋塞阀，反循环冲砂出口硬管线上要有合格的控制阀门。

四、通井

1. 施工前准备

通井前的施工准备按照本章第二节“起下管柱前准备”要求执行。

2. 通井安全操作

(1)通井时起下管柱按照起下管柱程序要求操作。

(2)通井规的选择。一般要求长度为1.2m，特殊情况按设计要求执行，最大外径小于套管最小内径6～8mm，无变形，螺纹完好。在井筒内下入5根油管后，要在井口安装好自封封井器。

(3)通井时要求操作平稳，管柱下放速度不高于20m/min，下至距设计位置100m时，下放速度不高于10m/min，注意观察指重表悬重变化。老井通井时，通至射孔段、变形位置或设计位置100m以上时，要减慢下放速度，缓慢下至预定位置。

(4)当通到人工井底，悬重下降10～20kN时，复探两次，深度误差不大于0.5m。

(5)通井规遇阻后，记录油管根数，做好方入标记。起出最后一根油管丈量方入，计算出通井规遇阻深度。

(6)起出井内管柱及通井规。按设计要求详细检查通井规，对发现痕迹进行描述，绘制草图或拍照片记录。

(7)若需洗井，按照洗井程序进行洗井。

3. 注意事项

(1)通井施工前，落实套管记录资料和提升短节规格，合理选择通井规直径。外径在139.7mm以上的套管井若装有变径井口升高短节，则需在确保不发生井涌、井喷的情况下卸掉变径短节，下入通井规后，再安装井口装置，进行通井施工。

(2)通井时，若中途遇阻，悬重下降控制不超过30kN，并平稳活动管柱、循环冲洗，核实遇阻原因，处理至畅通后再进行通井作业。

(3)若通井遇卡，要顺管柱螺纹旋转方向转动，边旋转边上提管柱。

(4)不应用通井规冲砂。

(5)裸眼井通井施工时，通井规不准出套管鞋。

五、刮削

1. 施工前准备

(1)刮削前的资料准备按照本章起下管柱的资料准备执行，此外还必须掌握套管结垢、结蜡井段深度，施工井的原油物性、蜡质，原井油管内外结蜡情况，起管柱时在结蜡井段的悬重变化情况。

(2)刮削器最大外径应小于套管最小内径 6～8mm，无变形，螺纹完好。

(3)将套管刮削器连接在管柱底部，条件允许时，刮削器下部可接尾管增加入井时重量，确保刀片、刀板压缩收拢。

2. 刮削安全操作

(1)刮削时起下管柱按照本章起下管柱程序执行。在井筒内下入 5 根油管后，要在井口安装好自封封井器。

(2)下刮削管柱时要求操作平稳，下放速度控制在 30m/min 以下，下至距设计刮削井段 50m 左右时，下放速度控制在 10m/min 以下。接近刮削井段开泵循环正常后，边缓慢顺螺纹紧扣方向旋转管柱，边缓慢下放至设计深度。上提下放活动管柱，反复多次刮削套管，直至下放悬重恢复正常。

(3)若中途遇阻，悬重下降 20～30kN 时，应停止下管柱，接洗井管汇，开泵循环，边缓慢顺螺纹紧扣方向旋转管柱，边缓慢下放。上提下放活动管柱，反复多次刮削套管直至下放悬重恢复正常。

(4)刮削深度达到设计要求，一般刮至射孔段以下 10m。

(5)刮削完毕后洗井，将刮削下来的脏物洗出地面。

(6)胶筒式刮削器使用规范按照 SY/T 5587.5—2004《常规修井作业规程》中规定执行，详见表 4-2。

表 4-2 胶筒式刮削器使用规范

序号	刮削器型号	规格 (mm×mm)	接头连接螺纹		适用套管外径	
			钻杆	油管	(mm)	(in)
1	GX-G114	D112×1119	NC26	2⅜ TBG	114.30	4½
2	GX-G127	D119×1340	NC26	2⅜ TBG	127.00	5
3	GX-G140	D129×1443	NC31	2 ⅞ TBG	139.70	5½
4	GX-G146	D133×1443	NC31	2⅞ TBG	146.05	5¾
5	GX-G168	D156×1604	3½ REG	3½ TBG	168.28	6⅝
6	GX-G178	D166×1604	3½ REG	3½ TBG	177.80	7

(7) 弹簧式刮削器使用规范按照 SY/T 5587.5—2004《常规修井作业规程》中规定执行，详见表 4-3。

表 4-3　弹簧式刮削器使用规范

序号	刮削器型号	规格 (mm×mm)	接头连接螺纹		适用套管外径	
			钻杆	油管	(mm)	(in)
1	GX-T114	D112×1119	NC26	2⅜ TBG	114.30	4½
2	GX-T127	D119×1340	NC26	2⅜ TBG	127.00	5
3	GX-T140	D129×1443	NC31	2⅞ TBG	139.70	5½
4	GX-T146	D133×1443	NC31	2⅞ TBG	146.05	5¾
5	GX-T168	D156×1604	3½ REG	3½ TBG	168.28	6⅝
6	GX-T178	D166×1604	3½ REG	3½ TBG	177.80	7

3. 注意事项

(1) 刮削施工前，落实套管记录资料和升高短节规格，合理选择刮削器，并检查完好情况。

(2)禁止刮削管柱连接其他下井工具。

(3)刮削时要防止刮削器顺着刀片的方向旋转卸扣，最好选用刀片按不同方向排列的刮削器。

(4)若刮削时发现管柱有硬卡现象，要及时分析遇阻原因，妥善处理后再进行施工。

(5)遇阻时应逐渐加压，开始加压 10～20kN，最大加压不得超过 30kN，要求缓慢活动管柱，不得猛提猛放，不得超负荷上提。

(6)刮削施工必须达到设计要求，确保套管畅通无阻。

(7)禁止用刮削管柱进行冲砂施工。

六、洗井

1. 洗井液性能要求

按照 SY/T 5587.5—2004《常规修井作业规程》中相关规定，洗井液应具备以下性能：

(1)洗井液与油水层产出液应具有良好的配伍性。

(2)注水井洗井液水质应符合下述要求。

①固体悬浮物含量不大于 2mg/L。

②含铁离子总量不大于 0.5mg/L。

③含油量不大于 30mg/L。

④pH 值为 6.5～8.5。

(3)洗井液的密度、黏度、pH 值和添加剂性能应符合施工设计要求。

(4)洗井液应具有较强的携砂能力，禁止使用钻井液、沟渠水进行冲砂或洗井。

2. 洗井方式的选择

1)正洗井

洗井液从油管泵入，从油套环形空间返出。正洗井一般用在油管结蜡严重的井，可尽量减小脏液污染油层。

2)反洗井

洗井液从油套环形空间泵入，从油管返出。反洗井一般用在井内管柱有大直径工具和出砂严重的井。

3. 洗井安全操作

(1)洗井施工准备按照本章第二节中冲砂施工准备程序执行。

(2)按设计要求将管柱下至预定深度，安装采油树或作业井口。

(3)参照压井管线连接方式连接进出口流程管线。合理摆放泵车，使其既能与储液罐相连，又符合安全要求。

(4)管线连接部位的螺纹、活接头用钢丝刷、棉纱清理干净，内螺纹涂抹密封脂，外螺纹缠好密封带，上紧螺纹。依次紧固从井口到泵车的活接头。管线试压至设计施工泵压的1.5倍，不刺不漏为合格。

(5)出口管线用硬管线连接，管线末端采用120°弯头，出口向下，管线每隔10～15m用地锚或水泥墩固定。

(6)打开洗井流程各阀门，启泵洗井。注意观察泵压变化，控制排量由小到大，同时注意出口返出液情况，洗至进出口水色一致，达到设计要求后停泵。

4. 注意事项

(1)配制罐应摆放整齐，标识清楚，保持清洁。

(2)配制洗井液使用的处理剂、原材料应符合产品质量标准要求。

(3)洗井液储备量为井筒容积的两倍以上。

(4)对套管外径为139.7mm的井排量一般控制在400～500L/min，注水井洗井排量可增至580L/min，高压油气井的出口排量控制在50L/min以内。套管外径在177.8mm以上的井排量不低于700L/min。

(5)热洗井时，应根据设计要求对洗井液温度进行控制和调整。

(6)洗井过程中随时观察并记录泵压、排量、出口量及漏失量等数据。

(7)洗井施工中加深或上提管柱前，修井液循环一周以上方可动管柱。洗井深度和作业效果要符合施工设计要求。

(8)泵压升高、洗井不通时，要停泵及时分析原因并进行处理，不应强行憋泵。

(9)出砂井洗井时，保持不喷、不漏，平衡洗井。正循环洗井时，应经常活动管柱，防止砂卡。

(10)最大限度地减少洗井液向地层漏失，以减少对地层的伤害。对严重漏失的井，采取有效堵漏措施后，再进行洗井施工。

(11)洗出的污油、污水要集中处理，有条件的，可直接进入系统流程进行处理。

七、射孔

射孔就是用电缆将专门的井下射孔器送入套管内，射穿套管及管外水泥环，并穿进地层一定深度的井下工艺过程。射孔的目的是建立地层与井眼的流通孔道，促使地层流体进入井内，便于进行测试，从而取得所需资料。

1. 射孔方式

1)普通射孔

起出井内油管后，下入射孔器在套管上直接射孔的方法。

2) 过油管射孔

将尾端带有喇叭口的油管下到所需射孔井段以上，然后将射孔器从油管下入，经过喇叭口，下放到油层井段位置进行射孔的方法。

3)无电缆射孔

将射孔器直接接在油管上下入井内，利用校深仪器校正射孔器位置，然后在地面调节短节长度，使射孔器正对射孔段，最后将击发棒投入井内，击发起爆器进行射孔的方法。

2. 射孔液的选择

(1)具有一定的密度，具备压井功能。

(2)与储层配伍性要好，岩心渗透率恢复值达到80%以上。

(3)具有适当的流变性，必要时可循环洗井。

(4)不腐蚀油管。

(5)耐温性好。

(6)固相含量不大于2mg/L，最大粒径不大于2μm。

(7)滤失量不大于20mL/h。

(8)pH值为7~8。

3. 注意事项

(1)射孔前接好压井、放喷管线和地面流程，并准备足够的、密度适宜的压井液。

(2)射孔枪的外径与套管内径之差不得小于15mm。射孔前应对套管进行刮削、通井，清理套管壁，尤其要注意套变和结垢严重的井，以防发生射孔枪遇阻、遇卡。

(3)所有下井的射孔器参数、规范需按设计检查无误并做好记录后，方可下井。

(4)电缆射孔时，派专人观察井口，并做好防喷准备。

(5)油管传输射孔时，入井油管应准确丈量，每1000m误差小于0.2m。油管不得有伤、残、漏、弯曲等现象，并按顺序编号、记录。现场准备可在10m范围内调整的油管短节一套。

(6)采用投棒起爆器引爆射孔枪时，若引爆失败，采取相应安全措施后方可起出射孔枪。

(7)射孔作业过程中，若发现井涌、射孔液外溢等情况，立即停止施工并采取措施控制溢流。

(8)严禁在闪电、雷雨天气及夜间进行射孔作业。

八、压裂

压裂时，利用泵注设备从地面向井内大排量注入高压液体，当压力达到地层的破裂压力时，地层就会产生裂缝，然后在裂缝中加入一定数量的支撑剂，防止裂缝闭合。通过压裂，可以改变近井地带油层结构状态，提高地层渗透能力。

1. 压裂安全操作

1)施工前准备

(1)井筒及下井工具准备。

①要求固井质量良好，井下无落物，射孔段最下端距人工井底应大于15m。

②压裂施工前必须先通洗井，保证管串及井筒干净。

③下井管串要仔细丈量3次，并涂抹螺纹密封脂，油管上扣要上正上紧。检查下井工具的型号是否符合设计要求，性能是否完好，测量并绘制草图。

④封隔器深度位置以胶筒中心位置为准，工作位置在施工层段上界约3m，下界约1m，并考虑油管伸长量。

(2)地面准备。

①井口阀门要灵活好用，严密、不松动、无刺漏。

②油管挂、法兰、钢圈无损伤、变形，钢圈槽光滑、清洁干净。坐井口前要往钢圈槽内涂抹黄油，保证密封。

③井口安装端正，手轮方向一致，并使操作人员能避开来风方向。

④压裂放喷要用硬管线，固定牢靠，将废液排入排污池，管线出口禁止用活动弯头。

⑤施工设备能力必须满足方案、设计要求。

(3)现场配液罐。

①大罐的数量要充足，位置要摆放合理，便于连接。

②配液罐要进行标注，注明液体类型、数量。

③配液前要对罐内进行清洗，保证内外干净，无异物。

④配液罐专罐专用。

⑤配液罐的摆放应前低后高，有利于清洗及排出液体。

⑥配液罐出口应齐全、灵活好用，与施工管线配套，保证接口无泄漏。

⑦施工后，立即用清水清洗配液罐。

(4)压裂液配制。

①配液用水要清洁干净、无污染、无异味，机械杂质不大于0.2%，pH值为7±0.5。

②配液用水要达到施工设计要求。

③配液用水数量要达到设计用量。

(5)管线连接。

进液流程：储液罐→混砂车→压裂车→总管汇→高压管线→循环三通→活动弯头→井口三通或弯管。

出液流程：套管阀门→放空管线→储液容器。

2)常规压裂施工安全操作

(1)冲管线。

①关井口中心总阀门，开油管阀门，压裂泵逐台开泵冲洗。

②要求将地面管线及压裂泵中的泥砂冲洗干净，并彻底排净大泵液力端内空气。

(2)管线试压。

①关闭采油树上未连压裂管线一端的油管阀门(总阀门保持关闭状态)。

②试压，压力要求达到设计破裂压力的1.2倍、保持2~3min压力不降为合格。慢慢提压，以防压力过高憋破设备或管线。

③大泵液力端、高压管线及采油树承压部分无刺漏为合格。

④发现设备不能正常工作时，须整改或更换，否则不能施工。

(3)循环洗井。

①打开井口总阀门(需全开)。

②用压裂泵循环洗井，确认管线畅通后，再进行后续施工，液量至少达到井筒容积的1.5倍。

③洗井用液必须是与地层配伍的压裂液。

(4)预压。

①压裂泵逐台启动，坐封隔器要稳，封隔器工作良好后，逐级提高压力压开地层。

②压开地层后，将压裂车全部开启，达到设计的施工排量，按设计要求泵入前置液。

③油管内、外压差高于封隔器胶皮可承受的压差时，应根据泵压大小打开平衡压力。

(5)压裂加砂。

①加砂初期，砂比要低。观察砂液入缝时的泵压，若泵压正常，按方案设计要求逐渐提高砂比，直至加砂结束。

②加砂过程中，压裂车和混砂车不能随意停泵。

③压裂过程中，若发生沉砂憋泵，先进行放喷，反循环洗井，冲净沉砂后再继续施工。

(6)压裂顶替。

顶替液量应大于油管内容积、高压管线和混砂罐内液面以下容积的总和。

(7)放喷反循环。

①用油嘴或针型阀控制放喷，初放喷速度为6L/min。裂缝闭合后，视压力情况逐步

提高放喷速度，放喷时要控制回压，以免挤坏套管或出砂。

②禁止套管放喷。

③放喷结束后，进行反循环洗井。反循环不通时，可采用反复憋压的方法冲净井内砂子，最高泵压不超过30MPa。

④反洗结束后应立即上提和下放钻具，直至大钩悬重与压裂前相同。

⑤放喷液量应实际计量。

3)高能气体压裂安全操作

(1)电缆传输高能气体压裂。

①检查压裂弹型号、规格、组合、装药量、压挡方式等与设计方案相符。

②按设计方案要求安装测压器。

③下放弹药速度不应超过25m/min。

④高能气体压裂前要校深，若井内液柱达不到设计要求，要向井内灌注压井液。

⑤点火前要测试引燃导线导通情况，并记录阻值，然后通电点火。

⑥高能气体压裂前，按照设计要求在井口安装防喷装置。

⑦及时清理爆炸产生的壳体、骨架碎片，以免影响生产。

⑧对于塑型地层，易出砂地层，套管腐蚀和套管强度薄弱的老井应谨慎使用。

(2)油管传输高能气体压裂。

①油管螺纹应完好、无变形、内部畅通。下钻过程中，要用油管规逐根通过。下钻时操作要平稳，严禁碰挂井口。

②检查压裂弹型号、规格、组合、装药量、压挡方式等与设计相符。组装撞击式点火器时，引爆系统要安全、可靠。

③组装压裂弹，由下向上逐节连接，弹体连接牢固，上端与撞击式点火器相连接。

④按修井操作程序将管柱下入井内，下钻过程中应控制下钻速度，严禁碰挂井口，严禁任何落物。

⑤下入设计位置后投入撞击棒，同时计时，听到井内响声5min后，检测井口毒害气体浓度，无异常后方可起钻。

2. 注意事项

(1)施工前召开安全例会及技术交底会。

(2)井口放喷必须采用硬管线，且要在地面固定牢靠。

(3)施工中所有配合人员要坚守岗位，听从指挥，不得随意进入高压区，防止发生危险。

(4)放喷时要先将连接放喷管线的阀门开至最大，后慢慢开启中心阀门，视压力大小由放喷油嘴控制放喷。

(5)井口返出液和罐内残余液应排入排污池，以免污染环境。防止牲畜误饮，发生意外。

(6)采用油管输送式点火工艺，连接发火装置时，应将其旋紧，防止脱落。在下井过程中，严禁任何落物掉入油管内。

(7)电点火未点燃时，应先切断电源，分析清原因后再进行处理。

(8)投棒点火未点燃时，应先打捞投棒，分析清原因后再进行处理。

(9)雷电、雨雪、大风等恶劣天气情况下严禁施工。

(10)采取有效的预防措施，确保压裂作业施工安全。

①防止施工压力过高。

压裂前先对管线进行试压，及时更换不合格的管线及阀门组件；设置压裂过程中的最大施工压力，设备具有超压停泵功能；缓慢提压，禁止人为改动超压参数，强行施工。

②防止坐封位置错误。

准确丈量油管数据，并保存好单根记录；入井前在地面测试封隔器坐封性能；认真核对设计，确保油层数据无误。

③防止砂堵。

加强对压裂砂的质量把关；加砂时平稳操作，防止加砂过快过猛；合理有序组织施工，压裂液配好后立即进行压裂；现场准备备用的压裂车。

④防止井控装置失效。

使用指定生产厂家生产的合格产品；定期对井控装置进行试压，禁止使用试压不合格的井控器材。

⑤防止管线刺漏。

对使用一定时间的油管通过试压、探伤等手段，及时更换不合格的油管。

⑥防止放喷失控。

严格按照设计要求进行放喷，出口必须装针型阀或放喷油嘴，严禁敞开套管阀门无控制放喷。

九、酸化

酸化是将酸液注入到地层中，溶解射孔段附近地层中的堵塞物质，恢复地层渗透性，增加地层孔隙，沟通和扩大裂缝延伸范围，增加油流通道，降低阻力的一种施工工艺。

1. 酸化安全操作

1)施工前准备

(1)井筒及工具准备。

①下钻前先通井、洗井至合格。

②按设计方案要求准备井口及下井工具。

③酸化用油管抗内压值不低于施工设计最高压力的1.5倍。

④螺纹要上正上紧，高压下不刺、不漏、不脱。

⑤钻具的组合严格按设计要求进行，不得随意增减和替代。

⑥封隔器坐封位置必须避开套管接箍，钻具要卡准层位，封隔器位置距射孔段顶部2m以上。

(2)动力设备及地面设施准备。

①动力设备总功率应达到设计要求的1.2倍。

②设备运转正常。

③地面管线连接要满足施工排量要求。

④储液罐及其附件必须齐全完好。

⑤储液罐摆放整齐合理，便于施工。

⑥配制酸液的大罐应是化学处理的专用罐。

⑦使用前要对储液罐清洗，罐内杂质含量小于0.5‰。

(3)开工前准备。

①连接管线。

进液流程：酸液罐→高压泵车→管汇→活动弯头→井口三通或弯管→井内油管。

出液流程：套管阀门→放空管线→储液容器。

②检查钻具结构和深度、井口情况、酸液的数量和质量是否达到设计要求、安全措施是否落实。

③检查地面高低压管汇接头、阀门、井口，若发现刺漏及时整改。

④设备运转正常后，开泵冲洗高低压管线至合格。

⑤对管线进行试压，高压管汇应达到最高施工压力的1.2~1.5倍，低压供液管线达0.4MPa。不刺、不漏、不憋为合格，否则立即进行整改。

⑥闲杂人员不得进入井场，严禁在高压区走动或跨越管线。

2)酸化安全操作

(1)洗井。

①打开井口阀门(需全开)。

②开泵洗井、排量由小到大，液量至少为井筒容积的1.5倍。

(2)泵注程序。

按照酸化设计程序泵注酸液，并记录施工压力、排量。

(3)酸化后排液。

①油管阀门放喷，放喷时间按设计要求确定。

②洗出井内残酸及反应物，洗井液用量大于井筒容积的1.5倍。如果地层压力低，应进行气举洗井。

③若需进行抽汲排液，必须连续进行，排出液体要计量、取样，合格后方可停止。

④起出管柱，按设计方案要求完井。

2. 注意事项

(1)现场配备胶皮手套、防毒面具、医疗器具和药品等必备用品，现场准备足量苏打水或蒸馏水。

(2)配酸时，施工人员要站在上风向，防止酸液灼伤人体。配酸人员应适时替换，配酸结束后，操作人员要用苏打水或蒸馏水冲洗眼睛和裸露的皮肤。

(3)酸化工作压力不得超过设计最高施工压力。

(4)挤酸时，若泵压超过设计压力，应立即停泵检查，核对井下管柱，严禁盲目施工，造成事故。

(5)施工过程中，若发生设备管线刺漏，必须停泵，关好总阀门，放压后才能进行处理。施工结束后，必须先关好井口阀门，放空泄压后才能拆卸管线，严禁带压拆卸管线。

(6)严禁闲杂人员进入井场，所有人员应远离高压管线，禁止跨越高压管线。

(7)作业人员应佩戴防护器具，严密监控施工过程中井口及排污口有毒有害气体浓度，做好安全防范措施。

(8)排出的酸液要妥善处理，严禁排入附近农田、民用水道、农田灌溉水渠，以防伤害人畜、污染环境。

十、抽汲

抽汲就是利用专门的抽子，通过钢丝绳下入井中上下反复活动，把井内液体排出井口的施工工艺。

1. 抽汲安全操作

(1)通井机应打好掩木，刹好刹车，滚筒正对地滑车，距井口应大于 20m。

(2)校对井架，将天车、防喷盒、井口调至三点一线，偏差不大于 100mm。

(3)装好防喷盒，防喷盒应密封可靠。

(4)向通井机滚筒上倒大绳。检查钢丝绳应无扭曲、变形，在一个扭矩内断丝不超过 3 丝。在最大抽深时，滚筒上钢丝绳不少于 25 圈。

(5)使用空抽子(加重杆不带抽子)测量抽汲深度，下入深度应达到设计要求，起出后排好抽汲绳。

(6)连接加重杆、绳帽及抽子。

(7)在钢丝绳出口段 2～3m 处作“0”点记号，间距 300mm 左右。

(8)装上防喷管，抽汲工具放入防喷管内。防喷管长度应大于抽子、加重杆等组合工具总长度 1m 以上。

(9)打开井口阀门，下放抽汲工具。

(10)抽汲工具下入井内(100±10)m 时，在钢丝绳上作“1”点记号。

(11)下放速度应慢且均匀，在抽子接近液面时要减速，抽子的沉没度一般不应超过 150m。

(12)为减少漏失，使液体尽快排出井外，在通井机负荷允许范围内应快速上提。

(13)抽汲工作完成后将抽子提入防喷管内，关清蜡阀门，拆防喷管，起出抽汲工具。

2. 注意事项

(1)排出液体进入大罐并准确计量。

(2)随时观察排出液体情况，检测排出的气体浓度，并进行安全有效的处理，确保不发生中毒、火灾爆炸等事故。

(3)排液总量为入地液量的1.5~2.0倍，每班必须取样化验。

(4)抽汲前检查抽子、加重杆、绳帽、中心管等连接部件的紧固性。每抽3~5次，进行全面检查。

(5)抽子以上10m，40m和100m处的钢丝绳上作3处明显标记，抽汲时井口要有专人观察，司钻要记清抽子下入深度，防止加重杆顶天车。

(6)提放速度要均匀，慢下快起，严防钢丝绳打扭或伤人。

(7)不得在钢丝绳两侧5m以内驻足停留。严禁跨越运动中的钢丝绳。

(8)钢丝绳不得拖地，不得有死弯或断股断丝，不得磨井架。

(9)经常换抽子胶皮和防喷盒密封圈，保证抽子和防喷盒的密封性。

(10)有上顶抽子现象时，加速上提抽子，把生产阀门开小控制流速，等抽子起到防喷管内时，再开大生产阀门，进行放喷。

(11)抽子遇阻或遇卡后，应判明原因，不得猛提猛顿，以防钢丝绳打扭或拔断。若已经打扭，用撬杠或其他工具解除，严禁用手直接处理。

十一、完井

1. 完井安全操作

(1)下钻时要确保所用工具干净整洁，开关灵活，安全可靠。

(2)准确丈量数据且按下入顺序做好记录。

(3)按入井管串的顺序绘制管柱结构示意图。

(4)连接光杆、校对防冲距后，安装井口，翻转驴头进行试抽。要求不碰不挂，不刺不漏，井口零部件完好无损无缺。

(5)油水井措施作业按“五不交井”(施工质量达不到设计方案要求不交井、施工资料录取未达到标准不交井、井口装置零部件不全或损坏不交井、试抽出现的问题未整改好不交井、井场未恢复到作业前标准不交井)要求执行。

2. 注意事项

(1)穿戴好劳动保护用品才能上岗，并及时进行巡回检查。

(2)井场要配备齐全消防器材。

(3)施工过程中应保持采油设备的清洁和完好。

(4)污油污水不得乱排乱放，严禁污染井场及周围环境。

第三节　特殊作业工序

掌握和应用特殊工序的处理技术，可有效解决井下落物、管柱卡阻等复杂情况，达到缩短施工周期，提高油水井生产时率的目的。本节介绍了打捞、解卡等特殊作业工序的安全操作基本知识。

一、打捞

1. 铅模打印安全操作

(1)调查套管损坏情况或落实鱼顶情况，选择合适的打印方法，一般选用外径小于套管内径4~6mm的铅模。

(2)打印前先洗井，必要时进行套管刮削处理。

(3)缓慢下放铅模，防止挂碰井口。

(4)下到预计打印深度以上20~30m时，下放速度控制在0.5~1.0m/s，当遇阻悬重下降30~50kN，记录方入，计算深度。每次打印只许加压一次。

(5)当用带水眼的铅模打印时，下到预计打印深度以上1~2m，开泵循环修井液1~2周，然后再进行打印。

(6)若一次打印不能得出确切的结论，可改变铅模尺寸再次打印。

(7)印模起出后擦洗干净，使印痕清晰可辨。绘制印痕图，描述打印结论，拍照存档。

2. 制定打捞方案

(1)了解落物井的地质、钻井、采油资料、井身结构、井筒完好情况、井下有无早期落物等。

(2)了解落物原因，分析落物有无变形及砂埋、砂卡的可能性等。明确落物类别、数量、规格等，尤其要落实鱼顶的形状、尺寸、深度，为打捞施工提供基本数据。

(3)对已经采取压井措施的井，用原压井液循环1~2周，确保打捞过程中不发生井喷。对没有采取压井措施的井，要考虑落物捞出后有无井喷的可能，并制定相应的防范措施。

(4)其他安全措施包括重新垫、夯实井架基础，安装二道绷绳，加固地锚桩以及防火、防爆、防管柱上顶等措施。

(5)打捞工具和管柱的选择。

①选择打捞工具的基本原则：使用方便，安全可靠，不伤害落物，耐用性好等。

②下井工具的外径和套管内径之间间隙要大于6mm。

③落物鱼顶或打捞工具与套管间隙过大时，打捞工具或打捞管柱要安装扶正引鞋。

④工具螺纹连接部位涂螺纹油，转动、滑动等活动部位涂润滑油，并与打捞管柱紧固，必要时可采取焊接等措施。

⑤使用倒扣器倒扣时，优先选用可退式倒扣捞矛或捞筒。

3. 下打捞管柱安全操作

(1)把打捞工具对正井口，缓慢下放管柱，对钩类、薄壁筒类等强度比较低的工具，采用扶正措施，以防碰坏工具。

(2)接单根时，要轻提轻放。

(3)管柱下放速度应慢速均匀，遇卡不能硬顿，采用边活动边下放的方式进行解卡。

4. 管类落物打捞安全操作

1)对扣打捞安全操作

(1)打捞工具下到鱼顶以上 1 ~2m 时，记录悬重，并开泵循环修井液，边冲洗边缓慢下放管柱，将鱼顶上面的沉砂或其他杂物冲出，当悬重稍有下降时停止下放。

(2)对扣时注意观察悬重变化，如悬重有所增加说明对扣成功，此时应下放管柱至原悬重，继续上扣。

(3)根据鱼顶扣数确定上扣圈数，每上扣 2 圈，观察管柱是否反转，若反转，重新进行对扣打捞，确认不会发生脱扣后，再起管柱。

2)工具打捞安全操作

(1)带接箍的落物通常用打捞矛进行内捞。

(2)不带接箍的落物，通常用打捞筒进行外捞。如果采取内捞时，捞矛进入鱼腔长度应超过 1.2m，且上提悬重不可过大。

(3)带水眼的打捞工具下至鱼顶以上 1 ~2m 时，开泵冲洗鱼顶，同时缓慢下放工具引入鱼腔，并记录好管柱负荷数据。

(4)慢慢上提管柱，悬重增加，说明已捞获落物。如悬重无增加，应重复打捞，直至捞获落物。

(5)落物较轻，指重表反应不出变化时，可转动管柱 90°，重复打捞数次再起钻。

(6)倒扣或震击时，将上提负荷加大 10 ~20kN，使打捞工具抓牢落鱼。

(7)若上提负荷接近管柱安全负荷，退出打捞工具，研究下步打捞方案。

3) 造扣打捞安全操作

(1)当公、母锥下至鱼顶以上 1 ~2m 时，开泵循环修井液，同时在转盘面划一基准线。

(2)冲洗后停泵，缓慢下放管柱，当指重表略有显示时，核对方入，上提管柱并旋转一个角度后再下放，找出最大方入。

(3)缓慢下放管柱使工具进入鱼腔，当泵压明显升高、管柱悬重下降较快时停泵，加 10kN 钻压，在方钻杆上做标记，缓慢转动管柱一圈，刹住转盘 1 ~2min，松开观察转盘是否回退。若转盘回退半圈，则说明已经开始造扣。继续造 3 ~4 扣，方钻杆上的标记应随造扣圈数的增加而下移，下放管柱保持 10kN 钻压，造 8 ~10 扣即可结束。

5. 绳类落物打捞安全操作

(1)在钩类打捞工具接头上部加装隔环，隔环外径应小于套管内径 6mm 左右，防止绳、缆上窜，造成卡管柱事故。

(2)打捞时缓慢下放，同时转动管柱，使钩体进入落鱼，注意悬重下降不超过20kN，防止将落物压实，拔断打捞工具。

(3)打捞落物时仔细观察指重表，如果悬重增加说明已钩住落鱼，否则重复插入、转动，直到捞获。

6. 小件落物打捞安全操作

打捞螺栓、钢球、钳牙等小件落物时，打捞工具必须具备易捞、结构简单、操作方便等特点。

1)用磁铁打捞器打捞

将磁铁打捞器下至距打捞位置5～6m时，开泵循环，缓慢下放管柱，接触落物，注意悬重下降不超过10kN，然后上提管柱0.5～1.0m，转动90°，再次下放，重复几次，起出打捞管柱。

2)用反循环打捞篮打捞

将反循环打捞篮下至距打捞位置3～5m时，开泵反循环洗井，并慢慢下放钻具至打捞位置，循环1h后，停泵起钻即可捞获落物。

3)用老虎嘴打捞

将老虎嘴下至鱼顶上部，开泵循环，将鱼顶冲洗干净后停泵，将打捞工具旋转不同方向，上下活动，稍加压起钻，即可捞获落物。

7. 起打捞管柱安全操作

(1)起打捞管柱过程中不允许用硬物敲打管柱，避免因抓获不牢，落鱼重新落入井内。

(2)管柱卸扣时要打好背钳，避免落鱼退扣，重新落入井内。

(3)打捞管柱起出井口后，马上用钢板或井口盖子盖好井口，以免在卸工具时落物重新掉入井内。

8. 注意事项

(1)大修井打印只允许硬打印，即下管柱打印。

(2)铅模柱体的侧面、底面应平滑无伤痕。运输时用木箱装好，四周垫上软物。搬运和连接时要防止磕碰。

(3)若下钻中途遇阻，应先处理井筒至合格后，方可继续进行打捞。

(4)任何情况下不得用人力转动管柱进行造扣。

(5)操作时禁止顿击鱼顶，以防将公、母锥的打捞螺纹损坏。

(6)若上提打捞管柱遇卡，无法起出时，可先倒出安全接头以上管柱，再采用套铣的方法解卡。

(7)起打捞管柱时操作要平稳，不得猛顿、猛提。

(8)打捞鱼顶弯曲抽油杆或绳类落物时，每次打捞深度不得超过计算鱼顶的10～15m。打捞成功后，应先试提，试提过程中不能下放钻具

二、解卡

1. 常用解卡方法

1）活动解卡安全操作

（1）卡钻时间不长或不严重时，可采取上提、下放管柱解卡。

（2）常用的活动解卡方式有两种：一种是缓慢增加载荷到一定值后立即松开刹把，迅速卸载；另一种是提紧管柱，刹住刹把，悬吊管柱一段时间，使拉力逐渐传到下部管柱。

（3）每活动 5 ~ 10min 后稍停一段时间，防止管柱因疲劳而断脱。

2）憋压恢复循环解卡安全操作

（1）砂卡后，立即开泵循环。若循环不通，可采用憋压的方法处理砂卡。

（2）憋压解卡时，压力应由小到大逐渐增加，不可一下憋死。

（3）当不易憋开时，可多放几次压，同时上下活动管柱进行解卡。

3）冲洗解卡安全操作

常用冲洗解卡方法有内冲洗管冲洗和外冲洗管冲洗。

（1）内冲洗管冲洗是用小直径的冲管在油管内进行循环冲洗，从而解除卡钻。

（2）外冲洗管冲洗是将冲管下入油套环空进行冲洗，从而解除卡钻。

4）诱喷解卡安全操作

（1）诱喷法解卡主要用于解除因砂卡造成的故障。

（2）诱喷解卡时，井口必须装控制系统，防止发生井喷事故。

（3）现场常用抽汲诱喷法解除压裂后的砂卡。

5）大力上提解卡安全操作

（1）采用大力上提法解卡时，拉力必须控制在设备负荷及井下管柱负荷许可范围内。

（2）若井内管柱强度较大，绞车、井架等负荷达不到要求时，可用液压千斤顶解卡。

6）震击解卡安全操作

（1）根据现场实际情况，选用合理的震击器。

（2）合理控制震击力度，防止造成二次事故。

7）倒扣套铣解卡安全操作

（1）先用倒扣打捞工具将井内被卡管柱砂面以上部分倒出。

（2）再用套铣筒套铣，使被埋管柱露出一整根油管。

（3）然后倒扣打捞套铣出的油管。

（4）对被埋管柱逐根进行套铣、倒扣操作，直至打捞出全部管柱。

8）磨铣解卡安全操作

（1）磨铣时，选用合适的钻压、转速、泵压、排量参数。

（2）当出现跳钻、憋钻、进尺缓慢或无进尺时，起出管柱，分析原因，确定下步施工方案。

2. 注意事项

(1)施工前全面检查刹车系统、游动系统，加固绷绳，检查指重表是否灵敏。

(2)检查打捞解卡工具规范、强度，采用最佳钻具组合，做到能捞、能退、能冲洗。

(3)解卡操作平稳，除必要操作人员，其他任何人不可站在井口周围。解卡成功后，应先试提，不可超负荷硬拔。

(4)倒扣套铣解卡时，尽可能大排量循环套铣。倒扣时，提准中和点负荷，挂转盘，先慢转，待指重表有下降显示，加快转速（一般为15～20r/min)一次倒开。上提钻具，证实是否倒开，悬重接近中和点负荷可起钻，起钻前再次回探鱼顶。

(5)处理卡钻时，切忌大力上提，防止落物卡死造成事故复杂化。

(6)解卡前对井下地质情况认真分析，避免发生井喷事故。

三、常用井筒处理方法

在打捞和解卡过程中，常用的井筒处理方法有钻、磨、套、铣、胀等。在钻、磨、套、铣作业过程中，使用螺杆钻具或机械转盘提供动力。

1. 钻、磨、套、铣

1)螺杆钻具作业安全操作

(1)选择外径小于套管内径6～10mm的钻、磨、套、铣工具。

(2)下管柱。

①地面检查螺杆钻具，连接泵注设备，开泵测试螺杆钻具、泵注设备，同时检查旁通阀自动开关情况。

②对地面高压管汇进行水密封试压。泵车出口管线安装地面过滤器。进口水龙带应采取防脱、防摆措施，出口管线应固定。

③下入7～10根油管后，安装自封封井器。

④下至距设计要求位置约5m时，停止下钻。

⑤按设计方案要求进行正循环洗井，洗井正常后，缓慢下放钻具进行钻、磨、套、铣作业。

⑥在作业过程中，观察拉力计，如果出现反转，应立即上提或减小钻压。

⑦处理完一根油管长度后，上提下放钻具两次，确保井筒内铁屑、垢物等杂质随洗井液排出井口。

⑧连续作业，达到设计方案要求后，用通井规检查套管的通过能力。

2)机械转盘作业安全操作

(1)转盘作业时，必须选用1根与转盘相匹配的方钻杆。

(2)接工具，下管串。

①将工具连接在下井第一根钻杆的底部，下入井内。

②下入10根钻杆后，安装自封封井器。

③工具下至距设计要求位置约5～10m时，停止下钻。

(3)连接地面循环系统，安装方钻杆。

(4)开钻。

①开泵循环洗井，待排量及压力稳定后，缓慢下放钻具，旋转钻具，加钻压不应超过40kN，排量大于300L/min，返排流速应大于0.8m/s，中途不应停泵。

②施工过程中应操作平稳，控制钻压为10～40kN，转速为40～120r/min，严禁猛提猛放。

③处理井段以上有严重出砂层位时，应先进行井筒处理。

④接单根前应大排量洗井，洗井时间不少于5min。作业至设计深度后，循环洗井冲出井内脏物残渣。

⑤洗井结束后，用通井规检查套管的通过能力。

⑥井筒试压，检查套管的完好情况。

3)注意事项

(1)磨铣过程产生跳钻时，必须把转速降至50r/min左右，钻压降到大约10kN以下，磨铣平稳后再逐渐加压、加速。

(2)当钻具被憋卡时，应先上提钻具，排除磨铣工具周边的卡阻物或改变磨铣工具与落鱼的相对位置，同时加大排量洗井；若上提遇卡，可采用边转边提的方法解卡。

(3)洗井液上返排量不得低于600L/min，达不到要求时，应加装沉砂管或捞砂筒等工具，防止磨屑卡钻。

(4)用泥浆等洗井液进行磨铣时，黏度不得低于25Pa·s，如用清水、盐水磨铣时，应用双泵工作。

(5)磨铣钻柱应在磨鞋上接钻铤或在钻杆上加扶正器，保证磨鞋平稳磨铣，防止因偏磨造成事故。

2. 胀套管安全操作

(1)掌握套管的变形程度、深度、通过能力。

(2)选用适宜的胀管器下井，首次使用的胀管器，外径要大于套损通径2～3mm。

(3)胀管器下入变形遇阻位置后，在变形部位上下活动顿击数次，畅通后起出。

(4)根据修复内径及设计要求，再选用大一级胀管器胀管，每次更换胀管器级差不超过2mm。

(5)对单一变形点且变形不严重的套管，按先小后大的顺序选择相应尺寸的胀管器。

(6)顿击时平稳操作，每顿击20次，紧扣1次，防止因卸扣造成井下落物或卡钻事故。

(7)顿击多次仍未通过变形点时，要分析原因并采取相应措施。

(8)对存在多处变形点或变形严重的长段套管，选用辊工整型器进行修复。

(9)套管修复后，用通井规检查套管的通过能力。

第四节　异常情况处理

作业人员不按规程操作或设备故障等原因，会出现顿钻、顶天车、大绳打扭、大绳跳槽等异常情况，因此，熟练掌握相关安全操作知识，可以提高操作水平，消减隐患，确保设备完好，实现安全生产。本节介绍了井下作业异常情况发生的原因及相应的处置措施。

一、顿钻

1. 顿钻的原因

(1)司钻注意力不集中，来不及刹车。

(2)下钻速度太快。

(3)下钻时突然遇阻。

(4)刹车失灵。

2. 安全操作技术

(1)操作时要集中注意力，随时观察拉力表读数变化情况。

(2)下钻时平稳操作，合理控制下放速度，确保下钻过程中匀速。

(3)经常检查刹车系统和大绳，按规定挂辅助刹车。

(4)严禁在起下钻过程中用滚筒离合器当刹车，严禁将总离合器当滚筒离合器使用。

二、顶天车

1. 顶天车的原因

(1)司钻注意力不集中。

(2)上提速度过快。

(3)刹车出现故障。

(4)防碰天车装置损坏或缺失。

2. 安全操作技术

(1)操作时要集中注意力，随时观察游动滑车的位置。

(2)禁止高速起钻。

(3)仔细检查刹车制动系统，发现问题及时整改。

(4)操作前仔细检查气路系统以及防碰天车装置。

(5)冬季应经常活动各控制开关，防止冻结。

(6)安装或修复防碰天车装置，并在施工前检查其是否完好。

三、大绳打扭

1. 大绳打扭的原因

(1)新换钢丝绳未松劲。

(2)下钻过程中钻具严重旋转。

(3)未打开大钩销子。

2. 安全操作技术

(1)若新换钢丝绳未松劲，应立即卸掉负荷，将大绳活绳头松开，释放钢丝绳的扭劲。

(2)放大绳扭劲时，要注意大绳的甩动，以免碰伤周围人员。

(3)若下钻时钻具严重旋转，控制下钻速度，减轻钻具的转动。

(4)若未打开大钩销子，可卡上卡瓦，人力转动大钩，打开制动销。

(5)大绳打扭后，不得强行上提或下放钻具，以防损伤大绳。

四、大绳跳槽

1. 大绳跳槽的原因

(1)滑轮轮缘与防跳槽机构的间隙过大。

(2)防跳槽机构强度不够，发生变形。

(3)大钩快速下放过程中，突然停止，未及时刹车，导致钢丝绳松弛。

(4)上提大钩速度过快，钢丝绳发生偏斜。

(5)大钩旋转或提升中急停，钢丝绳发生甩动、弹跳。

2. 安全操作技术

(1)定期检查调整滑轮轮缘与防跳槽机构的间隙。

(2)若防跳槽机构变形，及时进行更换。

(3)平稳操作，集中注意力，严格控制起下速度，防止钢丝绳偏斜、松弛或大钩急停、旋转。

(4)当大绳跳入另一滑轮槽内时，先用卡瓦将管柱卡住，卸掉大绳负荷。打开天车护罩，用两根撬杠将大绳撬回原槽内，再装上天车护罩。

(5)当大绳跳入两滑轮之间时，先用卡瓦将管柱卡住，卸掉大绳负荷。打开天车护罩，把倒链固定在天车人字架上，用倒链提起大绳，再用撬杠将钢丝绳拨回到原滑轮槽内，取下倒链，装好天车护罩。

(6)在天车上作业必须系好安全带，所用工具拴好保险绳。

(7)大绳跳槽后，严禁硬提硬放，以免拉断大绳。

(8)处理时不能用手提拉大绳，以免压伤。

(9)使用撬杠时，人员应站在安全位置。

(10)处理完大绳跳槽后，要仔细检查大绳有无断丝、断股，并及时更换。

五、更换大绳

1. 更换大绳的原因

(1)钢丝绳某股断丝超过 6 丝。

(2)钢丝绳断股。

(3)钢丝绳磨损严重。

(4)钢丝绳受到酸液等化学药品腐蚀。

(5)钢丝绳受外力撞击或打击，出现严重形变。

2. 安全操作技术

(1)卸去大绳负荷，打开滚筒前护罩，卸开活绳头的固定端，抽出活绳，滚筒上至少留3~4圈。

(2)卸开死绳固定端，抽出死绳头，将死绳头和新大绳连接起来，倒换过程中检查连接情况，以防大绳脱落伤人。

(3)用低速缓慢转动绞车滚筒，连续拉活绳，直到把旧大绳全部拉出。倒大绳过程中，游动大钩附近不得有人走动或停留。

(4)固定死绳端和活绳端，低速缓慢转动滚筒大绳，慢慢提起游动滑车大钩，安装好滚筒前护罩。

六、刹车失灵的处理

1. 刹车失灵的原因

(1)操作不当导致部件失灵。

(2)超负荷施工，下放速度过快，惯性载荷突然增大，导致刹车失灵。

(3)施工时间过长，刹车毂高温变形。

(4)刹车片磨损严重，未及时更换。

(5)保养不到位，刹车系统杂质太多、密封不严。

2. 安全操作技术

(1)严格按规程操作，防止损坏刹车部件。

(2)平稳操作，严格控制起下速度，严禁超负荷施工。

(3)合理安排施工时间，防止刹车片温度过高。

(4)定期进行维护保养，及时更换磨损的刹车片、清洁保养刹车系统，确保刹车灵活好用。

(5)刹车失灵时，井口人员要迅速撤离至安全位置。

(6)司钻要指挥果断，及时采取紧急措施，强行挂低速离合器，减慢钻具下行速度。

七、滚筒钢丝绳缠乱

1. 滚筒钢丝绳缠乱的原因

(1)通井机摆放位置不当，钢丝绳偏角不符合规定要求。

(2)排绳装置失效或被拆除。

(3)操作不当。

2. 安全操作技术

(1)按规定要求合理摆放通井机。

(2)安装排绳装置，及时检查是否灵活好用。

(3)发现钢丝绳有缠乱现象时，立即刹车。

(4)缓慢下放游动滑车，直到缠乱的钢丝绳完全放开。放大绳时，一定要控制速度，以防造成更严重的事故。

(5)断续挂低速，把大绳缠绕在滚筒上，两道大绳之间要紧凑、平整，不得有间隙。有间隙时，用木棒撬紧，禁止使用铁器敲击，避免造成大绳断丝。

思 考 题

1. 井下作业搬迁过程中的安全注意事项有哪些？
2. 井场布置的原则和要求是什么？
3. 简述通井作业的安全操作及注意事项。
4. 简述压井的要求及安全操作技术。
5. 抽汲时应注意哪些事项？
6. 常用的打捞方法有哪些？
7. 常用的解卡方法有哪些？
8. 造成顿钻的原因是什么？如何避免顿钻？

第五章　井下作业井控设备及安全操作技术

在井下作业过程中，由于设计缺陷、地层压力突变、未按规程施工等原因，可能会造成井喷，导致设备损坏、人员伤亡、油气井报废、环境污染、火灾等严重事故。掌握和应用必要的井控安全操作技术，对预防和处置井喷事故有重要意义。本章主要介绍了井控技术基本知识、常用的井控设备及井控安全操作技术等内容。

第一节　井控基本知识

掌握井控的基本知识，可以提高井控意识，有利于开展各项井控工作。本节介绍了井控的相关概念，井喷的原因，危害及处置措施等知识。

一、井控概述

1. 井控概念

井控就是采取一定的方法控制住地层孔隙压力，基本上保持井内压力平衡，以保证施工顺利进行。

2. 井控的分级

根据井涌的规模和采取的控制方法不同，井控作业分为三级，即一级井控、二级井控和三级井控。

一级井控：用修井液液柱压力平衡地层压力的工作过程。

二级井控：依靠地面设备、井控技术恢复井内压力平衡的工作过程。

三级井控：二级井控失败后，发生井喷失控，利用专门的设备和技术重新恢复井内压力平衡的工作过程。

3. 井侵

当地层孔隙压力大于井底压力时，地层孔隙中的流体(油、气、水)侵入井内的现象称为井侵。最常见的井侵为气侵和盐水侵。

4. 溢流

井侵发生后，井口返出的修井液量比泵入的修井液量多，停泵后井口修井液自动外溢的现象称为溢流。

5. 井涌

溢流进一步发展，修井液涌出井口的现象叫井涌。

6. 井喷

井喷有地上井喷和地下井喷。流体自地层经井筒喷出地面叫地上井喷，从井喷地层流入其他低压层叫地下井喷。

7. 井喷失控

井喷发生后，无法用常规方法控制井口而出现敞喷的现象称为井喷失控。

二、井下各种压力及相互关系

1. 井下各种压力的概念

1）压力

压力是指单位面积上所受的垂直力。物理学上称为压强。

压力的计算公式为：

$$p=\frac{F}{A} \tag{5-1}$$

式中 p——压力，Pa；

A——面积，m^2；

F——作用在面积上的力，N。

压力的单位是帕，符号是 Pa。$1Pa=1N/m^2$；$1kPa=1000Pa=10^3Pa$；$1MPa=1000kPa=10^3kPa=1000000Pa=10^6Pa$。

2）静液压力

静液压力是指由静止液体的重力所产生的压力，其大小取决于液柱的密度和垂直高度，与井眼尺寸无关。

静液压力的计算公式为：

$$p=\rho gH \tag{5-2}$$

式中 p——静液压力，MPa；

ρ——液体密度，g/cm^3；

g——重力加速度，为 $9.81m/s^2$；

H——液柱高度，m。

在定向斜井中，井深必须用垂直井深，而不是测量井深。

3）压力梯度

压力梯度是指单位深度或高度的液体所形成的压力，即每米（或每百米）井深压力的变化值。

压力梯度的计算公式为：

$$G=\frac{p}{H}=\frac{0.0098\rho H}{H}=0.0098\rho \qquad (5-3)$$

式中　G——地层压力梯度，MPa/m；

p——压力，kPa 或 MPa；

H——深度，m 或 100m；

g——重力加速度，为 9.81m/s^2；

ρ——液体密度，g/cm^3。

4) 压力系数

压力系数是指在某深度的地层压力与该深度的静水柱压力之比。地层压力系数无量纲，其数值等于平衡该地层压力所需修井液密度的数值。

5) 地层压力

地层孔隙内的流体所具有的压力称为地层压力，也称孔隙压力。地层压力又分为正常地层压力和异常地层压力。

(1) 正常地层压力。

正常地层压力是指地下某一深度的地层压力等于地层流体作用于该处的静液压力，正常地层压力梯度为 9.8～10.496kPa/m 或压力系数为 1.0～1.07。

(2) 异常地层压力。

异常地层压力不同于正常地层压力，它分为异常高压和异常低压。

①异常高压层。异常高压层是指地层压力高于正常地层压力的地层。一般情况下，地层压力梯度高于 10.496kPa/m 或地层压力系数大于 1.07 的地层称之为异常高压层。

②异常低压层。异常低压层是指地层压力低于正常地层压力的地层。一般情况下，地层压力梯度小于 9.8kPa/m 或地层压力系数小于 1.00 的地层称之为异常低压层。

(3) 地层压力的表示方法。

①用压力的具体数值表示地层压力。如 10MPa，20MPa，30MPa 等。

②用地层压力梯度表示地层压力。对于某地区来说，由于地层水密度是一定的，所以某地区的正常地层压力梯度是一个固定不变的值。正常地层压力梯度能够较直观地表示某地区的正常地层压力。在异常压力地层，可以用异常地层压力梯度来表示异常压力地层。

③用流体当量密度表示地层压力。地层压力梯度消除了地层深度的影响，如果同时消除地层深度和重力加速度的影响，那么，地层压力便可直接用流体当量密度来表示，这个密度通常称为压井液的当量密度。

$$\rho_e=\frac{p}{gH}=\frac{\rho gH}{gH}=\rho \qquad (5-4)$$

式中　ρ_e——压井液当量密度，g/cm^3。

由式（5-4）可知，正常压井液当量密度的数值等于形成地层压力的地层水密度。因此，只要知道某地区的地层水密度，就能直接得到正常地层压力当量压井液密度，便可以采用相应的压井液密度实现平衡作业，或者采用比地层流体当量密度略高的压井液密度，实施近平衡作业。由于流体当量密度易与所用的压井液密度形成对比，因此用流体当量密度表示地层压力的大小比地层压力梯度更为直观。

由于各地区的地层水矿化度各不相同，有的是淡水，有的是海水，有的是盐水，因此，各地区的地层水密度也各不相同。所以，各地区的正常地层流体当量密度值也各不相同。例如，胜利油田为 $1.02g/cm^3$，东南亚为 $1.03g/cm^3$ 时，墨西哥湾为 $1.07g/cm^3$。

④用地层压力系数表示地层压力。当用地层流体当量密度表示地层压力时，要说某地区正常地层压力为 $1.07g/cm^3$。为了叙述方便起见，往往把单位去掉，而说某地层压力为 1.07，这就是地层压力系数。

如 2000m 深度的地层压力为 20.972MPa，相同深度的淡水静液柱压力为 $1\times0.0098\times2000=19.6$MPa，则：地层压力系数 = 20.972MPa/19.6MPa = 1.07。

6）上覆岩层压力

上覆岩层压力是指某深度以上的岩石和其中流体对该深度所形成的压力。

上覆岩层压力与地层孔隙压力的关系是：

$$p_0=p_M+p_p \tag{5-5}$$

式中 p_0——上覆岩层压力，MPa；

p_M——基体岩石压力，MPa；

p_p——地层孔隙压力，MPa。

同样，可以写成：

$$G_0=G_M+G_p \tag{5-6}$$

式中 G_0——上覆岩层压力梯度，MPa/m；

G_M——基体岩石压力梯度，MPa/m；

G_p——孔隙压力梯度，MPa/m。

7）地层破裂压力

地层破裂压力是指某一深度地层发生变形、破碎或裂缝时所能承受的压力。

破裂梯度一般随井深的增加而增大，较深部的岩石受着较大的上覆岩层压力，可压得很致密。

在进行井下作业时，压井液压力的下限要能够保持与地层压力平衡，既不伤害油气层，又能实现安全生产，实现压力控制。而其上限则不应超过地层的破裂压力以免造成井漏。

8）井底压力

井底压力是指地面和井内各种压力作用在井底的总压力。

井底压力以井筒液柱静液压力为主，还有压井液的环空流动阻力、侵入井内的地层流体的压力、激动压力、抽汲压力、地面压力等，这个压力随作业工序不同而变化。

9）压差

压差是指井底压力和地层压力之间的差值，即：

$$\Delta p = p_L - p_R \quad (5\text{-}7)$$

式中　p_L——井底压力；

p_R——地层压力。

当地层压力大于井底压力时，即 $\Delta p>0$，井底压差为负压差，地层孔隙中的流体便会侵入井内，发生井喷事故。当井底压力大于地层压力时，即 $\Delta p<0$，井底压差为正压差，地层孔隙中的流体就不会侵入井内。正压差时通常可称为超平衡，负压差时可称为欠平衡。

10）抽汲压力

上提管柱时，管柱下端因管柱上升而空出一部分环形空间，井内液体应该向下流动而迅速充满这个空间，但由于管柱内外壁与井筒液体之间存在摩擦力，并且井内液体具有一定的黏度，从而对井内液体向下流动产生一定的阻力，不能迅速地充满空出的空间，从而使井筒压力降低。

抽汲压力就是由于上提管柱而使井底压力减小的压力。抽汲压力值就是阻挠井内液体向下流动的阻力值。由于抽汲压力的存在，使得井内液体不能及时充满上提管柱时空出来的井眼空间，这样在管柱下端就会对地层中的流体产生抽汲作用，而使地层流体进入井内造成油气水侵。

影响抽汲压力的主要因素：

（1）起管柱速度越快，随管柱一同上行的液体就越多，抽汲压力就越大。

（2）井内液体黏度、切力越大，向下流动的阻力就越大，抽汲压力越大。

（3）井越深，管柱越长，随管柱一同上行的液体就越多，抽汲压力就越大。

11）激动压力

下放管柱时，挤压管柱下端的液体向上流动，同样由于井内液体具有一定的黏度和切力，管柱内外部与井内液体之间存在摩擦力，从而对井内液体向上流动产生一定的流动阻力，使井内液体难于向上流动，从而使井底压力增加，形成激动压力。

激动压力就是由于下放管柱而使井底压力增加的动力，激动压力值就是阻挠井内液体向上流动的阻力值。

影响激动压力的主要因素：

（1）下放管柱速度越快，下入井内的管柱体积就越多，被挤出的液体就越多，向上流动的速度就越大，引起的流动阻力越大，激动压力就越大。

（2）黏度、切力越大，对井内液体产生的流动阻力越大，激动压力就越大。

2. 井下压力系统的平衡关系

在不同情况下，井底压力是不相同的，简要介绍如下。

（1）井内修井液处于静止状态时：

井底压力=静液柱压力

（2）正常循环时：

井底压力=静液柱压力+环形空间压力损失

（3）起管柱时：

井底压力=静液柱压力−抽汲压力

若不及时灌注修井液，则：

井底压力=静液柱压力−抽汲压力−因液面下降而减小的压力

（4）下管柱时：

井底压力=静液柱压力+激动压力

（5）冲砂、磨钻时：

井底压力=环形空间阻力+岩屑或砂粒在修井液中产生的附加压力+下钻的激动压力

（6）发生气涌循环时：

井底压力=静液柱压力+环形空间压力损失+节流阀压力

（7）溢流关井时：

井底压力=静液柱压力+井口回压

或

井底压力=静液柱压力+套管压力

当井内有气侵时：

井底压力=静液柱压力+井口套压+气侵附加压力

（8）用旋转防喷器循环修井液时：

正循环

井底压力=油管液柱压力+井口回压

反循环

井底压力=环形空间液柱压力+环形空间阻力+旋转防喷器回压

（9）空井时：

井底压力=静液柱压力

从上述几种情况来看，在其他情况相同时，起管柱时井底压力最小，若不及时向井内灌注修井液，发生井喷的可能性较大。

三、井喷的原因

井喷失控的原因有以下几个方面：

1. 井控意识不强

（1）井口未安装或安装不合格的防喷器。

（2）井控设备的安装及试压不符合要求。

（3）空井时间过长，没有进行坐岗观察。

(4)洗井不彻底，未彻底排出污染的修井液。

2. 井筒液柱压力过低

(1)起管柱时未向井筒内注入修井液或注入量不够。

(2)片面强调保护油气层，使用密度较小的修井液，导致井筒液柱压力过低。

(3)由于地质设计中地层压力数据与实际不符，造成选用的修井液密度不当，井筒液柱压力不能平衡地层压力。

(4)由于腐蚀或地质结构发生变化导致井筒套管破损，地层流体侵入井内，导致井筒液柱压力降低。

3. 注水井未停注或不卸压

注水开发区块的地层压力往往高于原始地层压力，当对该区块的油水井进行措施作业时，相邻的注水井未停注或不卸压。

4. 违规操作

(1)起管柱时速度过快，产生过大的抽汲力，管柱所带工具的直径越大，产生的抽汲力越大。

(2)由于操作人员经验不足，责任心不强，发现溢流后没有及时采取有效措施或处置措施不当，导致事态扩大。

四、井喷的危害

井喷失控造成的危害可概括为以下几个方面：

1. 扰乱生产秩序

井喷失控后，需要更多的人力、物力进行应急抢险，影响正常生产。

2. 毁坏设备

井喷失控着火极易造成井场设备烧毁。

3. 人员伤亡

井喷失控着火或喷出的有毒有害气体对事故现场及周围的人员造成伤害。

4. 污染环境

油气无控制地喷出井口进入空气中，影响周围居民的日常生活，污染空气、水源、农田等。

5. 浪费资源

井喷不仅浪费大量的油气资源，而且造成油气藏灾难性的破坏。

6. 不良影响

井喷事故会对企业形象造成不良社会影响。

五、井控防范措施

井喷失控是灾难性的事故，为了防止井喷事故的发生，必须做好以下防范措施：

1. 提高思想认识，履行岗位职责

各级领导要高度重视井控工作，在生产组织管理过程中，统筹安排，协调组织，确保井控管理及保障措施落实到位。各岗位操作人员要强化井控安全防范意识，严格履行岗位职责，按标准作业程序进行规范操作。

2. 建立健全各项井控管理制度

根据相关的井控技术要求及管理规定，制定和完善井下作业施工过程中预防和处置的相关井控技术规范和管理制度，并抓好相关规范和制度的落实工作。如，落实施工前的井控设备检查验收制度及检查施工过程中的井控演练工作等。

3. 加强井控培训，提高操作技能

严格落实现场管理和操作人员的井控技术培训工作。经过培训，使其掌握井控基本知识及操作要领，能够准确进行井喷风险识别和应急防范处置。

4. 配置井控器材，提高保障能力

按照相关井控技术要求和井下作业管理规定，配齐配全相应压力等级的井口、防喷器、节流管汇等设备，提高井控应急保障能力。

5. 强化应急演练，提高处置能力

通过开展各种工况下的应急演练，熟练掌握正确的井控应急措施，险情一旦发生时，能够及时准确地进行处置。

6. 优化设计内容，制定针对措施

认真了解施工区域的压力、产量、套管规格等参数，科学编制作业设计，合理优化修井液配方，制定针对性较强的井控防范措施，确保施工安全。

7. 加强重点井的施工管理

对套损井、地层压力异常等重点井，特别制定相对应的地质、工艺、井控等方案，加强日常管理，严格落实各项方案措施，提高现场执行力。

第二节　井下作业井控设备

井控设备是用来控制油井、气井、水井压力的专用设备，主要用于井喷事故的预防、监测、控制和处理。本节介绍了井口装置、防喷器、油管旋塞阀的结构，安全操作和维护保养等知识。

一、井口装置

井口装置是油井、气井、水井最上部控制和调节生产的主要设备，主要作用是：连接井内的套管；密封油套环空，承挂井内管柱；控制、调节油气井生产，使井内流体按给定的出油管道进入分离器和输油管线；压井时调节控制压井液的流量和方向；录取油压、套压等生产资料。

1. 型号

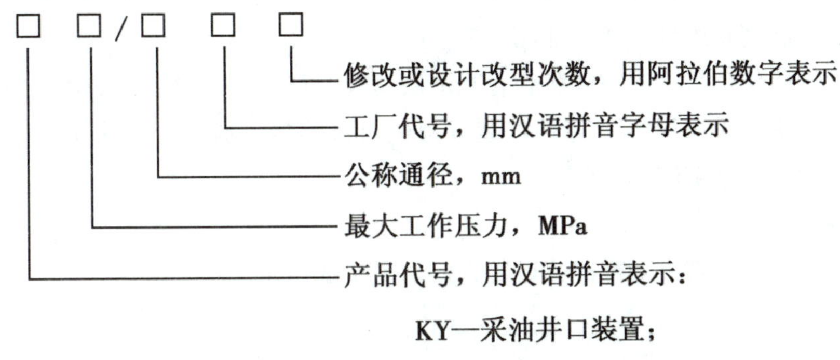

KY—采油井口装置；

KQ—采气井口装置；

KZ—注水井口装置；

KR—热采井口装置；

KS—试油井口装置；

KL—压裂酸化井口装置

示例：

KY35/65 型井口，KY 表示采油井口；35 表示最大工作压力为 35MPa；65 表示公称通径为 65mm。

2. 组成

井口装置由采油树、油管头和套管头组成，其连接形式有螺纹式、法兰式和卡箍式 3 种。

1) 油管头

油管头安装于采油树和套管头之间，包括油管悬挂器和套管四通两部分，如图 5-1 所示。其上法兰平面为计算油补距和井深数据的基准面。

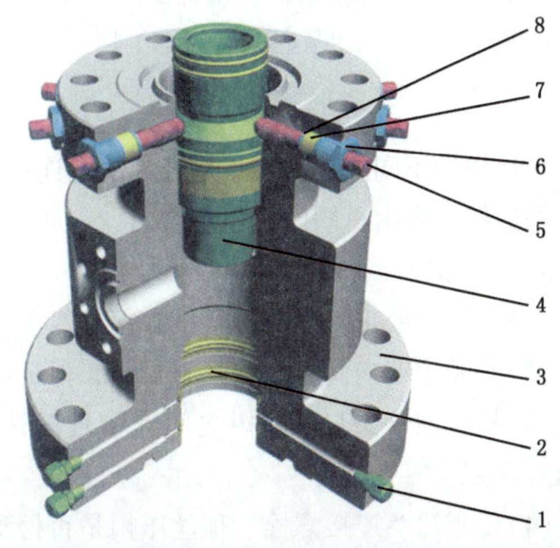

图 5-1　油管头结构示意图

1—注脂阀；2—BT 密封圈；3—油管头四通；4—油管悬挂器；5—顶丝；6—顶丝压帽；7—填料；8—填料垫片

油管头的主要作用是：支撑井内油管的重量；与油管悬挂器配合密封油套环空；为下接套管头、上接采油树提供过渡；通过油管头四通体上的两个侧口完成注平衡液及洗井等作业。油管悬挂器用于悬挂井内油管。

油管头分为法兰盘悬挂式油管头、锥面悬挂单法兰油管头、锥面悬挂双法兰油管头。

2）套管头

套管头是连接套管和各种井口装置的一种部件，装在整个井口装置的最下端，由本体、套管悬挂器和密封组件组成，如图5-2所示。

套管头的主要作用是：支撑技术套管和油层套管的重量；密封套管的环形空间；为安装防喷器、油管头和采油树等上部井口装置提供过渡连接；通过套管头本体上的两个侧口，进行挤水泥、注平衡液等工作。

3）采油树

采油树是安装在油管头上部的井口装置。如图5-3所示。

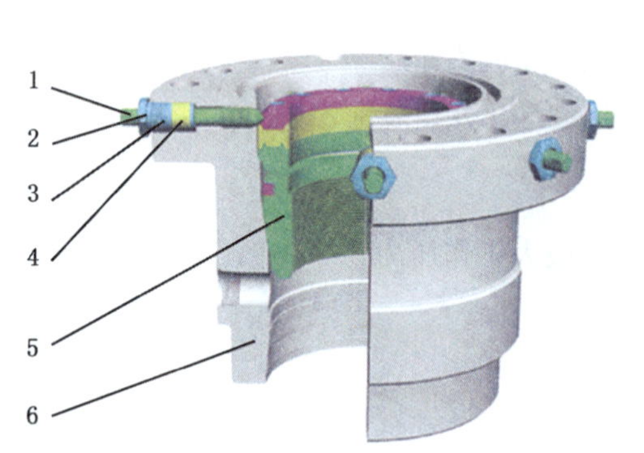

图5-2　套管头结构示意图

1—顶丝；2—顶丝压帽；3—填料垫片；4—填料；5—卡瓦悬挂器总成；6—套管头本体

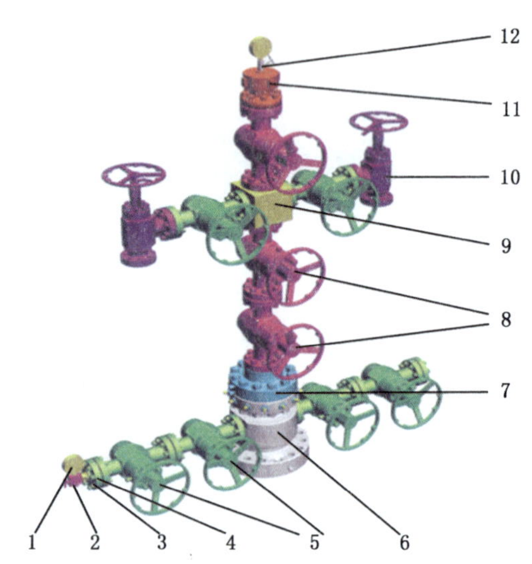

图5-3　采油树结构示意图

1—压力表；2—截止阀；3—截止阀接头；4—仪表法兰；5—平板阀；6—油管头四通；7—上法兰；8—平板阀；9—小四通；10—节流阀；11—采油树帽；12—截止阀

采油树按不同的连接方式可分为法兰连接、螺纹连接和卡箍连接。

采油树主要由总阀门、生产阀门、三通、四通、法兰、短节等部件组成。

3. 维护保养

（1）定期按要求对阀门进行维护保养。

（2）必须定期向阀腔内注入密封脂，保证阀门密封良好、开关灵活。

（3）检查油管头与采油树之间连接处的法兰螺母是否松动，若有松动，必须用扳手拧紧。

（4）检查法兰连接螺栓、顶丝压帽是否松动，如有松动，必须用扳手拧紧。

（5）每隔6个月向套管悬挂器内的副密封内注入密封脂。

二、防喷器

防喷器是井下作业井控必须配备的防喷装置，在试油、修井等作业过程中用于关闭井口，具有结构简单、易操作、耐高压等特点，对预防和处理井喷有非常重要的作用。

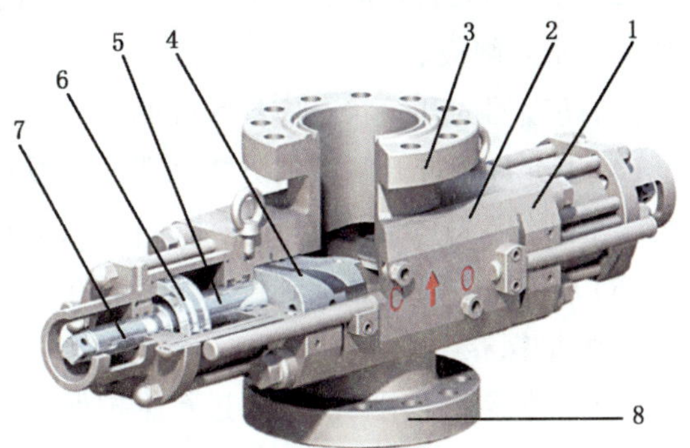

图 5-4　单闸板防喷器结构示意图

1—侧门；2—本体；3—上法兰；4—半封闸板；5—闸板轴；6—轴承；7—丝杠；8—下法兰

防喷器分为两大类：环形防喷器和闸板防喷器。

环形防喷器可分为：单环形防喷器和双环形防喷器。

闸板防喷器可分为：单闸板防喷器（图 5-4）、双闸板防喷器和三闸板防喷器。

1. 型号

1）防喷器型号表示方式

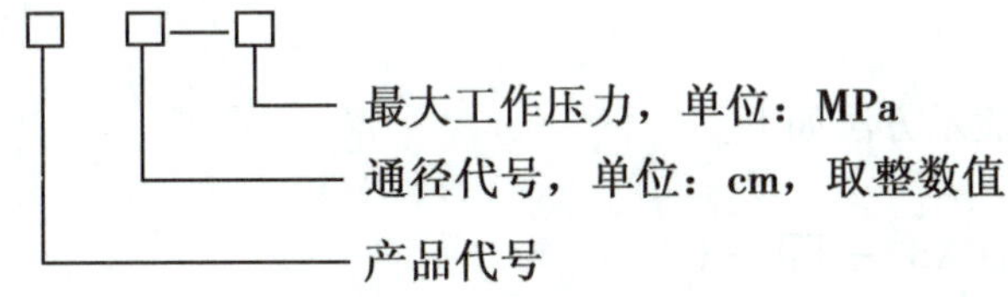

示例：

2FZ35-70 型防喷器，2FZ 表示双单闸板防喷器；35 表示通径为 346.1mm；70 表示最大工作压力为 70MPa。

2）防喷器代号

防喷器代号见表 5-1。

表 5-1　防喷器代号

类型	名称	代号	备注
闸板防喷器	单闸板防喷器	FZ	
	双闸板防喷器	2FZ	
	三闸板防喷器	3FZ	
环形防喷器	单环形防喷器	FH 或 FHZ	FH 表示胶芯为半球状的环形防喷器；FHZ 表示胶芯为锥台状的环形防喷器
	双环形防喷器	2FH 或 2FHZ	

2. 安全操作技术

（1）防喷器的使用要指定专人负责。

(2)当井内无管柱时，关闸板不要用力拧紧丝杠，以免损坏胶芯。当井内有管柱时，严禁关闭全封闸板。

(3)防喷器的开关状态应挂牌标明。

(4)不允许用打开闸板的方式来泄压，以免损坏胶芯。每次打开闸板后要检查闸板是否处于全开位置（全部退回到壳体内），以免井下工具与闸板磕碰，造成损坏。

(5)开、关防喷器必须到位，不得停在中间位置。

3. 维护保养

(1)防喷器每使用一次就要进行维护保养。

(2)清洗防喷器连接螺栓、钢圈槽及钢圈，涂抹黄油。

(3)检查各处密封橡胶件，对密封件及相对密封面涂润滑油。

(4)检查各零部件是否损坏，若有损坏，及时更换。

(5)清洗壳体闸板腔，涂抹黄油。

(6)将防喷器存放到专用的支架上，单个摆放，并用帆布包裹。

三、油管旋塞阀

油管旋塞阀是管柱循环系统中的手动控制阀，是常用的一种内防喷工具。

1. 型号

油管旋塞型号的表示方法如下：

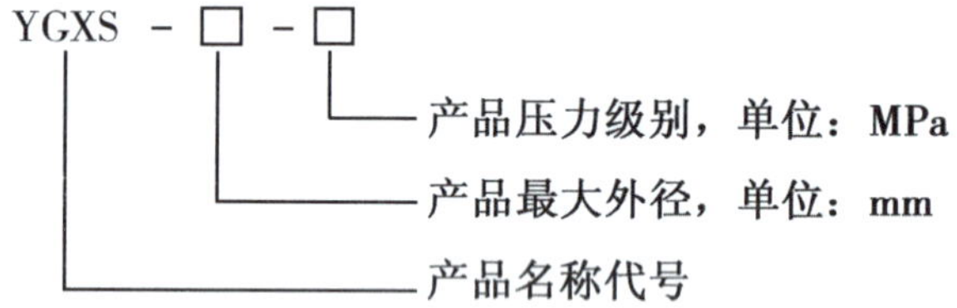

示例：

YGXS-114-21 型油管旋塞，YGXS 表示油管旋塞；114 表示最大外径为 114mm；21 表示额定工作压力为 21MPa。

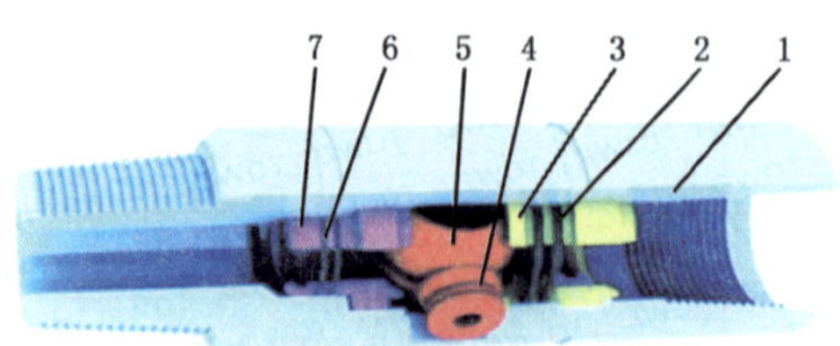

图 5-5　油管旋塞阀结构示意图

1—阀体；2—弹性挡圈；3—上阀座；4—转块；5—阀球；6—波形弹簧；7—下阀座

2. 结构组成

油管旋塞阀主要由阀体、弹性挡圈、上下阀座、转块、阀球、波形弹簧等组成，如图 5-5 所示。

3. 安全操作技术

(1)安装油管旋塞时，应保持内螺纹在上，外螺纹在下，连接前在外螺纹处涂抹密封脂。

(2)油管旋塞阀平时为常开式，发生溢

流或井涌时，将其抢装于井口管柱顶端，关闭阀门，即可防止地层流体从油管内喷出。

4. 维护保养

(1)每次使用完后，将油污、泥沙等冲洗干净，并在螺纹处涂抹密封脂。

(2)定期检查开关是否灵活，若有泥沙等不易清除的杂质，将油管旋塞阀放在柴油中浸泡1～2h，然后再进行保养。

(3)定期对油管旋塞阀的密封性进行测试，若不符合要求，要立即更换密封件或新的油管旋塞阀。

四、节流压井管汇

节流压井管汇是由节流阀和各种阀门、管汇及压力表组成的专用井控管汇，用以控制井内流体的流动，实现压井、放喷、灭火等目的。

1. 作用

(1)通过节流阀的节流作用实施压井作业，替换出井内被污染的压井液，制止溢流。

(2)通过节流阀的泄压作用，降低井口压力，实现“软关井”。

(3)通过节流阀的放喷泄流，降低套压，保护防喷设备。

(4)关井后，不能正常循环时，通过压井管汇向井内泵入压井液，实现压井作业。

(5)发生井喷时，通过压井管汇向井内强注清水，以防燃烧起火。

(6)发生井喷着火时，通过压井管汇向井内强注灭火剂，以助灭火。

2. 安全操作技术

(1)操作节流阀时，操作人员应位于阀门一侧，严禁正对阀门操作，防止阀门因高压弹出伤人。

(2)当关闭平板阀时，顺时针转动手轮到底后，应逆时针回转手轮约1/4圈，以保证阀板和阀座有浮动的余地，使其达到理想的密封效果。

(3)放喷管汇的布局要考虑当地季节风向、居民区、道路、公共安全设施等情况。

(4)放喷管线内通径不小于62mm，放喷阀门距井口3m。

(5)放喷管汇的转弯不小于120°，每隔8～10m用水泥基墩加地脚螺栓或地锚固定。

(6)若放喷管线接在套管四通套管阀门上，放喷管线一侧紧靠套管四通的阀门应处于常开状态，并采取防堵、防冻措施，保证其畅通。

(7)节流压井管汇的管线应平直。

(8)压井管汇不能作为日常施工管线使用，防止管线因冲蚀而失效。

(9)不能用平板阀进行节流放喷，否则会加速阀板和阀座的损坏。

3. 维护保养

(1)定期检查阀门的灵活性，及时加注润滑油、润滑脂，防止阀件锈死。

(2)各阀门应进行挂牌管理。

第三节　井控安全操作技术

掌握井控安全操作技术，能有效预防井喷事故的发生，确保施工过程中的人员和设备安全。本节重点介绍如何运用压井、放喷和不压井作业等技术预防和控制井喷事故的相关知识。

一、压井

压井作为一种广泛应用的井控技术措施，在井控工作中起着重要作用。其具体施工流程及安全注意事项详见本书第四章第二节中压井的相关内容。

二、注水井放喷降压

放喷降压就是指在注水井作业之前，通过地面管汇和阀门，有控制地放喷地层内的流体，降低地层压力，直到井口压力降至为零的过程。

1. 放喷降压作用

1)释放地层压力

为了保护油层，使井下作业施工顺利进行，采用放喷降压的措施代替压井，既能保护油层不受伤害，又达到了安全作业的目的。

2)洗井解堵

注水井投注较长时间后，地层孔隙常被注入水携带的杂质、污物所堵塞，导致油层渗透率降低，甚至出现堵塞严重而注不进水。

对注水井采用放喷措施，可以使地层内高压液体冲刷和携带出岩层孔隙中的堵塞物，起到解堵作用，从而恢复地层的渗透率。同时，可利用喷出的高压水流清除井内锈渣，起到洗井作用。

2. 放喷降压方式

注水井放喷降压的方式分为油管放喷和套管放喷。常采用油管放喷方式，其与套管放喷相比，具有放喷流速高、携带杂质能力强、不易磨损套管、不易造成砂卡事故等优点。

3. 安全操作技术

(1)依据放喷降压施工方案，做好放喷降压前的准备工作。

(2)放喷降压时，操作人员应站在水流喷出方向的侧面进行操作。

(3)放喷降压时，要有专人负责监控，并及时根据喷出水量及水质情况调节放喷方案。

一般初喷率控制在 $3m^3/h$，当喷出量大于井筒容积 2 ~ 3 倍后，若含砂量仍不上升，即可逐渐提高喷率，但每次提高幅度不得超过 $1m^3/h$。若含砂量突然上升，提高到极限喷率后，再继续放喷 30min，若含砂量不降，应控制到极限喷率以下进行放喷。

(4)经长时间放喷后，若压力仍然不降，且出水量充足，应立即关闭井口阀门，选用适当密度的压井液进行压井。

(5)放喷降压时，应将放喷出的液体及时回收处理，注意保护环境。

三、不压井作业

不压井作业是在带压环境中由专业技术人员操作特殊设备起下管柱的一种作业方法。目前已经广泛应用于欠平衡钻井、侧钻、小井眼钻井、完井、射孔、试油、测试、酸化、压裂等作业中。

1. 主要作用

1)保持地层能量，保护开采潜能

不压井作业避免了压井液的使用，防止产层受到伤害，从而提高了产能和采收率，最大限度保护产层的开采产量和潜能。

2)降低作业风险，确保施工安全

压井液在作业过程中受气侵或油侵影响，密度降低，发生井喷的危险性增大，需要重复压井，工序复杂，不压井作业可以有效避免以上风险，减少施工工序，实现安全作业。

3)保护油气层，为油气藏评价提供原始数据

采用不压井作业使产层的物性得到最大的保护，避免了常规开采过程中压井液对油气层造成的污染和伤害，从而为油气藏评价提供准确的数据。

4)解决疑难问题，开拓勘探开发新思路

不压井作业技术可有效避免高压油气井压井时压井液的频繁更换，减轻对地层的伤害和对环境的污染，解决注水井长时间放溢流的难题，可以在带压情况下起下管柱，完成各种油水井评价测试和措施作业。

5)节约生产成本，提高生产效率

常规水井作业时，停注放压时间长，往往需要停注一口或多口相邻的注水井，造成地层能量损耗，影响油井产量。不压井作业不需要进行停注泄压，施工周期短，减少了放喷作业成本，确保油井稳产。

2. 适用范围

不压井作业主要用于注水井、自喷井及天然气井进行常规起下钻作业和不动管柱分层压裂、酸化及完井等作业。主要适用于以下几类油水井作业：

1)油气田的高产井、重点井

由于高产井、重点井具有产量高、地层压力高、层间矛盾大、作业风险高等特点，应用不压井作业可避免压井液伤害地层，减小层间矛盾，缩短地层压力恢复时间，保持原油产量稳定。

2)高压注水井

不压井作业在不放喷、不泄压情况下带压起下油管，减少污水排放，降低处理成本，缩短占井周期，提高有效生产时间，防止局部地层压力损失。

3)分层压裂井

使用带压作业技术，逐层上提分层压裂管柱实现分层压裂，避免使用压井液伤害油层，加快施工进度。

4)负压射孔井

带压作业射孔，不需灌注压井液，直接进行射孔作业，达到诱喷增产目的，防止压井液伤害地层，提高井喷控制防范能力，降低作业风险。

5)打捞、磨铣等作业井

由于不压井作业机自身配有转盘设施，可带压完成落物打捞、磨铣等修井作业。

3. 不压井作业装备

1)结构组成

不压井作业装备主要由动力系统、防喷系统、压力平衡系统、卡瓦系统、提升和下压系统等组成。

2)分类

(1)不压井作业装备按作业型式，可分为独立式和辅助式。

①独立式：可独立完成作业。

②辅助式：需要其他设备(如修井机、钻机等)配合才能完成作业。

(2)按移运方式，可分为自走式和橇装式。

3)型号

不压井作业装备型号的表示方法如下：

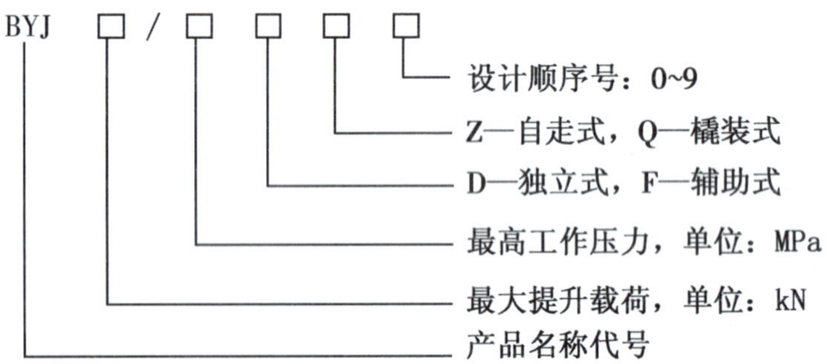

注：最大提升载荷(单位：kN)用圆整后的1/10表示，圆整最小单位为5。最高工作压力(单位：MPa)以14，21，35，70，105压力等级表示。

示例：

BYJ90/21DZ0型不压井作业装备，BYJ表示不压井作业装备；90表示最大提升载荷为90kN；21表示最高工作压力为21MPa；D表示独立式；Z表示自走式；0表示第一次设计。

4. 安全操作

1)施工前准备

(1)作业前准备按照本文第四章中起下管柱的施工前准备执行。

(2)按施工设计要求安装放喷管线。

(3)按施工设计要求准备油管堵塞工具、旋塞阀、带压作业装置、油管、注水要求的井下工具、污水回收罐及相应的辅助工具等。

2)封堵油管

(1)按封堵方案将油管堵塞工具投送到预定位置封堵油管。

(2)封堵后，打开油管阀门放空，观察30min无溢流为封堵合格。若封堵不合格重新下入新的油管堵塞工具进行封堵，直至合格。

3)安装带压作业装置

(1)拆除采油树上法兰，清理钢圈槽，确认油管悬挂器的规格型号，准备与其相匹配的提升短节1000～1500mm。

(2)安装试压合格的井控装置，井控装置应整体吊装，防喷器两端不应有妨碍其开启和关闭的物体。

(3)安装液压操作装置，调节辅助支架，使举升游动卡瓦与井口同轴。

(4)安装液压控制装置、动力源及地面管线。

4)试提原井管柱

(1)使用加大油管提升短节，螺纹应涂抹密封脂，与油管挂连接牢固，关闭上环形防喷器。

(2)在提升短节上连接旋塞阀，关闭旋塞阀。

(3)将采油树大四通顶丝松到位，井内有封隔器时，试提载荷不应超过解封最大载荷。

(4)试提过程中应观察指重表变化，负荷正常后将油管挂坐回，对角旋紧顶丝，卸掉提升短节。

5)带压起管柱

(1)油管挂缓慢、平稳地提升至井控装置的短节内，不应刮、碰环形防喷器。关闭闸板防喷器中的半封闸板与卡瓦，通过放压阀释放半封封井器以上的压力，确认无溢流后，打开顶部环形防喷器，卸掉油管挂。

(2)起原井管柱前，防喷装置应连接废液回收装置，防止油管内液体污染地面。

(3)起管柱过程中，应观察指重表示值的变化，上提速度不超过6m/min。当指重表示值接近零时，应采用液压缸施压提升管柱。

(4)液压缸施压提升管柱时，游动卡瓦卡紧油管，松开固定卡瓦，利用液压缸上提管柱至最大行程(或至上部环形防喷器遇有接箍时)，而后固定卡瓦卡紧油管，松开游动卡瓦，待液压缸复位后，重复上述过程至油管全部提出。

(5)当提升至井下变径工具时，通过缓慢开关上下环形防喷器，使变径工具顺利通过。

(6)提出全部管柱后，关闭全封封井器，释放井控装置内的压力。

(7)对原井管串进行检查、校核，刺洗干净，记录起出油管有无结垢或腐蚀现象。

6)带压下管柱

(1)将封堵工具(带堵头的预置工作筒或双作用阀)连接到油管底端。

(2)根据工具长度，确定井控装置内的短节高度。

(3)液压缸升至最大行程，关闭上环形防喷器，采用游动卡瓦卡紧油管，打开全封封井器，缓慢施压下放管柱，待液压缸复位后，卡紧固定卡瓦，打开游动卡瓦，液压缸上升至最大行程，重复此过程。

(4)当有变径工具下入时，通过缓慢开关上下环形防喷器，使变径工具顺利通过。

(5)管柱自重大于井内流体对管柱的上顶力时，使用游动滑车正常下放管柱，下放速度不超过5m/min，重复此过程，直至下完全部管柱。

(6)大直径工具在通过射孔井段时，下放速度不超过0.8m/min。

(7)若管柱携带井下工具，按工具的操作要求进行操作。

(8)油管挂应完好、清洁，连接螺纹应涂密封脂，缓慢下放油管挂，进入锥座时应对正，对角旋紧顶丝，释放防喷装置压力，确认无溢流为合格。

7)拆卸带压作业装置

(1)拆卸提升短节后，整体吊下带压装置。

(2)整体吊下防喷装置。

8)完井

(1)钢圈槽应清洁并涂抹润滑脂，钢圈无损伤并放正，组装采油树，依次对角旋紧各连接螺栓，上下法兰间隙误差在对角方向上不超过1mm。

(2)采油树安装与施工前或设计要求一致，做好井口及井口周围的清洁工作。

(3)按封堵工具技术要求，解除管柱内的封堵。

①合注井完井后，依靠注水压力打掉堵头，实现正常注水。

②封隔器坐封稳压时，压力突降后稳定，此时双作用阀换向。坐封完毕后，打开油管放空阀门，如有水返出，证明换向成功。

5. 注意事项

(1)高压井作业时，井口必须装好井控装置及加压装置；同时井内管柱必须连接相应的井底开关，确保灵活好用、开关自如。

(2)低压井作业时，井口应安装中、低压自封封井器，下井管柱底部必须连接相应的泄油器，井口应接好平衡液回灌管线，防止因起、下造成井底压力失衡而导致井喷。

(3)作业井的井口装置、井下管柱结构及地面设施必须具备不压井、不放喷、不停产及应变抢救作业的各种条件。

(4)作业施工前应接好放喷平衡管线。

(5)不压井井口控制装置要求开关灵活、密封性好、连接牢固、试压合格，并有性能可靠的安全卡瓦。

(6)起下管柱过程中，随时观察井口压力及管柱变化。当超过安全工作压力或发现管柱自动上顶时，应及时采取有效措施。

(7)中途停止施工时，应关闭半封封井器、固定卡瓦、游动卡瓦，并手动锁紧。

(8)禁止夜间施工。遇有6级以上大风、能见度小于井架高度的浓雾、暴雨雷电等恶劣天气，应停止施工。

(9)现场必须按规定配备可燃、有毒有害气体检测仪、正压呼吸器等安全防护装备。

(10)施工现场应备有密封件、卡瓦牙等易损件。

(11)下管柱前用通管规通管检验，确保油管畅通。

(12)螺纹涂密封脂后上紧，在坐井口时，套管短节螺纹缠螺纹带。

(13)油管挂、采油树主通径应不小于油管内径，油管挂端口倒角应不小于油管倒角。

(14)完井后，井口不刺不漏为合格，试注正常后方可交井。

四、井控防喷

1. 作业前准备

(1)作业前必须向施工人员进行技术交底，没有施工设计不许施工。

(2)施工单位按设计要求，准备相适应的井控装置，检查并确保井控装置开关灵活好用，经试压合格后方可使用。

(3)作业前应在套管阀门一侧接放喷管线至储油池或储油罐，管线用地锚固定。

(4)放喷管线、压井管线及其所有的管线、阀门、法兰等配件的额定工作压力必须与防喷装置的额定工作压力相匹配。所有管线要使用合格管材或专用管线，不允许使用焊接管线或软管线。

(5)施工现场的井场电路布置、设备安装、井场周围的设施摆放，都要确保正常施工、特种车辆有回转余地。具体参照本书第四章第一节中的井场布置要求执行。

(6)含硫化氢油气井的放喷管线要采用抗硫专用管材，不得焊接。

(7)对含有硫化氢的油气井，作业时要给施工人员配备专用的防护用品。

(8)井场周围要设置安全警示牌，划定安全区域，非施工人员不得入内。

2. 起下钻作业防喷安全操作技术

(1)起下钻作业时，井口必须装好防喷装置，上齐上紧螺栓，提前做好放喷准备，如中途停工，必须装好井口或关闭防喷装置，严防井下落物。

(2)起下钻作业时，应备有封堵油管的防喷装置。起下抽油杆时要将密封盒、胶皮阀门等井口密封装置连接好，放置在适当位置，一旦发生井喷，迅速与抽油杆连接，并坐上井口。

(3)对有自喷能力、高压低渗透的井，起下管柱操作过程中要保持井筒内修井液液面高度，不许边喷边作业，起完管柱应立即关闭防喷装置。

(4)起下钻作业时，随时观察井口油、气显示的变化，发现溢流现象应立即停止施工，并采取有效措施。

(5)起下钻具时，如果发生井筒液体上顶管柱，在保证管柱畅通的情况下，关闭井口防喷装置组合，再采取下步措施。

(6)起下大直径工具时，不得猛提猛放，避免造成抽汲诱喷。在防喷装置上加装防顶卡瓦，作业过程中及时向井内灌注压井液。起带封隔器的管柱前，应先解封，如解封不好，应在射孔段位置进行多次活动试提，严禁强行上提起钻。

(7)冲砂施工作业发现溢流时，要先用适宜的压井液，冲开被埋的地层，保持循环正常，当出口液量大于进口液量时，采取压井措施。

(8)磨套铣作业发生溢流时，要先充分循环一周以上，停泵观察井口返液情况，无溢流时方可进行下步施工。

3. 射孔作业防喷安全操作技术

(1)井筒内必须灌满压井液，并保持合理的液面高度。有漏失层的井在射孔过程中要不断灌入压井液，否则不能射孔。

(2)井口要装好防喷装置，并试压合格。

(3)放喷管线应接出距井口 20m 以外，禁止用软管线接弯头，固定好后将放喷阀门打开。

(4)做好抢下油管和抢装井口的准备工作，并保证配件清洁，灵活好用。现场施工人员做好组织分工，保证各项防喷措施落实到每个环节。

(5)高压油气层在射孔前应接好压井管线，并准备 1.5 倍以上井筒容积、适宜密度的压井液。

(6)动力设备应运转正常，中途不得熄火。

(7)射孔应连续进行，安排工程技术人员进行坐岗观察，发现有井喷预兆应采取果断措施，防止井喷。

(8)油管连接射孔枪射孔时，若发现外溢或井喷先兆，应停止射孔，起出射孔枪，根据溢流情况，抢下油管或抢装井口，关闭防喷装置，重建压力平衡后再进行射孔。

(9)电缆连接射孔枪射孔时，若发现外溢或井喷先兆，应停止射孔，上提电缆，若电缆上提速度大于井筒液柱上顶速度，则起出电缆，关防喷装置；若电缆上提速度小于井筒液柱上顶速度，则剪断电缆，关防喷装置，并在防喷装置上装好采油井口装置。

(10)射孔结束后，要有专人负责监视井口 1h 以上，否则不许进行下步施工。确定无溢流或井喷现象发生时，应迅速下入生产管柱，中途严禁中断施工作业。

(11)射孔时施工单位地质人员、安全员必须到现场配合工作，校对好射孔层位和井段数据，发现问题及时处理。

4. 诱喷作业防喷安全操作技术

1)液体替喷安全操作

(1)替喷前应按设计要求，选用规定密度的替喷液体。

(2)进口管线及井口装置应试压合格，出口管线必须接钢制直管线，固定牢靠。

(3)选用可燃性液体做替喷液时，井场 50m 范围内严禁烟火。

(4)压井前放套管气时，要用阀门或油嘴控制放喷排量，严禁无控制放喷。

(5)替喷过程中，要注意观察、记录返出流体的性质和数量。当油、气被诱流至井内后，如出现井口压力逐渐升高，出口排量逐渐增大，并有油、气显示，停泵后井口有溢流，喷势逐渐增大等现象，说明替喷成功。

(6)替喷时，应用正循环替喷方法，以降低井底回压，减少对油气层的伤害。替喷过程中，要采用连续大排量，中途不得停泵，套管出口放喷正常后，再装油嘴控制生产。

(7)高压油气层替喷应采用二次替喷的方法，即先用低密度压井液替出油层顶部100m至人工井底的压井液，将管柱下至完井深度，再用低密度的压井液替出井筒全部压井液。

2)抽汲诱喷安全操作

(1)抽汲诱喷前要认真检查抽汲工具，防止松扣脱落。

(2)地滑车必须有固定措施，禁止将地滑车拴在井口采油树或井架大腿支架上。

(3)下入井内的钢丝绳必须丈量清楚，并有明显的标记。

(4)对高压或高气油比的井不能连续抽汲，每抽2~3次后，应及时观察动液面上升情况。

(5)停抽时抽子应起至防喷管内，不得在井内停留。

(6)抽汲中若发现井喷，应迅速将抽子起至防喷管内，并采取有效防喷措施。

3)高压气举及注氮诱喷安全操作

如采用液体替喷和抽汲诱喷无效时，可采用气举和注氮诱喷。

气举是利用压缩机向油管或套管内注入压缩气体，使井内的液体从套管或油管中排出，目的是大幅度降低井筒液柱压力，使地层中的流体流入井筒。

液氮排液是使用专用的液氮车将低压液氮转换成高压液氮，并使高压液氮蒸发注入井中，替出井内液体的施工工艺。

为防止发生井喷，在进行气举及注液氮时应注意以下几点：

(1)用连续油管进行液氮排液、替喷等作业时，必须装好防喷器组。

(2)进口管线应全部用高压钢管线，试泵压力为最高压力的1.5倍，不刺不漏。出口管线禁用软管线，并有固定措施。

(3)压风机及施工车辆距井口不得小于20m，排气管上要装防火罩。

(4)气举时操作人员要远离高压管线区。气举中途若因故障需维修时，要放压后进行。

(5)气举后应根据油层结构及设计要求确定放喷油嘴的大小，禁止用阀门控制放气。必要时装双翼采油树控制放气量，严防出砂。

(6)气举施工必须有严密可靠的防爆措施，否则不得采用气举法诱喷。尤其对天然气量较大的井，应先排净井筒内的天然气后再气举。

(7)注液氮诱喷时，要谨防泄漏。施工人员应穿戴好劳保用品，以防冻伤。

(8)禁止在举空的套管内起下油管，防止油管与套管摩擦撞击引起火星，发生爆炸事故。

5. 大修作业防喷安全操作技术

(1)严格按工程设计要求选配压井液，备足用量。

(2)按标准装好井控装置，并进行试压，确保装置不刺不漏。

(3)有漏失层的井要连续灌注压井液，保持井筒液柱压力与地层压力平衡。

(4)对封隔器胶皮卡的井和大直径落物打捞的井，捞获后的上提速度应慢，切不可使用高速挡，同时要加强保护套管措施。

五、井喷处理

1. 异常情况处理措施

(1)坚守工作岗位，服从现场指挥，沉着果断地采取各种有效措施，防止井喷事态扩大。

(2)迅速查明井喷的原因，及时准确地向有关部门汇报，并做好记录。

(3)当射孔中途发现井口有油、气显示并快速外溢时，要停止射孔。在允许的条件下，立即提出电缆，注意观察井口变化。如来不及提出时，要迅速截断电缆，抢关防喷装置。

(4)当发现井筒内压井液被气侵、密度降低时，要及时替入适当密度的压井液，将原井筒液体全部替出或用清水循环脱气。

2. 控制井喷安全操作技术

(1)在发生井喷初始，应停止一切施工，抢装井口或关闭防喷井控装置。

(2)一旦井喷失控，应立即切断危险区电源、火源，动力熄火。不准用铁器敲击，以防引起火花。同时布置警戒，严禁一切火种带入危险区。

(3)立即向有关部门报警。

(4)在人员稠密区或生活区要迅速通知熄灭火种。必要时疏散人员，撤离危险区域。

(5)当井喷失控，短时间内无有效的抢救措施时，要迅速关闭附近同层位的注水、注蒸汽井。对注入井进行有控制地放压，降低地层压力，或采取钻救援井的方法控制事故井。同时，要迅速做好储水和供水工作，将井场的油池进行填埋，将油罐、氧气瓶等易燃易爆品拖离危险区。

(6)井喷后未着火井可用水力隔离严防着火。着火井要带火清障，同时准备好新的井口装置、专用设备及器材。

(7)在处理井喷失控时，停止其他作业。

3. 抢救工作的组织及准备

(1)生产单位要成立以主要负责人为主的井喷抢险预备队，定期对人员进行防喷抢救知识培训。

(2)做好抢救器材、工具的储备工作，由专人负责保管，定期检查保养。

(3)当接到井喷事故报警后，启动应急救援预案，由应急领导小组统一指挥，确定抢险方案，迅速集合队伍，调集抢险物资。

(4)抢险前，向参加抢险的全体人员交底，确保救援人员明确实施步骤和有关注意事项。

4. 人身安全防护措施

(1)全体抢救人员要穿戴好各种劳保用品，必要时带上防毒面具、口罩、防震安全帽，系好安全带、安全绳。

(2)消防车及消防设施要准备到位，随时应对突发事件的发生。

(3)医务急救人员到现场待命，做好救护准备工作。

(4)全体抢救人员要服从现场指挥的统一指挥，一旦发生爆炸、火灾、坍塌等意外事故时，要保证人员、设备能迅速撤离现场。

(5)将受伤人员及时转移到安全区域进行救护。

(6)若井喷事态扩大，要尽快疏散周围群众。

5. 井喷控制后的处置工作

(1)井喷控制后要进一步加固井口和防喷装置，泵入适当密度的压井液，重新恢复井筒液柱压力，以平衡地层压力。

(2)分析事故原因，总结经验，从中吸取教训，并追究相关责任。

(3)对井喷事故造成的地面污染及时进行恢复。

(4)相关技术人员认真分析井喷事故对油气藏的影响。

思　考　题

1. 导致井喷失控事故发生的原因有哪些？
2. 井控的防范措施有哪些？
3. 简述不压井作业的特点。
4. 起下钻过程中，如何做好井喷防范工作？
5. 在井喷事故处置过程中，如何做好人身安全防护工作？

第六章　井下作业应急管理及应急预案演练

加强应急管理，建立健全突发事件应急机制，提高预防和处置突发事件的能力，可预防和减少突发事件，保障人员生命及财产安全。本章简要介绍了应急管理、应急预案编制和应急演练的相关知识。

第一节　应急管理

在处理突发生产安全事故和自然灾害过程中，正确应用应急管理手段进行预防和处置突发事件，达到减少人员伤亡和财产损失的目的。本节介绍了应急管理的措施、内容等基本知识。

一、应急管理过程

应急管理是一个动态的过程，包括预防、准备、响应和恢复 4 个阶段。尽管在实际情况中，这些阶段往往是交叉的，但每一阶段都有自己明确的目标，而且每一阶段又是构筑在前一阶段的基础之上。因而，预防、准备、响应和恢复的相互关联，构成了应急管理的循环过程。

1. 预防

在应急管理中预防有两层含义：一是事故的预防工作，即通过安全管理和安全技术等手段，尽可能地防止事故的发生，实现本质安全；二是在假定事故必然发生的前提下，通过预先采取的预防措施，来达到降低或减缓事故的影响或后果严重程度，如加大建筑物的安全距离、工厂选址的安全规划、减少危险物品的存量、设置防护墙，以及开展公众教育等。从长远观点看，低成本、高效率的预防措施，是减少事故损失的关键。

2. 准备

应急准备是应急管理过程中一个极其关键的过程，它是针对可能发生的事故，为迅速有效地开展应急行动而预先所做的各种准备，包括应急体系的建立，有关部门和人员职责的落实，预案的编制，应急队伍的建设，应急设备(施)、物资的准备和维护，预案的演习，与外部应急力量的衔接等，其目标是保持重大事故应急救援所需的应急能力。

3. 响应

应急响应是指在事故发生后立即采取的应急与救援行动。包括事故的报警与通报、人员的紧急疏散、急救与医疗、消防和工程抢险措施、信息收集与应急决策和外部救援等，其目标是尽可能地抢救受害人员、保护可能受威胁的人群，尽可能控制并消除事故。应急响应可划分为两个阶段，即初级响应和扩大应急。

初级响应是在事故初期，企业应用自己的救援力量，使事故得到有效控制。但如果事故的规模和性质超出本单位的应急能力，则应请求增援和扩大应急救援活动的强度，以便最终控制事故。

4. 恢复

恢复工作应该在事故发生后立即进行，它首先使事故影响区域恢复到相对安全的基本状态，然后逐步恢复到正常状态，可分为短期恢复和长期恢复。要求立即进行的恢复工作包括事故损失评估、原因调查、清理废墟等。在短期恢复中，应注意的是避免出现新的紧急情况。长期恢复包括厂区重建和受影响区域的重新规划和发展。在长期恢复工作中，应吸取事故和应急救援的经验教训，开展进一步的预防工作和减灾行动。

二、应急管理的措施

应急管理的措施归纳为 3 个字，即防、救、建。

1. 防

防包括人防、技防、物防。人防：建立一支相应的应急队伍；技防：利用有效的技术手段，进行监测、预测、预警等；物防：储备安全防护设备、应急物资及修建避难场所等。

2. 救

救分自救、互救和公救。自救是依靠现场施工人员进行抢救；互救是依靠协作单位相互救援；公救包括政府组织、社会力量等救助。

3. 建

对事故现场恢复、生产重建、设备维修、物资补充等内容。

三、应急管理的主要内容

应急管理的内容简单讲是“一案三制”，即应急预案和应急管理体制、机制和法制。

1. “一案”

“一案”是指制定修订应急预案。所有应急预案统称为应急预案体系。应急预案的制定应坚持“以人为本、自救为主”的原则，做到分层编制、分级处置、上下衔接、横向关联。

2. 应急管理体制

应急管理体制主要指应急管理的组织机构。包括领导机构、工作机构等。应急管理体制建设的要求：统一领导、分级负责、企地联动、属地管理。

3. 应急管理机制

应急管理机制是指事件发生后，救援行动如何开展，主要包括预防准备、监测预警、信息报告、决策指挥、人员沟通、员工动员、恢复重建、调查评估、应急保障等内容。

4. 应急管理法制

应急管理法制是指处置突发事件的相关法律法规，例如《中华人民共和国突发事件应对法》、《国家突发公共事件总体应急预案》等。

第二节 应急预案

应急预案指针对突发事件如自然灾害、重特大事故、环境公害及人为破坏制定的应急管理、指挥、救援计划等。本节介绍了应急预案的体系构成、主要内容及编制等知识。

一、应急预案的分类

为规范突发事件应急预案管理，增强应急预案的针对性、实用性和可操作性，国务院于2013年10月25日颁发了《突发事件应急预案管理办法》(国办发[2013]101号)。根据应急预案制定主体不同，将应急预案划分为政府及其部门应急预案、单位和基层组织应急预案两大类。

文件中规定，大型企业集团可根据相关标准规范和实际工作需要，参照国际惯例，建立本集团应急预案体系。对预案应急响应是否分级、如何分级、如何界定分级响应措施等，由预案制定单位根据本地区、本部门和本单位的实际情况确定。

例如，某油田公司制定了4级应急预案，一级预案是公司级预案，二级预案是厂(处)级预案，三级预案是作业区(大队)级预案，四级预案是班组级预案。

二、体系构成

应急预案应形成体系，该体系主要是明确处置突发事件各个过程中相关部门和人员的职责，一般由综合应急预案、专项应急预案和现场处置方案构成。针对各级各类可能发生的事故和所有危险源制定专项应急预案和现场处置方案，生产规模小、危险因素少的生产经营单位，综合应急预案和专项应急预案可以合并编写。

1. 综合应急预案

综合应急预案是从总体上阐述事故的应急方针、政策，应急组织结构及相关应急职责，应急行动、措施和保障等基本要求和程序，是应对各类事故的综合性文件。

2. 专项应急预案

专项应急预案是针对具体的事故类别、危险源和应急保障而制定的计划或方案，是综合应急预案的组成部分，应按照应急预案的程序和要求制定，并作为综合应急预案的附件。专项应急预案应制定明确的救援程序和具体的应急救援措施。

3. 现场处置方案

现场处置方案是针对具体的装置、场所或设施、岗位所制定的应急处置措施。现场处置方案应具体、简单、针对性强。现场处置方案应根据风险评估及危险性控制措施逐一编制，做到事故相关人员应知应会，熟练掌握，并通过应急演练，做到迅速反应、正确处置。

三、应急预案主要内容

根据国家总体应急预案的框架内容，一个完整的应急预案一般应覆盖应急准备、应急响应、应急处置和应急恢复全过程，主要包括以下9部分内容。

1. 总则

1)编制目的

简要阐述编制应急预案的重要意义和作用。

2)编制依据

主要依据国家相关法律、法规、政策规定、国家相应应急预案、行业技术规范标准和企业的有关制度和管理办法。

3)适用范围

适用的对象、范围以及突发事件类型、级别等，要级别明确、针对性强。

4)工作原则

内容应遵循简明扼要，条块结合，职责明确，信息共享，预防为主，快速处置等原则。

5)编制要求

以文本、图表构成，并辅以预案体系构成图，表述预案之间的横向关联及上下衔接关系。

2. 组织机构与职责

组织指挥是应急预案的重点内容，预案的主要功能就是建立统一、有序、高效的指挥和运行机制。

(1)按照突发事件处置需要设立应急指挥机构，明确主要负责人、组成人员及相应的职权。

(2)应急指挥机构涉及的部门(单位)及其相应的职权和义务。

(3)以突发事件应急响应过程为主线，明确突发事件发生、报告、响应、结束、善后处置等各环节的主管与协作联动部门；以应急准备及保障机构为支线，明确参与部门的职责。

3. 预防预警机制

依据假定发生的突发事件，并有针对性地做好应急准备，建立预防预警机制，其主要内容如下：

(1)信息监测。确定预警信息监测、收集、分析、报告和发布的方法、程序。

(2)预警行动。明确预警方法、渠道、应急措施及监督检查措施和信息交流与通报程序。

(3)预警支持系统。建立预警体系和相关技术支持平台。

(4)预警级别发布。确定突发事件的级别，进行信息确认，最后进行发布。

4. 应急响应

应急指挥机构应用反馈机制合理调配应急力量和资源，把握时机，强化控制力度，防止事态恶化。相应流程包括7个方面内容：

(1)应急响应级别。按照突发事件可控性、严重程度和影响范围，确定相应的级别。

(2)应急响应行动。根据突发事件级别明确预案启动级别和条件，明确响应主体、指挥机构工作职责、权限和要求，阐明应急响应处置程序。

(3)信息报送和处理。根据信息采集的范围、内容、方法、报送程序和时限，向相应的部门进行报送处理。

(4)指挥和协调。现场指挥遵循属地为主、统一指挥的原则，建立突发事件主管部门为主、各相关部门参与的应急救援协调机制。

(5)应急处置。制订详细、科学的突发事件应对处置方案和措施。

(6)信息发布。按照突发事件新闻发布应急预案的有关规定，及时准确地发布信息。

(7)应急结束。明确应急状态解除或紧急响应措施终止。

5. 善后工作

(1)善后处置。妥善安置伤亡人员，及时进行损失赔偿、灾后重建、卫生防疫等工作。

(2)社会救助。对社会捐赠的物资进行专项管理与监督使用。

(3)后果评估。对突发事件进行调查、分析、评估，总结经验教训及提出改进建议。

6. 应急保障

(1)人力资源保障。列出各类应急响应的人力资源。

(2)财力保障。明确应急经费来源、使用范围、数量和管理监督措施。

(3)物资保障。包括物资调拨和组织生产方案。

(4)通信保障。建立通信系统维护及信息采集等保障机制。

(5)交通运输保障。协调组织救援的各类交通运输工具，制定交通管制方案和线路规划等。

(6)医疗卫生保障。联系辖区内的医疗机构，做好医疗物资的准备工作，制定调用方案。

(7)人员防护。制定应急避险、人员疏散及救援人员安全防护措施。

(8)技术装备保障。提供应急设施设备储备和技术系统的支撑服务。

(9)治安维护。制定应急状态下治安秩序的各项准备方案。

7. 监督管理

预案的监督管理重点强调应急预案的演练、宣传和培训、演练执行情况的责任与奖惩。

8. 附则

1）名词与定义

对应急预案涉及的一些术语进行定义。

2）预案的签署和解释

明确预案签署人，预案解释部门。

3）预案的实施

明确预案实施时间。

9. 附件

明确预案支持性附件，可根据预案的特点和实际需要选择。一般应包括下述附件：

（1）应急组织机构、职责分配及工作流程图；

（2）应急联络及通信方式；

（3）风险分析及评估报告；

（4）应急救援物资、设备、队伍清单；

（5）重大危险源、环境敏感点及应急设施分布图。

四、应急预案的编制

应急预案的编制一般可以分为5个步骤，即组建应急预案编制队伍、开展危险与应急能力分析、预案编制、预案评审与发布、预案的实施。

1. 组建编制队伍

预案从编制、维护到实施都应该有各级各部门的广泛参与，在预案实际编制工作中往往会由编制组执笔，但是在编制过程中或编制完成之后，要征求各部门的意见，包括高层管理人员，中层管理人员，人力资源部门，工程与维修部门，安全、卫生和环境保护部门等。

2. 危险与应急能力分析

1）法律法规

依据国家法律、地方政府法规与行业规定，如安全生产、环境保护、消防等法律及应急管理规定，调研现有预案内容，包括政府与本单位的预案，如疏散预案、消防预案、危险品管理预案、安全评价程序、风险管理预案、资金投入方案等。

2）风险分析

通常应考虑下列因素：

（1）历史情况。本单位及其他兄弟单位，所在区域以往发生过的紧急情况，包括井喷、火灾、危险物质泄漏、极端天气、交通事故、地震等。

（2）地理因素。单位所处地理位置，如邻近洪水区域，地震断裂带和大坝；邻近危险化学品的生产、贮存、使用和运输企业；邻近重大交通干线和机场；邻近核电厂；周围有居民、学校、工厂等。

(3)技术问题。某工艺或系统出现故障可能产生的后果，包括火灾、爆炸和危险品事故，安全系统失灵，通信系统失灵，计算机系统失灵，电力故障，加热和冷却系统故障等。

(4)人的因素。人的失误可能是因为下列原因造成的：培训不足、工作没有连续性、粗心大意、错误操作、疲劳等。

(5)物理因素。考虑施工过程中的危险工艺、易燃易爆品的贮存、设备的布置、照明、紧急通道与出口、避难场所邻近区域等。

(6)管制因素。考虑如下情况的后果：出入禁区、电力故障、通信电缆中断、燃气管道破裂、水害、空气或水污染、爆炸、火灾、化学品泄漏等。

3)应急能力分析

对每一紧急情况应考虑如下问题：

(1)所需要的资源与能力是否配备齐全。

(2)外部资源能否在需要时及时到位。

(3)是否还有其他可以优先利用的资源。

3. 预案编制

在风险分析和应急能力评估的基础上，针对可能发生的环境事件的类型和影响范围，编制应急预案。应急预案编制过程中，应注重全体人员的参与和培训，使所有与事故有关人员均掌握危险源的危险性、应急处置方案和技能。应急预案应充分利用社会应急资源，与地方政府预案、上级主管单位以及相关部门的预案相衔接。

4. 预案的评审与发布

应急预案编制完成后，应进行评审。评审由单位主要负责人组织有关部门和人员进行。外部评审是由上级主管部门、相关单位、环保部门、周边公众代表、专家等对预案进行评审。预案经评审完善后，由单位主要负责人签署发布，按规定报有关部门备案。同时，明确实施的时间、抄送的部门、园区、企业等。

单位应根据自身内部因素(如企业改、扩建项目等情况)和外部环境的变化及时更新应急预案，进行评审发布并及时备案。

5. 预案的实施

预案批准发布后，单位组织落实预案中的各项工作，进一步明确各项职责和任务分工，加强应急知识的宣传、教育和培训，定期组织应急预案演练，持续改进应急预案。

第三节 应急演练

应急演练是指演练单位组织相关单位及人员，依据有关应急预案，模拟应对突发事件的活动。本节介绍了应急演练的原则、分类和实施等基本知识。

一、应急演练的目的

1. 检验预案

通过开展应急演练，查找应急预案中存在的问题，进而完善应急预案，提高应急预案的实用性和可操作性。

2. 完善准备

通过开展应急演练，检查应对突发事件所需应急队伍、物资、装备、技术等方面的准备情况，发现不足及时予以调整补充，做好应急准备工作。

3. 锻炼队伍

通过开展应急演练，让演练组织单位、参与单位和人员熟悉应急预案内容，提高其应急处置能力。

4. 磨合机制

通过开展应急演练，进一步明确相关单位和人员的职责任务，理顺工作关系，完善应急机制。

5. 科普宣教

通过开展应急演练，普及应急知识，提高人员的风险防范和救护意识。

二、应急演练的原则

1. 结合实际、合理定位

紧密结合应急管理工作实际，明确演练目的，根据资源条件确定演练方式和规模。

2. 着眼实战、讲求实效

以提高应急指挥人员的指挥协调能力、应急队伍的实战能力为着眼点，重视对演练效果及组织工作的评估、考核，总结推广经验，及时整改问题。

3. 精心组织、确保安全

围绕演练目的，精心策划演练内容，科学设计演练方案，周密组织演练活动，制订并严格遵守有关安全措施，确保演练参与人员及演练装备设施的安全。

4. 统筹规划、厉行节约

统筹规划应急演练活动，适当开展跨地区、跨部门、跨行业的综合性演练，充分利用现有资源，努力提高应急演练效果。

三、应急演练的分类

1. 按组织形式划分

1）桌面演练

桌面演练是指参演人员利用地图、沙盘、流程图、计算机模拟、视频会议等辅助手段，针对事先假定的演练情景，讨论和推演应急决策及现场处置的过程，从而促进相关人员掌握应急预案中所规定的职责和程序，提高指挥决策和协同配合能力。桌面演练通常在室内完成。

2）实战演练

实战演练是指参演人员利用应急处置涉及的设备和物资，针对事先设置的突发事件情景及其后续的发展情景，通过实际决策、行动和操作，完成真实应急响应的过程，从而检验和提高相关人员的临场组织指挥、队伍调动、应急处置技能和后勤保障等应急能力。实战演练通常要在特定场所完成。

2. 按内容划分

1）单项演练

单项演练是指涉及应急预案中特定应急响应功能或现场处置方案中一系列应急响应功能的演练活动。注重对一个或少数几个参与单位（岗位）的特定环节和功能进行检验。

2）综合演练

综合演练是指涉及应急预案中多项或全部应急响应功能的演练活动。注重对多个环节和功能进行检验，特别是对不同单位之间应急机制和联合应对能力的检验。

3. 按目的与作用划分

1）检验性演练

检验性演练是指为检验应急预案的可行性、应急准备的充分性、应急机制的协调性及相关人员的应急处置能力而组织的演练。

2）示范性演练

示范性演练是指为向观摩人员展示应急能力或提供示范教学，严格按照应急预案规定开展的表演性演练。

3）研究性演练

研究性演练是指为研究和解决突发事件应急处置的重点、难点问题，试验新方案、新技术、新装备而组织的演练。

不同类型的演练相互组合，可以形成单项桌面演练、综合桌面演练、单项实战演练、综合实战演练、示范性单项演练、示范性综合演练等。

国家安全监管总局2013年发布的《生产安全事故应急预案管理办法（修订稿）》中规定：生产经营单位应当建立应急演练制度，制定年度应急预案演练计划，结合本单位特点每年至少组织一次综合应急演练或专项应急演练，每季度至少组织一次现场处置方案实战演练，并结合实际经常性开展桌面演练。高危行业生产经营单位每半年至少组织一次综合或专项应急演练。

四、应急演练的实施

1. 演练启动

演练正式启动前一般要举行简短仪式，由演练总指挥宣布演练开始并启动演练活动。

2. 演练执行

1) 演练指挥与行动

(1) 演练总指挥负责演练实施全过程的指挥控制。当演练总指挥不兼任总策划时，一般由总指挥授权策划对演练全过程进行控制。

(2) 按照演练方案要求，应急指挥机构指挥各参演队伍和人员，开展对模拟演练事件的应急处置行动，完成各项演练活动。

(3) 演练控制人员应充分掌握演练方案，按总策划的要求，熟练发布控制信息，协调参演人员完成各项演练任务。

(4) 参演人员根据控制消息和指令，按照演练方案规定的程序开展应急处置行动，完成各项演练活动。

(5) 模拟人员按照演练方案要求，根据未参加演练的单位或人员的行动，并作出信息反馈。

2) 演练过程控制

总策划负责按演练方案控制演练过程。

(1) 桌面演练过程控制。

在讨论式桌面演练中，演练活动主要是围绕对所提出问题进行讨论。由总策划以口头或书面形式，部署引入一个或若干个问题。参演人员根据应急预案及有关规定，讨论应采取的行动。

在角色扮演或推演式桌面演练中，由总策划按照演练方案发出控制消息，参演人员接收到事件信息后，通过角色扮演或模拟操作，完成应急处置活动。

(2) 实战演练过程控制。

在实战演练中，要通过传递控制消息来控制演练进程。总策划按照演练方案发出控制消息，控制人员向参演人员和模拟人员传递控制消息。参演人员和模拟人员接到信息后，按照发生真实事件的应急处置程序，可根据应急行动方案，采取相应的应急处置行动。

控制消息可由人工传递，也可以用对讲机、电话、手机、传真机、网络等方式传送，或者通过特定的声音、标志、视频等呈现。演练过程中，控制人员应随时掌握演练进展情况，并向总策划报告演练中出现的各种问题。

3) 演练解说

在演练实施过程中，演练组织单位可以安排专人对演练过程进行解说。解说内容一般包括演练背景描述、进程讲解、案例介绍、环境渲染等。对于有演练脚本的大型综合性示范演练，可按照脚本中的解说词进行讲解。

4) 演练记录

演练实施过程中，一般要安排专门人员，采用文字、照片和音像等手段记录演练过程。文字记录一般可由评估人员完成，主要包括演练开始与结束时间、演练过程控制情况、各项演练活动中参演人员的表现、意外情况及其处置等内容，尤其要详细记录可能出现的人员“伤亡”(如进入“危险”场所而无安全防护，在规定的时间内不能完成疏散等)及财产“损失”等情况。

照片和音像记录可安排专业人员和宣传人员在不同现场、不同角度进行拍摄，尽可能全方位反映演练实施过程。

5)演练宣传报道

演练宣传组按照演练宣传方案作好演练宣传报道工作。认真做好信息采集、媒体组织、广播电视节目现场采编和播报等工作，扩大演练的宣传教育效果。对涉密应急演练要做好相关保密工作。

3. 演练结束与终止

演练完毕，由总策划发出结束信号，演练总指挥宣布演练结束。演练结束后所有人员停止演练活动，按预定方案集合进行现场总结讲评或者组织疏散。保障部负责组织人员对演练场地进行清理和恢复。

演练实施过程中出现下列情况，经演练领导小组决定，由演练总指挥按照事先规定的程序和指令终止演练：

(1)出现真实突发事件，需要参演人员参与应急处置时，要终止演练，使参演人员迅速回归其工作岗位，履行应急处置职责。

(2)出现特殊或意外情况，短时间内不能妥善处置或解决时，可提前终止演练。

4. 演练评估

演练评估是在全面分析演练记录及相关资料的基础上，对比参演人员表现与演练目标要求，对演练活动及其组织过程作出客观评价，并编写演练评估报告的过程。所有应急演练活动都应进行演练评估。

演练结束后可通过组织评估会议、填写演练评价表和对参演人员进行访谈等方式，也可要求参演单位提供自我评估总结材料，进一步收集演练组织实施的情况。

演练评估报告的主要内容一般包括演练执行情况、预案的合理性与可操作性、应急指挥人员的指挥协调能力、参演人员的处置能力、演练所用设备装备的适用性、演练目标的实现情况、演练的成本效益分析、对完善预案的建议等。

5. 演练总结

演练总结可分为现场总结和事后总结。

1)现场总结

在演练的一个或所有阶段结束后，由演练总指挥、总策划、专家评估组长等在演练现场有针对性地进行讲评和总结。内容主要包括本阶段的演练目标、参演队伍及人员的表现、演练中暴露的问题、解决问题的办法等。

2)事后总结

在演练结束后，由文案组根据演练记录、演练评估报告、应急预案、现场总结等材料，对演练进行系统和全面的总结，并形成演练总结报告。演练参与单位也可对本单位的演练情况进行总结。

演练总结报告的内容包括：演练目的、时间和地点，参演单位和人员，演练方案概要，发现的问题与原因，经验和教训以及改进建议等。

思　考　题

1. 简述应急管理的过程及相关措施。
2. 应急预案的分类及作用有哪些？
3. 简述应急预案编制时应包括的内容。
4. 应急演练的目的有哪些？
5. 专项应急演练的目的及作用是什么？
6. 简述应急预案的演练步骤。

第七章　井下作业事故案例分析及预防措施

通过事故案例分析，可以使操作人员从中汲取经验教训，提高其危险因素辨识和事故预防处置能力，避免类似事故的再次发生。本章通过对十起典型井下作业事故案例进行简述分析，总结事故教训，并制定相应的预防措施。

案例一　液压钳绞断手指

一、事故经过

某油井在措施作业过程中，管柱遇卡，在活动解卡无效后，根据工程设计方案要求进行倒扣起钻作业。司钻(兼班长)在进行完班前安全讲话、岗位分工和技术交底后组织倒扣起钻。起钻过程中，先后两次发生钻杆从液压钳中退不出来的情况，经井口操作人员调试液压钳后，钻杆成功退出。当起至第 25 根钻杆时，液压钳牙块不能自动收回，抱死在钻杆上，井口操作人员多次试退后，未能成功。司钻发现后，到井口操作试退液压钳。在试退过程中，三岗操作工张某走过来，右手伸入液压钳，指着液压钳牙块卡住的地方，说："这个钳牙偏了。"此时，液压钳突然开始转动，将张某右手食指绞断。

二、原因分析

(1)操作人员张某擅离操作岗位，从三岗跑到井口且将手伸入液压钳腔体，是导致事故发生的直接原因。

(2)司钻违章操作，在张某用手指向液压钳且伸进钳口时，盲目操作液压钳，是导致事故发生的主要原因。

(3)作业队安全风险识别不到位，没有及时对存在故障的液压钳进行维修，是导致事故发生的间接原因。

三、事故教训及预防措施

(1)施工过程中发生串岗现象。各岗位应认真履行岗位职责，服从指挥，不得擅离岗位。

(2)串岗人员违规操作，造成人身伤害。设备故障应由专业人员负责维修，严禁非专业人员操作。

(3)该队员工安全意识淡薄，安全技术培训不到位。应加强员工安全操作技术培训，增强自我防护意识。

(4)设备带病工作，导致事故发生。应加强设备的日常维护保养，出现故障及时修理。

案例二　锚头绳致人伤亡

一、事故过程

某年1月11日7时30分左右，某试油队进行起压裂管柱施工，当班人员有司钻(班长)邢某、副班长(一岗)宋某、一岗王某、二岗史某、三岗李某。8时左右，当班人员王某、宋某和史某3人把第一根油管提出井口，用液压钳卸扣时无法卸开，改用管钳仍不能卸开。此时，三岗李某说："用锚头绳试试。"班长邢某问："能行吗?"李某说："试试。"随即到库房取来一根棕绳作锚头绳，用锚头绳试卸油管扣。

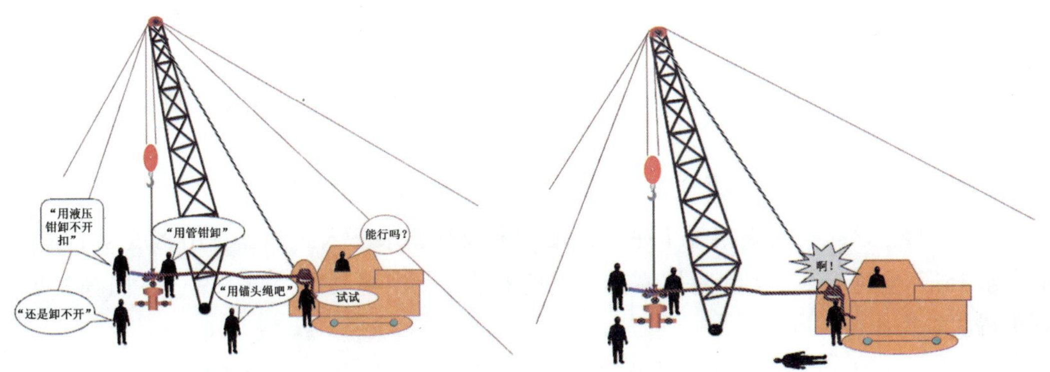

王某将锚头绳一端系在管钳上，另一端由李某往通井机锚头轮处缠。缠绕过程中由于棕绳起摞，李某想用左手将其分开，但手套和手突然被绞在绳子里，锚头轮瞬间将李某甩起。司钻邢某立即将滚筒刹住，李某被甩起后磕到通井机履带板上造成左臂、双腿及脑部重伤。施工人员迅速将李某送往附近医院抢救，但因伤势过重，于9时左右死亡。

二、原因分析

(1)李某使用锚头绳卸油管螺纹，属于违章作业，是造成此起事故的直接原因。

(2)现场施工人员安全意识淡薄，没有及时制止李某的违章行为，反而配合作业，是造成此起事故的主要原因。

(3)在起钻施工中，队干部在用液压钳和管钳卸不动扣的情况下，没有组织人员认真研究切实可行的施工方案，也没有向相关部门报告，是造成此起事故的间接原因。

三、事故教训及预防措施

(1)该队作业人员习惯性违章司空见惯。应加强对员工的安全操作培训，加大现场监督和处罚力度，禁止使用锚头绳卸油管螺纹等违章操作。

(2)作业人员自我保护意识差，冒险蛮干。班组长、操作人员安全意识淡薄，对他人的违章行为没有强行制止，没有做到相互监督和监护。

(3)该队未采取有效措施消减存在的安全隐患。如未在锚头轮上加装防护网、防护罩或卸掉锚头轮等措施。

(4)在出现螺纹过紧的异常情况下，班长应组织施工人员进行分析讨论，制定切实有效的安全卸扣措施。

(5)加强现场管理，要严格执行相关的规章制度、行业标准和操作规程。

案例三　射孔时井喷着火

一、事故经过

某年2月4日3时05分，某修井队在某井进行射孔作业时，发生井喷着火事故。事故发生的具体经过如下：

1月31日，作业队对该井用45m^3清水反洗井至油套压力平衡。

2月3日，该队在完成相关工序后，按方案设计要求下入封隔器，用密度1.15g/cm^3的卤水15m^3坐封，然后由副队长陈某、班长王某、一岗祝某、二岗于某、三岗孙某等人员进行起钻作业。

2月4日1时10分，作业队起出井内全部管柱，由测井队安装放炮阀门。

2时54分，第一炮点火起爆后上提电缆。

2时56分左右，当电缆提出100m左右时，射孔队井口工燕某发现井口有井涌现象，副队长陈某马上到井口准备剪断电缆。

2时58分，副队长陈某开始剪电缆，班长王某和一岗祝某抢关放炮阀门，同时通井机熄火，切断电源，此时井内喷出液柱已高达2m左右。

3时左右，陈某在祝某的协助下剪断电缆，然后配合王某抢关放炮阀门，此时液柱高约10m左右，喷势越来越大，放炮阀门难以关闭。副队长陈某打开南侧套管阀门进行分流，此时井口周围弥漫水雾并伴有天然气。

3时05分，井口南侧着火，陈某与当班工人安全撤离井口，陈某向消防队报火警，同时，逐级进行汇报。

3时18分，消防队到达井喷现场，检测井口附近喷出气体不含硫化氢和有毒有害气体，开展救火抢险。

直至20时23分，通过压井作业，将火焰全部熄灭，成功控制井喷。

二、原因分析

(1)射孔作业是导致井喷事故发生的直接原因。

(2)施工人员安全意识不强，操作水平低，未能及时采取果断的应对措施控制井涌，是导致本次事故发生的主要原因。

(3)对地质情况认识不清，工程设计方案存在缺陷，是导致本次事故发生的间接原因。

(4)施工队违反操作规程，夜间进行射孔作业，是导致本次事故发生的另一间接原因。

(5)应急演练工作履行不到位，员工操作不熟练，应急状态下未能快速剪断电缆，关闭井口，是导致本次事故发生的又一间接原因。

三、事故教训及预防措施

(1)井控培训不到位，应加强井控安全意识、风险识别和操作技能的培训工作。

(2)该作业队忽视了应急演练工作，应加强不同工况下的井控防喷演练，要让员工熟悉本岗位的职责。

(3)进一步完善井控管理网络，加大井控管理和检查力度，派专人负责井控的日常管理。

(4)认真分析在井控工作中存在的问题，查找薄弱环节，制定有针对性的措施，消除井控安全隐患。

(5)加强对油藏地质状况的分析，取准取全相关数据，为编制施工方案提供科学依据。

(6)禁止夜间及特殊天气状况下进行大型施工作业。

案例四　大钩掉落致人伤亡

一、事故经过

某年3月3日6时30分，某修井队进行起磨铣管柱施工，起出方钻杆和第一根立柱后，在第二根立柱接头露出平台时，管柱遇卡，司钻加大油门猛提，此时大绳断裂，游动大钩掉落，将正在操作的作业工砸伤。作业工立即被送往医院抢救，因伤势过重而死亡

二、原因分析

(1)管柱遇卡，大绳断裂是导致本次事故发生的直接原因。

(2)司钻操作不当，遇卡时未按操作规程要求进行缓慢试提，而是超过提升系统负载大力猛提，致使大绳断裂，是导致本次事故发生的主要原因。

(3)操作前对游动系统检查不仔细，对出现问题的钢丝绳未及时更换，是导致本次事故发生的间接原因。

(4)井口操作人员未在管柱遇卡上提时及时撤离井口，采取有效的安全防护措施，是导致本次事故发生的另一间接原因。

三、事故教训及预防措施

(1)司钻违章操作，造成事故。司钻应严格执行操作规程，当管柱遇卡时，司钻应立即采取有效措施，不得猛提猛放。

(2)该队员工风险识别能力差，特殊情况下未采取相应的防护措施。员工应提高安全意识，在进行解卡、打捞等作业时，应提前撤离到安全区域内。

(3)加强对设备及工具的日常检查和维护保养工作，特别是在特殊作业前，应对钢丝绳、绷绳等受力物件进行认真检查，确保牢固可靠。

案例五　驴头掉落致人伤亡

一、事故经过

某年1月3日零点40分，某修井队在某定向井造斜段进行打捞作业时，抽油机驴头未按规定旋转方向。打捞过程中，管柱瞬间遇卡又瞬间解卡，致使管柱上窜，游动滑车摆动剧烈，将驴头撞落，下落的驴头将井口工砸伤。井口工立即被送往医院抢救，因伤势过重而死亡。

二、原因分析

(1)管柱遇卡后又瞬间解卡导致管柱上窜，撞落驴头，是导致本次事故发生的直接原因。

(2)司钻未按操作规程要求对遇卡管柱进行缓慢上提，而是大力猛提，导致管柱解卡后上窜，是导致本次事故发生的主要原因。

(3)抽油机驴头未按要求放至正确位置，在突发情况下被大钩撞掉，是导致本次事故发生的间接原因。

(4)在打捞作业过程中，由于下入磨铣工具外径较大，且位于造斜弯曲井段内，加之该井段结垢结蜡严重，造成管柱遇卡，是导致本次事故发生的又一间接原因。

三、事故教训及预防措施

(1)司钻上提速度太快，导致事故发生。应提高司钻的操作技能水平，在起下管柱时，平稳操作。

(2)施工前未认真分析井筒状况，对管柱遇卡辨识不到位。应认真分析井筒及地质状况，编制科学有效的施工方案。

(3)该队员工风险识别能力差，存在违章操作现象。应加强员工安全技术培训，提高安全意识及风险辨识能力。

(4)该队偷减工序，驴头未旋转到规定位置。施工前应进行安全检查，及时排除施工隐患。

案例六　硫化氢中毒事故

一、事故经过

某年10月12日下午，某修井队在某井进行除垢作业，由技术员进行技术交底后，副队长带领其他3名员工站在罐顶平台上向罐内倒除垢剂。

19时50分，当倒至第24袋时，4人突然晕倒，其中3人掉入罐内，1人倒在平台上。其他现场人员发现后，立即将倒在平台上的人员抢救到安全地带。抢救人员在施救时感觉到有难闻气味，怀疑是有害气体中毒，就未冒然入罐抢救，立即向分公司汇报，并向周边作业队求救。

20时20分，应急抢险人员到达事故现场，戴正压呼吸器将掉入罐内的3人救出，并立即送往医院进行抢救。掉入罐内的3人因抢救无效而死亡，倒在罐顶平台上的1人经抢救脱离危险。此次事故经调查分析，最终确定为硫化氢中毒事故。

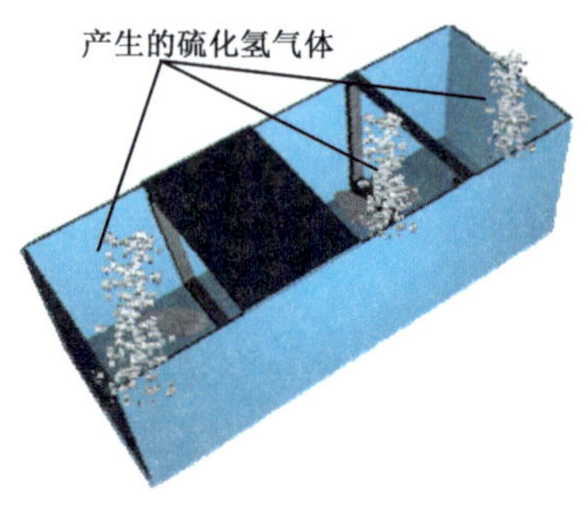

二、原因分析

(1)未按设计要求将配液罐清理干净，除垢剂与储液罐内残泥中的硫化亚铁发生化学反应，产生硫化氢气体，是导致人员中毒死亡事故的直接原因。

(2)员工安全意识淡薄，自我防护意识差，在配液过程中，没有监测有毒有害气体，在自我防范措施不到位的情况下违章作业，是导致本次事故的主要原因。

(3)配液罐无防护装置，致使施工人员晕倒后掉入罐内，是导致本次事故的间接原因。

三、事故教训及预防措施

(1)现场配液人员未佩戴毒害气体检测仪，导致人员中毒。在配液时，应加强安全防范意识，做好相应的安全防护措施，并严密监测毒害气体的浓度。

(2)配液罐顶部未安装护栏、格栅等防护装置，致使人员跌落。应在配液罐顶部安装符合规定的安全装置，确保施工安全。

(3)该队未严格执行施工工序，清罐不彻底，留下事故隐患。在配液现场，应加强现场管理，不得偷减工序，严格落实相关操作规程和技术标准。

案例七　刹把弹起致人伤亡

一、事故经过

某年7月17日12时30分左右，某试油队在某井进行压井施工。在提防喷管过程中，司钻马某左手推动滚筒离合器，右手离开刹把，低头做其他动作，此时刹把突然弹起，击中马某前额，将马某从操作平台上击落。现场施工人员立即将马某送往医院，马某因伤势过重，经抢救无效死亡。

二、原因分析

(1)刹把突然弹起，将马某从操作平台上击落，是造成本次事故的直接原因。

(2)马某注意力不集中，未按操作规程操作，是造成本次事故的主要原因。

(3)操作平台无防护设施，导致马某被击中后，从操作平台上跌落，是造成本次事故的间接原因。

三、事故教训及预防措施

(1)司钻工作不专心，起钻时手离开刹把，导致刹把弹起伤人。应提高员工的安全防护和责任意识，严格执行操作规程，不得违章操作。

(2)操作平台防护栏缺失，不能对操作人员起到保护作用。凡操作平台必须安装防护设施，确保施工安全。

(3)该队未及时处理存在的事故隐患，其他施工人员未及时发现并制止司钻的违章行为，导致事故发生。应加大现场监督检查力度，及时制止现场的违章现象。

案例八　吊卡下落致人伤亡

一、事故经过

某年 9 月 2 日，某队在某井进行清蜡检泵作业，因蜡卡严重，开始倒扣起油管和油杆。

11 时 50 分，三岗陆某在拉油管的过程中，吊卡因月牙旋转(因无保险销)而自动开口，下落时击中陆某的头部，将安全帽打凹陷。陆某当场倒地，鼻孔出血。现场人员立即将陆某送往医院救治，经抢救无效，于 17 时死亡。

据调查，班长梁某、安全员刘某在 8 月 31 日就已经发现吊卡销子损坏，但未及时处理。9 月 1 日下午，班长梁某将吊卡销柄交给区队安全员，安全员没有及时进行处理，直至事故发生。

二、原因分析

(1)吊卡因月牙保险柄失效而掉落，造成人员伤亡，是本次事故发生的直接原因。

(2)现场设备存在安全隐患，没有及时进行消除，员工安全意识淡薄，违章作业，继续施工，是本次事故发生的主要原因。

(3)班长梁某、安全员刘某未履行岗位职责，对损坏的设备没有及时进行维修更换，是本次事故发生的间接原因。

三、事故教训及预防措施

(1)在施工作业过程中，设备带病作业，导致吊卡掉落，致人伤亡。应对存在安全隐患的设备及时进行维修更换。

(2)该队安全生产意识淡薄，未及时消减安全隐患，导致事故发生。应加强员工安全技术培训，提高安全防范意识。

(3)该队管理人员岗位职责履行不到位，未及时处理现场存在的问题。应强化管理人员的责任意识，严格执行岗位职责。

案例九　野营房火灾窒息事故

一、事故经过

某年 3 月 27 日，某试油分公司野外生活基地发生了一起有毒烟雾引起的窒息事故，造成 1 人死亡，直接经济损失 139278. 62 元。

由于北方地区天气寒冷，施工队伍 11 月份到次年 4 月份进入停工期。某试油分公司安排留守人员看守野外生活基地。该野外生活基地有指挥部指挥 1 人、试油分公司职工 2 人、生活服务人员 1 人、发电工 2 人、值班车辆 1 辆。

3 月 26 日 19 时 30 分，留守人员晚饭后回各自宿舍休息。

27 日凌晨 0 时 30 分左右，值班司机王某在厕所碰见陈某并打了招呼，未发现陈某有异常现象。

6 时 10 分左右，发电工耿某巡回检查发电机，路过陈某的宿舍时，发现其门缝有浓烟冒出。耿某敲门未听到回答，随即把野外生活基地管理员魏某叫醒，拿钥匙将门打开，发现室内充满烟雾，被褥和地板在燃烧，火势较大，两人立即呼救，并关掉电源，用灭火器将火扑灭，发现试油分公司职工陈某头朝内趴在地上，随即将陈某救出，对其采取相应的急救措施后送往临近的医院。

6 时 20 分，经医生诊断证实，陈某因窒息死亡。

经事故调查，由于陈某躺在床上吸烟，睡着后，烟头点燃被褥，引发火灾，致使陈某吸入毒烟后窒息死亡。

二、原因分析

（1）陈某卧床吸烟且未将烟头熄灭，睡着后烟头将被褥引燃，产生有毒的烟雾，造成陈某窒息死亡，是导致本次事故的直接原因。

（2）员工安全防范意识差，未意识到卧床吸烟容易引起火灾事故，是导致本次事故的主要原因。

（3）野营房未安装烟雾报警系统，安全设备设施不全，是导致本次事故的间接原因。

（4）安全管理存在漏洞，对员工日常生活管理松懈，是导致本次事故的又一间接原因。

三、事故教训及预防措施

（1）员工卧床吸烟，烟头引燃被褥，致人伤亡。应加强员工的安全意识和自我保护意识。

（2）该队安全管理存在漏洞，未对基地安全隐患进行排查和监督检查。应加强日常监督检查力度，及时制止员工的违章行为。

（3）该队安全防护装置配备不到位，导致事故发生时不能及时进行救援。应加强生产生活区域安全设施的配套，提高事故防范能力。

案例十　一氧化碳中毒事故

一、事故经过

某年 3 月 29 日，某试油队在某井进行射孔、高能气体压裂施工。该井是一口注水井，完钻井深 2229m，完钻层位长 8，甲方地质方案要求采用 TY-102 枪 127 弹射孔，并进行高能气体压裂，抽汲排液合格后完井。

21 时 53 分左右，射孔结束后，进行高能气体压裂成功。

23 时，慕某叫试油工王某、马某、张某、郭某、左某 5 人做抽汲准备。

23 时 40 分，发现井口有溢流，按照作业规程要求，要将井口溢流引入计量罐内。由于水龙带与计量罐之间的连接活接头丢失，慕某安排王某、左某在罐顶将导流水龙带从罐口引入罐内，马某在井口配合开关阀门。

第一次打开阀门后，因水龙带摆动幅度很大，关闭阀门后，王某进入罐内用棕绳将水龙带绑在罐内直梯上，然后出罐。

第二次打开阀门后，水龙带仍然摆动，再次关闭阀门，王某再次进入罐内，用铁丝加固水龙带时昏倒在罐内。

左某在罐上呼叫王某，没有回应，立即呼救，马某和慕某佩戴过滤式防硫化氢面具，先后进入罐内救人，相继晕倒在罐内。

苗某立即拨打120，同时驻井质量监督张某向监督公司汇报，左某与其他两名试油工戴正压式空气呼吸器入罐救助。左某从罐口进入罐内，用绳子绑住马某将其救出。为便于抢救，司钻王某用通井机拖倒大罐，使罐口接近地面，抢救人员随即救出王某和慕某。

3月30日凌晨1时20分将马某、王某和慕某3人送往医院，经抢救无效死亡。法医鉴定，3人均为一氧化碳中毒死亡。

二、原因分析

(1)计量罐内含有井口溢流出的高浓度一氧化碳气体，造成进入计量罐内的王某、慕某、马某中毒死亡，是导致本次事故的直接原因。

(2)作业人员和施救人员在进入罐内前，未对罐内有毒有害气体进行检测，选用防毒面具不当，造成人员伤亡，是导致本次事故的主要原因。

(3)注水井进行高能气体压裂后，由于火箭推进剂氧化后在井筒内产生大量一氧化碳有毒气体，致人中毒，是导致本次事故的间接原因。

(4)施工前水龙带与计量罐之间连接活接头丢失，未及时补配，违章指挥员工进入罐内捆绑水龙带，是导致本次事故的另一间接原因。

(5)没有对作业区块的高能气体压裂工艺进行风险评估，未制定相应的防范措施，而是沿用液体压裂工艺的操作规程组织施工，是导致本次事故的又一间接原因。

三、事故教训及预防措施

(1)生产管理规章制度执行不力，干部违章指挥，员工违规操作。应加大规章制度的执行力度和处罚力度，提高干部员工的安全意识。

(2)安全培训效果不好。要突出安全生产基本知识、专业技能和应急处置能力的培训，规范和强化岗位应知应会教育。

(3)水龙带和计量罐之间的连接活接头丢失，为事故发生埋下隐患。因此，必须加强对设备设施完整性的管理，加大隐患治理力度，及时消除设备设施存在的问题。

(4)未对高能气体压裂等工艺技术进行认真的风险评估，对可能出现的危害认识不到位，没有编制相应的安全操作规程。因此，要对生产施工作业各环节重新审视，缺少操作规程的要进行制定，对现行的操作规程要重新评估，对存在缺陷的操作规程要及时修订完善。

(5)员工对作业过程中出现的有毒有害气体分布和危害性认识不清，应急处置不正确。在任何作业前、作业中要进行危害辨识，动态分析，并制定和落实相应的风险削减、控制和应急措施。

附录一　中华人民共和国安全生产法

中华人民共和国主席令

第十三号

《全国人民代表大会常务委员会关于修改〈中华人民共和国安全生产法〉的决定》已由中华人民共和国第十二届全国人民代表大会常务委员会第十次会议于2014年8月31日通过，现予公布，自2014年12月1日起施行。

中华人民共和国主席　习近平

2014年8月31日

第一章　总　　则

第一条　为了加强安全生产工作，防止和减少生产安全事故，保障人民群众生命和财产安全，促进经济社会持续健康发展，制定本法。

第二条　在中华人民共和国领域内从事生产经营活动的单位（以下统称生产经营单位）的安全生产，适用本法；有关法律、行政法规对消防安全和道路交通安全、铁路交通安全、水上交通安全、民用航空安全以及核与辐射安全、特种设备安全另有规定的，适用其规定。

第三条　安全生产工作应当以人为本，坚持安全发展，坚持安全第一、预防为主、综合治理的方针，强化和落实生产经营单位的主体责任，建立生产经营单位负责、职工参与、政府监管、行业自律和社会监督的机制。

第四条　生产经营单位必须遵守本法和其他有关安全生产的法律、法规，加强安全生产管理，建立、健全安全生产责任制和安全生产规章制度，改善安全生产条件，推进安全生产标准化建设，提高安全生产水平，确保安全生产。

第五条　生产经营单位的主要负责人对本单位的安全生产工作全面负责。

第六条　生产经营单位的从业人员有依法获得安全生产保障的权利，并应当依法履行安全生产方面的义务。

第七条　工会依法对安全生产工作进行监督。

生产经营单位的工会依法组织职工参加本单位安全生产工作的民主管理和民主监督，

维护职工在安全生产方面的合法权益。生产经营单位制定或者修改有关安全生产的规章制度，应当听取工会的意见。

第八条 国务院和县级以上地方各级人民政府应当根据国民经济和社会发展规划制定安全生产规划，并组织实施。安全生产规划应当与城乡规划相衔接。

国务院和县级以上地方各级人民政府应当加强对安全生产工作的领导，支持、督促各有关部门依法履行安全生产监督管理职责，建立健全安全生产工作协调机制，及时协调、解决安全生产监督管理中存在的重大问题。

乡、镇人民政府以及街道办事处、开发区管理机构等地方人民政府的派出机关应当按照职责，加强对本行政区域内生产经营单位安全生产状况的监督检查，协助上级人民政府有关部门依法履行安全生产监督管理职责。

第九条 国务院安全生产监督管理部门依照本法，对全国安全生产工作实施综合监督管理；县级以上地方各级人民政府安全生产监督管理部门依照本法，对本行政区域内安全生产工作实施综合监督管理。

国务院有关部门依照本法和其他有关法律、行政法规的规定，在各自的职责范围内对有关行业、领域的安全生产工作实施监督管理；县级以上地方各级人民政府有关部门依照本法和其他有关法律、法规的规定，在各自的职责范围内对有关行业、领域的安全生产工作实施监督管理。

安全生产监督管理部门和对有关行业、领域的安全生产工作实施监督管理的部门，统称负有安全生产监督管理职责的部门。

第十条 国务院有关部门应当按照保障安全生产的要求，依法及时制定有关的国家标准或者行业标准，并根据科技进步和经济发展适时修订。

生产经营单位必须执行依法制定的保障安全生产的国家标准或者行业标准。

第十一条 各级人民政府及其有关部门应当采取多种形式，加强对有关安全生产的法律、法规和安全生产知识的宣传，增强全社会的安全生产意识。

第十二条 有关协会组织依照法律、行政法规和章程，为生产经营单位提供安全生产方面的信息、培训等服务，发挥自律作用，促进生产经营单位加强安全生产管理。

第十三条 依法设立的为安全生产提供技术、管理服务的机构，依照法律、行政法规和执业准则，接受生产经营单位的委托为其安全生产工作提供技术、管理服务。

生产经营单位委托前款规定的机构提供安全生产技术、管理服务的，保证安全生产的责任仍由本单位负责。

第十四条 国家实行生产安全事故责任追究制度，依照本法和有关法律、法规的规定，追究生产安全事故责任人员的法律责任。

第十五条 国家鼓励和支持安全生产科学技术研究和安全生产先进技术的推广应用，提高安全生产水平。

第十六条 国家对在改善安全生产条件、防止生产安全事故、参加抢险救护等方面取得显著成绩的单位和个人，给予奖励。

第二章　生产经营单位的安全生产保障

第十七条　生产经营单位应当具备本法和有关法律、行政法规和国家标准或者行业标准规定的安全生产条件；不具备安全生产条件的，不得从事生产经营活动。

第十八条　生产经营单位的主要负责人对本单位安全生产工作负有下列职责：

（一）建立、健全本单位安全生产责任制；

（二）组织制定本单位安全生产规章制度和操作规程；

（三）组织制定并实施本单位安全生产教育和培训计划；

（四）保证本单位安全生产投入的有效实施；

（五）督促、检查本单位的安全生产工作，及时消除生产安全事故隐患；

（六）组织制定并实施本单位的生产安全事故应急救援预案；

（七）及时、如实报告生产安全事故。

第十九条　生产经营单位的安全生产责任制应当明确各岗位的责任人员、责任范围和考核标准等内容。

生产经营单位应当建立相应的机制，加强对安全生产责任制落实情况的监督考核，保证安全生产责任制的落实。

第二十条　生产经营单位应当具备的安全生产条件所必需的资金投入，由生产经营单位的决策机构、主要负责人或者个人经营的投资人予以保证，并对由于安全生产所必需的资金投入不足导致的后果承担责任。

有关生产经营单位应当按照规定提取和使用安全生产费用，专门用于改善安全生产条件。安全生产费用在成本中据实列支。安全生产费用提取、使用和监督管理的具体办法由国务院财政部门会同国务院安全生产监督管理部门征求国务院有关部门意见后制定。

第二十一条　矿山、金属冶炼、建筑施工、道路运输单位和危险物品的生产、经营、储存单位，应当设置安全生产管理机构或者配备专职安全生产管理人员。

前款规定以外的其他生产经营单位，从业人员超过一百人的，应当设置安全生产管理机构或者配备专职安全生产管理人员；从业人员在一百人以下的，应当配备专职或者兼职的安全生产管理人员。

第二十二条　生产经营单位的安全生产管理机构以及安全生产管理人员履行下列职责：

（一）组织或者参与拟订本单位安全生产规章制度、操作规程和生产安全事故应急救援预案；

（二）组织或者参与本单位安全生产教育和培训，如实记录安全生产教育和培训情况；

（三）督促落实本单位重大危险源的安全管理措施；

（四）组织或者参与本单位应急救援演练；

（五）检查本单位的安全生产状况，及时排查生产安全事故隐患，提出改进安全生产管理的建议；

（六）制止和纠正违章指挥、强令冒险作业、违反操作规程的行为；

（七）督促落实本单位安全生产整改措施。

第二十三条 生产经营单位的安全生产管理机构以及安全生产管理人员应当恪尽职守，依法履行职责。

生产经营单位作出涉及安全生产的经营决策，应当听取安全生产管理机构以及安全生产管理人员的意见。

生产经营单位不得因安全生产管理人员依法履行职责而降低其工资、福利等待遇或者解除与其订立的劳动合同。

危险物品的生产、储存单位以及矿山、金属冶炼单位的安全生产管理人员的任免，应当告知主管的负有安全生产监督管理职责的部门。

第二十四条 生产经营单位的主要负责人和安全生产管理人员必须具备与本单位所从事的生产经营活动相应的安全生产知识和管理能力。

危险物品的生产、经营、储存单位以及矿山、金属冶炼、建筑施工、道路运输单位的主要负责人和安全生产管理人员，应当由主管的负有安全生产监督管理职责的部门对其安全生产知识和管理能力考核合格。考核不得收费。

危险物品的生产、储存单位以及矿山、金属冶炼单位应当有注册安全工程师从事安全生产管理工作。鼓励其他生产经营单位聘用注册安全工程师从事安全生产管理工作。注册安全工程师按专业分类管理，具体办法由国务院人力资源和社会保障部门、国务院安全生产监督管理部门会同国务院有关部门制定。

第二十五条 生产经营单位应当对从业人员进行安全生产教育和培训，保证从业人员具备必要的安全生产知识，熟悉有关的安全生产规章制度和安全操作规程，掌握本岗位的安全操作技能，了解事故应急处理措施，知悉自身在安全生产方面的权利和义务。未经安全生产教育和培训合格的从业人员，不得上岗作业。

生产经营单位使用被派遣劳动者的，应当将被派遣劳动者纳入本单位从业人员统一管理，对被派遣劳动者进行岗位安全操作规程和安全操作技能的教育和培训。劳务派遣单位应当对被派遣劳动者进行必要的安全生产教育和培训。

生产经营单位接收中等职业学校、高等学校学生实习的，应当对实习学生进行相应的安全生产教育和培训，提供必要的劳动防护用品。学校应当协助生产经营单位对实习学生进行安全生产教育和培训。

生产经营单位应当建立安全生产教育和培训档案，如实记录安全生产教育和培训的时间、内容、参加人员以及考核结果等情况。

第二十六条 生产经营单位采用新工艺、新技术、新材料或者使用新设备，必须了解、掌握其安全技术特性，采取有效的安全防护措施，并对从业人员进行专门的安全生产教育和培训。

第二十七条　生产经营单位的特种作业人员必须按照国家有关规定经专门的安全作业培训，取得相应资格，方可上岗作业。

特种作业人员的范围由国务院安全生产监督管理部门会同国务院有关部门确定。

第二十八条　生产经营单位新建、改建、扩建工程项目（以下统称建设项目）的安全设施，必须与主体工程同时设计、同时施工、同时投入生产和使用。安全设施投资应当纳入建设项目概算。

第二十九条　矿山、金属冶炼建设项目和用于生产、储存、装卸危险物品的建设项目，应当按照国家有关规定进行安全评价。

第三十条　建设项目安全设施的设计人、设计单位应当对安全设施设计负责。

矿山、金属冶炼建设项目和用于生产、储存、装卸危险物品的建设项目的安全设施设计应当按照国家有关规定报经有关部门审查，审查部门及其负责审查的人员对审查结果负责。

第三十一条　矿山、金属冶炼建设项目和用于生产、储存、装卸危险物品的建设项目的施工单位必须按照批准的安全设施设计施工，并对安全设施的工程质量负责。

矿山、金属冶炼建设项目和用于生产、储存危险物品的建设项目竣工投入生产或者使用前，应当由建设单位负责组织对安全设施进行验收；验收合格后，方可投入生产和使用。安全生产监督管理部门应当加强对建设单位验收活动和验收结果的监督核查。

第三十二条　生产经营单位应当在有较大危险因素的生产经营场所和有关设施、设备上，设置明显的安全警示标志。

第三十三条　安全设备的设计、制造、安装、使用、检测、维修、改造和报废，应当符合国家标准或者行业标准。

生产经营单位必须对安全设备进行经常性维护、保养，并定期检测，保证正常运转。维护、保养、检测应当作好记录，并由有关人员签字。

第三十四条　生产经营单位使用的危险物品的容器、运输工具，以及涉及人身安全、危险性较大的海洋石油开采特种设备和矿山井下特种设备，必须按照国家有关规定，由专业生产单位生产，并经具有专业资质的检测、检验机构检测、检验合格，取得安全使用证或者安全标志，方可投入使用。检测、检验机构对检测、检验结果负责。

第三十五条　国家对严重危及生产安全的工艺、设备实行淘汰制度，具体目录由国务院安全生产监督管理部门会同国务院有关部门制定并公布。法律、行政法规对目录的制定另有规定的，适用其规定。

省、自治区、直辖市人民政府可以根据本地区实际情况制定并公布具体目录，对前款规定以外的危及生产安全的工艺、设备予以淘汰。

生产经营单位不得使用应当淘汰的危及生产安全的工艺、设备。

第三十六条　生产、经营、运输、储存、使用危险物品或者处置废弃危险物品的，由有关主管部门依照有关法律、法规的规定和国家标准或者行业标准审批并实施监督管理。

生产经营单位生产、经营、运输、储存、使用危险物品或者处置废弃危险物品，必须执行有关法律、法规和国家标准或者行业标准，建立专门的安全管理制度，采取可靠的安全措施，接受有关主管部门依法实施的监督管理。

第三十七条 生产经营单位对重大危险源应当登记建档，进行定期检测、评估、监控，并制定应急预案，告知从业人员和相关人员在紧急情况下应当采取的应急措施。

生产经营单位应当按照国家有关规定将本单位重大危险源及有关安全措施、应急措施报有关地方人民政府安全生产监督管理部门和有关部门备案。

第三十八条 生产经营单位应当建立健全生产安全事故隐患排查治理制度，采取技术、管理措施，及时发现并消除事故隐患。事故隐患排查治理情况应当如实记录，并向从业人员通报。

县级以上地方各级人民政府负有安全生产监督管理职责的部门应当建立健全重大事故隐患治理督办制度，督促生产经营单位消除重大事故隐患。

第三十九条 生产、经营、储存、使用危险物品的车间、商店、仓库不得与员工宿舍在同一座建筑物内，并应当与员工宿舍保持安全距离。

生产经营场所和员工宿舍应当设有符合紧急疏散要求、标志明显、保持畅通的出口。禁止锁闭、封堵生产经营场所或者员工宿舍的出口。

第四十条 生产经营单位进行爆破、吊装以及国务院安全生产监督管理部门会同国务院有关部门规定的其他危险作业，应当安排专门人员进行现场安全管理，确保操作规程的遵守和安全措施的落实。

第四十一条 生产经营单位应当教育和督促从业人员严格执行本单位的安全生产规章制度和安全操作规程；并向从业人员如实告知作业场所和工作岗位存在的危险因素、防范措施以及事故应急措施。

第四十二条 生产经营单位必须为从业人员提供符合国家标准或者行业标准的劳动防护用品，并监督、教育从业人员按照使用规则佩戴、使用。

第四十三条 生产经营单位的安全生产管理人员应当根据本单位的生产经营特点，对安全生产状况进行经常性检查；对检查中发现的安全问题，应当立即处理；不能处理的，应当及时报告本单位有关负责人，有关负责人应当及时处理。检查及处理情况应当如实记录在案。

生产经营单位的安全生产管理人员在检查中发现重大事故隐患，依照前款规定向本单位有关负责人报告，有关负责人不及时处理的，安全生产管理人员可以向主管的负有安全生产监督管理职责的部门报告，接到报告的部门应当依法及时处理。

第四十四条 生产经营单位应当安排用于配备劳动防护用品、进行安全生产培训的经费。

第四十五条 两个以上生产经营单位在同一作业区域内进行生产经营活动，可能危及对方生产安全的，应当签订安全生产管理协议，明确各自的安全生产管理职责和应当采取的安全措施，并指定专职安全生产管理人员进行安全检查与协调。

第四十六条　生产经营单位不得将生产经营项目、场所、设备发包或者出租给不具备安全生产条件或者相应资质的单位或者个人。

生产经营项目、场所发包或者出租给其他单位的，生产经营单位应当与承包单位、承租单位签订专门的安全生产管理协议，或者在承包合同、租赁合同中约定各自的安全生产管理职责；生产经营单位对承包单位、承租单位的安全生产工作统一协调、管理，定期进行安全检查，发现安全问题的，应当及时督促整改。

第四十七条　生产经营单位发生生产安全事故时，单位的主要负责人应当立即组织抢救，并不得在事故调查处理期间擅离职守。

第四十八条　生产经营单位必须依法参加工伤保险，为从业人员缴纳保险费。

国家鼓励生产经营单位投保安全生产责任保险。

第三章　从业人员的安全生产权利义务

第四十九条　生产经营单位与从业人员订立的劳动合同，应当载明有关保障从业人员劳动安全、防止职业危害的事项，以及依法为从业人员办理工伤保险的事项。

生产经营单位不得以任何形式与从业人员订立协议，免除或者减轻其对从业人员因生产安全事故伤亡依法应承担的责任。

第五十条　生产经营单位的从业人员有权了解其作业场所和工作岗位存在的危险因素、防范措施及事故应急措施，有权对本单位的安全生产工作提出建议。

第五十一条　从业人员有权对本单位安全生产工作中存在的问题提出批评、检举、控告；有权拒绝违章指挥和强令冒险作业。

生产经营单位不得因从业人员对本单位安全生产工作提出批评、检举、控告或者拒绝违章指挥、强令冒险作业而降低其工资、福利等待遇或者解除与其订立的劳动合同。

第五十二条　从业人员发现直接危及人身安全的紧急情况时，有权停止作业或者在采取可能的应急措施后撤离作业场所。

生产经营单位不得因从业人员在前款紧急情况下停止作业或者采取紧急撤离措施而降低其工资、福利等待遇或者解除与其订立的劳动合同。

第五十三条　因生产安全事故受到损害的从业人员，除依法享有工伤保险外，依照有关民事法律尚有获得赔偿的权利的，有权向本单位提出赔偿要求。

第五十四条　从业人员在作业过程中，应当严格遵守本单位的安全生产规章制度和操作规程，服从管理，正确佩戴和使用劳动防护用品。

第五十五条　从业人员应当接受安全生产教育和培训，掌握本职工作所需的安全生产知识，提高安全生产技能，增强事故预防和应急处理能力。

第五十六条　从业人员发现事故隐患或者其他不安全因素，应当立即向现场安全生产管理人员或者本单位负责人报告；接到报告的人员应当及时予以处理。

第五十七条 工会有权对建设项目的安全设施与主体工程同时设计、同时施工、同时投入生产和使用进行监督，提出意见。

工会对生产经营单位违反安全生产法律、法规，侵犯从业人员合法权益的行为，有权要求纠正；发现生产经营单位违章指挥、强令冒险作业或者发现事故隐患时，有权提出解决的建议，生产经营单位应当及时研究答复；发现危及从业人员生命安全的情况时，有权向生产经营单位建议组织从业人员撤离危险场所，生产经营单位必须立即作出处理。

工会有权依法参加事故调查，向有关部门提出处理意见，并要求追究有关人员的责任。

第五十八条 生产经营单位使用被派遣劳动者的，被派遣劳动者享有本法规定的从业人员的权利，并应当履行本法规定的从业人员的义务。

第四章 安全生产的监督管理

第五十九条 县级以上地方各级人民政府应当根据本行政区域内的安全生产状况，组织有关部门按照职责分工，对本行政区域内容易发生重大生产安全事故的生产经营单位进行严格检查。

安全生产监督管理部门应当按照分类分级监督管理的要求，制定安全生产年度监督检查计划，并按照年度监督检查计划进行监督检查，发现事故隐患，应当及时处理。

第六十条 负有安全生产监督管理职责的部门依照有关法律、法规的规定，对涉及安全生产的事项需要审查批准(包括批准、核准、许可、注册、认证、颁发证照等，下同)或者验收的，必须严格依照有关法律、法规和国家标准或者行业标准规定的安全生产条件和程序进行审查；不符合有关法律、法规和国家标准或者行业标准规定的安全生产条件的，不得批准或者验收通过。对未依法取得批准或者验收合格的单位擅自从事有关活动的，负责行政审批的部门发现或者接到举报后应当立即予以取缔，并依法予以处理。对已经依法取得批准的单位，负责行政审批的部门发现其不再具备安全生产条件的，应当撤销原批准。

第六十一条 负有安全生产监督管理职责的部门对涉及安全生产的事项进行审查、验收，不得收取费用；不得要求接受审查、验收的单位购买其指定品牌或者指定生产、销售单位的安全设备、器材或者其他产品。

第六十二条 安全生产监督管理部门和其他负有安全生产监督管理职责的部门依法开展安全生产行政执法工作，对生产经营单位执行有关安全生产的法律、法规和国家标准或者行业标准的情况进行监督检查，行使以下职权：

(一)进入生产经营单位进行检查，调阅有关资料，向有关单位和人员了解情况；

(二)对检查中发现的安全生产违法行为，当场予以纠正或者要求限期改正；对依法应当给予行政处罚的行为，依照本法和其他有关法律、行政法规的规定作出行政处罚决定；

（三）对检查中发现的事故隐患，应当责令立即排除；重大事故隐患排除前或者排除过程中无法保证安全的，应当责令从危险区域内撤出作业人员，责令暂时停产停业或者停止使用相关设施、设备；重大事故隐患排除后，经审查同意，方可恢复生产经营和使用；

（四）对有根据认为不符合保障安全生产的国家标准或者行业标准的设施、设备、器材以及违法生产、储存、使用、经营、运输的危险物品予以查封或者扣押，对违法生产、储存、使用、经营危险物品的作业场所予以查封，并依法作出处理决定。

第六十三条 生产经营单位对负有安全生产监督管理职责的部门的监督检查人员（以下统称安全生产监督检查人员）依法履行监督检查职责，应当予以配合，不得拒绝、阻挠。

第六十四条 安全生产监督检查人员应当忠于职守，坚持原则，秉公执法。

安全生产监督检查人员执行监督检查任务时，必须出示有效的监督执法证件；对涉及被检查单位的技术秘密和业务秘密，应当为其保密。

第六十五条 安全生产监督检查人员应当将检查的时间、地点、内容、发现的问题及其处理情况，作出书面记录，并由检查人员和被检查单位的负责人签字；被检查单位的负责人拒绝签字的，检查人员应当将情况记录在案，并向负有安全生产监督管理职责的部门报告。

第六十六条 负有安全生产监督管理职责的部门在监督检查中，应当互相配合，实行联合检查；确需分别进行检查的，应当互通情况，发现存在的安全问题应当由其他有关部门进行处理的，应当及时移送其他有关部门并形成记录备查，接受移送的部门应当及时进行处理。

第六十七条 负有安全生产监督管理职责的部门依法对存在重大事故隐患的生产经营单位作出停产停业、停止施工、停止使用相关设施或者设备的决定，生产经营单位应当依法执行，及时消除事故隐患。生产经营单位拒不执行，有发生生产安全事故的现实危险的，在保证安全的前提下，经本部门主要负责人批准，负有安全生产监督管理职责的部门可以采取通知有关单位停止供电、停止供应民用爆炸物品等措施，强制生产经营单位履行决定。通知应当采用书面形式，有关单位应当予以配合。

负有安全生产监督管理职责的部门依照前款规定采取停止供电措施，除有危及生产安全的紧急情形外，应当提前二十四小时通知生产经营单位。生产经营单位依法履行行政决定、采取相应措施消除事故隐患的，负有安全生产监督管理职责的部门应当及时解除前款规定的措施。

第六十八条 监察机关依照行政监察法的规定，对负有安全生产监督管理职责的部门及其工作人员履行安全生产监督管理职责实施监察。

第六十九条 承担安全评价、认证、检测、检验的机构应当具备国家规定的资质条件，并对其作出的安全评价、认证、检测、检验的结果负责。

第七十条 负有安全生产监督管理职责的部门应当建立举报制度，公开举报电话、信箱或者电子邮件地址，受理有关安全生产的举报；受理的举报事项经调查核实后，应当形成书面材料；需要落实整改措施的，报经有关负责人签字并督促落实。

第七十一条 任何单位或者个人对事故隐患或者安全生产违法行为，均有权向负有安全生产监督管理职责的部门报告或者举报。

第七十二条 居民委员会、村民委员会发现其所在区域内的生产经营单位存在事故隐患或者安全生产违法行为时，应当向当地人民政府或者有关部门报告。

第七十三条 县级以上各级人民政府及其有关部门对报告重大事故隐患或者举报安全生产违法行为的有功人员，给予奖励。具体奖励办法由国务院安全生产监督管理部门会同国务院财政部门制定。

第七十四条 新闻、出版、广播、电影、电视等单位有进行安全生产公益宣传教育的义务，有对违反安全生产法律、法规的行为进行舆论监督的权利。

第七十五条 负有安全生产监督管理职责的部门应当建立安全生产违法行为信息库，如实记录生产经营单位的安全生产违法行为信息；对违法行为情节严重的生产经营单位，应当向社会公告，并通报行业主管部门、投资主管部门、国土资源主管部门、证券监督管理机构以及有关金融机构。

第五章　生产安全事故的应急救援与调查处理

第七十六条 国家加强生产安全事故应急能力建设，在重点行业、领域建立应急救援基地和应急救援队伍，鼓励生产经营单位和其他社会力量建立应急救援队伍，配备相应的应急救援装备和物资，提高应急救援的专业化水平。

国务院安全生产监督管理部门建立全国统一的生产安全事故应急救援信息系统，国务院有关部门建立健全相关行业、领域的生产安全事故应急救援信息系统。

第七十七条 县级以上地方各级人民政府应当组织有关部门制定本行政区域内生产安全事故应急救援预案，建立应急救援体系。

第七十八条 生产经营单位应当制定本单位生产安全事故应急救援预案，与所在地县级以上地方人民政府组织制定的生产安全事故应急救援预案相衔接，并定期组织演练。

第七十九条 危险物品的生产、经营、储存单位以及矿山、金属冶炼、城市轨道交通运营、建筑施工单位应当建立应急救援组织；生产经营规模较小的，可以不建立应急救援组织，但应当指定兼职的应急救援人员。

危险物品的生产、经营、储存、运输单位以及矿山、金属冶炼、城市轨道交通运营、建筑施工单位应当配备必要的应急救援器材、设备和物资，并进行经常性维护、保养，保证正常运转。

第八十条 生产经营单位发生生产安全事故后，事故现场有关人员应当立即报告本单位负责人。

单位负责人接到事故报告后，应当迅速采取有效措施，组织抢救，防止事故扩大，减少人员伤亡和财产损失，并按照国家有关规定立即如实报告当地负有安全生产监督管理职责的部门，不得隐瞒不报、谎报或者迟报，不得故意破坏事故现场、毁灭有关证据。

第八十一条　负有安全生产监督管理职责的部门接到事故报告后，应当立即按照国家有关规定上报事故情况。负有安全生产监督管理职责的部门和有关地方人民政府对事故情况不得隐瞒不报、谎报或者迟报。

第八十二条　有关地方人民政府和负有安全生产监督管理职责的部门的负责人接到生产安全事故报告后，应当按照生产安全事故应急救援预案的要求立即赶到事故现场，组织事故抢救。

参与事故抢救的部门和单位应当服从统一指挥，加强协同联动，采取有效的应急救援措施，并根据事故救援的需要采取警戒、疏散等措施，防止事故扩大和次生灾害的发生，减少人员伤亡和财产损失。

事故抢救过程中应当采取必要措施，避免或者减少对环境造成的危害。

任何单位和个人都应当支持、配合事故抢救，并提供一切便利条件。

第八十三条　事故调查处理应当按照科学严谨、依法依规、实事求是、注重实效的原则，及时、准确地查清事故原因，查明事故性质和责任，总结事故教训，提出整改措施，并对事故责任者提出处理意见。事故调查报告应当依法及时向社会公布。事故调查和处理的具体办法由国务院制定。

事故发生单位应当及时全面落实整改措施，负有安全生产监督管理职责的部门应当加强监督检查。

第八十四条　生产经营单位发生生产安全事故，经调查确定为责任事故的，除了应当查明事故单位的责任并依法予以追究外，还应当查明对安全生产的有关事项负有审查批准和监督职责的行政部门的责任，对有失职、渎职行为的，依照本法第八十七条的规定追究法律责任。

第八十五条　任何单位和个人不得阻挠和干涉对事故的依法调查处理。

第八十六条　县级以上地方各级人民政府安全生产监督管理部门应当定期统计分析本行政区域内发生生产安全事故的情况，并定期向社会公布。

第六章　法 律 责 任

第八十七条　负有安全生产监督管理职责的部门的工作人员，有下列行为之一的，给予降级或者撤职的处分；构成犯罪的，依照刑法有关规定追究刑事责任：

（一）对不符合法定安全生产条件的涉及安全生产的事项予以批准或者验收通过的；

（二）发现未依法取得批准、验收的单位擅自从事有关活动或者接到举报后不予取缔或者不依法予以处理的；

（三）对已经依法取得批准的单位不履行监督管理职责，发现其不再具备安全生产条件而不撤销原批准或者发现安全生产违法行为不予查处的；

（四）在监督检查中发现重大事故隐患，不依法及时处理的。

负有安全生产监督管理职责的部门的工作人员有前款规定以外的滥用职权、玩忽职守、徇私舞弊行为的，依法给予处分；构成犯罪的，依照刑法有关规定追究刑事责任。

第八十八条 负有安全生产监督管理职责的部门，要求被审查、验收的单位购买其指定的安全设备、器材或者其他产品的，在对安全生产事项的审查、验收中收取费用的，由其上级机关或者监察机关责令改正，责令退还收取的费用；情节严重的，对直接负责的主管人员和其他直接责任人员依法给予处分。

第八十九条 承担安全评价、认证、检测、检验工作的机构，出具虚假证明的，没收违法所得；违法所得在十万元以上的，并处违法所得二倍以上五倍以下的罚款；没有违法所得或者违法所得不足十万元的，单处或者并处十万元以上二十万元以下的罚款；对其直接负责的主管人员和其他直接责任人员处二万元以上五万元以下的罚款；给他人造成损害的，与生产经营单位承担连带赔偿责任；构成犯罪的，依照刑法有关规定追究刑事责任。

对有前款违法行为的机构，吊销其相应资质。

第九十条 生产经营单位的决策机构、主要负责人或者个人经营的投资人不依照本法规定保证安全生产所必需的资金投入，致使生产经营单位不具备安全生产条件的，责令限期改正，提供必需的资金；逾期未改正的，责令生产经营单位停产停业整顿。

有前款违法行为，导致发生生产安全事故的，对生产经营单位的主要负责人给予撤职处分，对个人经营的投资人处二万元以上二十万元以下的罚款；构成犯罪的，依照刑法有关规定追究刑事责任。

第九十一条 生产经营单位的主要负责人未履行本法规定的安全生产管理职责的，责令限期改正；逾期未改正的，处二万元以上五万元以下的罚款，责令生产经营单位停产停业整顿。

生产经营单位的主要负责人有前款违法行为，导致发生生产安全事故的，给予撤职处分；构成犯罪的，依照刑法有关规定追究刑事责任。

生产经营单位的主要负责人依照前款规定受刑事处罚或者撤职处分的，自刑罚执行完毕或者受处分之日起，五年内不得担任任何生产经营单位的主要负责人；对重大、特别重大生产安全事故负有责任的，终身不得担任本行业生产经营单位的主要负责人。

第九十二条 生产经营单位的主要负责人未履行本法规定的安全生产管理职责，导致发生生产安全事故的，由安全生产监督管理部门依照下列规定处以罚款：

（一）发生一般事故的，处上一年年收入百分之三十的罚款；

（二）发生较大事故的，处上一年年收入百分之四十的罚款；

（三）发生重大事故的，处上一年年收入百分之六十的罚款；

（四）发生特别重大事故的，处上一年年收入百分之八十的罚款。

第九十三条 生产经营单位的安全生产管理人员未履行本法规定的安全生产管理职责

的，责令限期改正；导致发生生产安全事故的，暂停或者撤销其与安全生产有关的资格；构成犯罪的，依照刑法有关规定追究刑事责任。

第九十四条　生产经营单位有下列行为之一的，责令限期改正，可以处五万元以下的罚款；逾期未改正的，责令停产停业整顿，并处五万元以上十万元以下的罚款，对其直接负责的主管人员和其他直接责任人员处一万元以上二万元以下的罚款：

（一）未按照规定设置安全生产管理机构或者配备安全生产管理人员的；

（二）危险物品的生产、经营、储存单位以及矿山、金属冶炼、建筑施工、道路运输单位的主要负责人和安全生产管理人员未按照规定经考核合格的；

（三）未按照规定对从业人员、被派遣劳动者、实习学生进行安全生产教育和培训，或者未按照规定如实告知有关的安全生产事项的；

（四）未如实记录安全生产教育和培训情况的；

（五）未将事故隐患排查治理情况如实记录或者未向从业人员通报的；

（六）未按照规定制定生产安全事故应急救援预案或者未定期组织演练的；

（七）特种作业人员未按照规定经专门的安全作业培训并取得相应资格，上岗作业的。

第九十五条　生产经营单位有下列行为之一的，责令停止建设或者停产停业整顿，限期改正；逾期未改正的，处五十万元以上一百万元以下的罚款，对其直接负责的主管人员和其他直接责任人员处二万元以上五万元以下的罚款；构成犯罪的，依照刑法有关规定追究刑事责任：

（一）未按照规定对矿山、金属冶炼建设项目或者用于生产、储存、装卸危险物品的建设项目进行安全评价的；

（二）矿山、金属冶炼建设项目或者用于生产、储存、装卸危险物品的建设项目没有安全设施设计或者安全设施设计未按照规定报经有关部门审查同意的；

（三）矿山、金属冶炼建设项目或者用于生产、储存、装卸危险物品的建设项目的施工单位未按照批准的安全设施设计施工的；

（四）矿山、金属冶炼建设项目或者用于生产、储存危险物品的建设项目竣工投入生产或者使用前，安全设施未经验收合格的。

第九十六条　生产经营单位有下列行为之一的，责令限期改正，可以处五万元以下的罚款；逾期未改正的，处五万元以上二十万元以下的罚款，对其直接负责的主管人员和其他直接责任人员处一万元以上二万元以下的罚款；情节严重的，责令停产停业整顿；构成犯罪的，依照刑法有关规定追究刑事责任：

（一）未在有较大危险因素的生产经营场所和有关设施、设备上设置明显的安全警示标志的；

（二）安全设备的安装、使用、检测、改造和报废不符合国家标准或者行业标准的；

（三）未对安全设备进行经常性维护、保养和定期检测的；

（四）未为从业人员提供符合国家标准或者行业标准的劳动防护用品的；

（五）危险物品的容器、运输工具，以及涉及人身安全、危险性较大的海洋石油开采特种设备和矿山井下特种设备未经具有专业资质的机构检测、检验合格，取得安全使用证或者安全标志，投入使用的；

（六）使用应当淘汰的危及生产安全的工艺、设备的。

第九十七条 未经依法批准，擅自生产、经营、运输、储存、使用危险物品或者处置废弃危险物品的，依照有关危险物品安全管理的法律、行政法规的规定予以处罚；构成犯罪的，依照刑法有关规定追究刑事责任。

第九十八条 生产经营单位有下列行为之一的，责令限期改正，可以处十万元以下的罚款；逾期未改正的，责令停产停业整顿，并处十万元以上二十万元以下的罚款，对其直接负责的主管人员和其他直接责任人员处二万元以上五万元以下的罚款；构成犯罪的，依照刑法有关规定追究刑事责任：

（一）生产、经营、运输、储存、使用危险物品或者处置废弃危险物品，未建立专门安全管理制度、未采取可靠的安全措施的；

（二）对重大危险源未登记建档，或者未进行评估、监控，或者未制定应急预案的；

（三）进行爆破、吊装以及国务院安全生产监督管理部门会同国务院有关部门规定的其他危险作业，未安排专门人员进行现场安全管理的；

（四）未建立事故隐患排查治理制度的。

第九十九条 生产经营单位未采取措施消除事故隐患的，责令立即消除或者限期消除；生产经营单位拒不执行的，责令停产停业整顿，并处十万元以上五十万元以下的罚款，对其直接负责的主管人员和其他直接责任人员处二万元以上五万元以下的罚款。

第一百条 生产经营单位将生产经营项目、场所、设备发包或者出租给不具备安全生产条件或者相应资质的单位或者个人的，责令限期改正，没收违法所得；违法所得十万元以上的，并处违法所得二倍以上五倍以下的罚款；没有违法所得或者违法所得不足十万元的，单处或者并处十万元以上二十万元以下的罚款；对其直接负责的主管人员和其他直接责任人员处一万元以上二万元以下的罚款；导致发生生产安全事故给他人造成损害的，与承包方、承租方承担连带赔偿责任。

生产经营单位未与承包单位、承租单位签订专门的安全生产管理协议或者未在承包合同、租赁合同中明确各自的安全生产管理职责，或者未对承包单位、承租单位的安全生产统一协调、管理的，责令限期改正，可以处五万元以下的罚款，对其直接负责的主管人员和其他直接责任人员可以处一万元以下的罚款；逾期未改正的，责令停产停业整顿。

第一百零一条 两个以上生产经营单位在同一作业区域内进行可能危及对方安全生产的生产经营活动，未签订安全生产管理协议或者未指定专职安全生产管理人员进行安全检查与协调的，责令限期改正，可以处五万元以下的罚款，对其直接负责的主管人员和其他直接责任人员可以处一万元以下的罚款；逾期未改正的，责令停产停业。

第一百零二条 生产经营单位有下列行为之一的，责令限期改正，可以处五万元以下的罚款，对其直接负责的主管人员和其他直接责任人员可以处一万元以下的罚款；逾期未改正的，责令停产停业整顿；构成犯罪的，依照刑法有关规定追究刑事责任：

（一）生产、经营、储存、使用危险物品的车间、商店、仓库与员工宿舍在同一座建筑内，或者与员工宿舍的距离不符合安全要求的；

（二）生产经营场所和员工宿舍未设有符合紧急疏散需要、标志明显、保持畅通的出口，或者锁闭、封堵生产经营场所或者员工宿舍出口的。

第一百零三条 生产经营单位与从业人员订立协议，免除或者减轻其对从业人员因生产安全事故伤亡依法应承担的责任的，该协议无效；对生产经营单位的主要负责人、个人经营的投资人处二万元以上十万元以下的罚款。

第一百零四条 生产经营单位的从业人员不服从管理，违反安全生产规章制度或者操作规程的，由生产经营单位给予批评教育，依照有关规章制度给予处分；构成犯罪的，依照刑法有关规定追究刑事责任。

第一百零五条 违反本法规定，生产经营单位拒绝、阻碍负有安全生产监督管理职责的部门依法实施监督检查的，责令改正；拒不改正的，处二万元以上二十万元以下的罚款；对其直接负责的主管人员和其他直接责任人员处一万元以上二万元以下的罚款；构成犯罪的，依照刑法有关规定追究刑事责任。

第一百零六条 生产经营单位的主要负责人在本单位发生生产安全事故时，不立即组织抢救或者在事故调查处理期间擅离职守或者逃匿的，给予降级、撤职的处分，并由安全生产监督管理部门处上一年年收入百分之六十至百分之一百的罚款；对逃匿的处十五日以下拘留；构成犯罪的，依照刑法有关规定追究刑事责任。

生产经营单位的主要负责人对生产安全事故隐瞒不报、谎报或者迟报的，依照前款规定处罚。

第一百零七条 有关地方人民政府、负有安全生产监督管理职责的部门，对生产安全事故隐瞒不报、谎报或者迟报的，对直接负责的主管人员和其他直接责任人员依法给予处分；构成犯罪的，依照刑法有关规定追究刑事责任。

第一百零八条 生产经营单位不具备本法和其他有关法律、行政法规和国家标准或者行业标准规定的安全生产条件，经停产停业整顿仍不具备安全生产条件的，予以关闭；有关部门应当依法吊销其有关证照。

第一百零九条 发生生产安全事故，对负有责任的生产经营单位除要求其依法承担相应的赔偿等责任外，由安全生产监督管理部门依照下列规定处以罚款：

（一）发生一般事故的，处二十万元以上五十万元以下的罚款；

（二）发生较大事故的，处五十万元以上一百万元以下的罚款；

（三）发生重大事故的，处一百万元以上五百万元以下的罚款；

（四）发生特别重大事故的，处五百万元以上一千万元以下的罚款；情节特别严重的，处一千万元以上二千万元以下的罚款。

第一百一十条 本法规定的行政处罚，由安全生产监督管理部门和其他负有安全生产监督管理职责的部门按照职责分工决定。予以关闭的行政处罚由负有安全生产监督管理职责的部门报请县级以上人民政府按照国务院规定的权限决定；给予拘留的行政处罚由公安机关依照治安管理处罚法的规定决定。

第一百一十一条 生产经营单位发生生产安全事故造成人员伤亡、他人财产损失的，应当依法承担赔偿责任；拒不承担或者其负责人逃匿的，由人民法院依法强制执行。

生产安全事故的责任人未依法承担赔偿责任，经人民法院依法采取执行措施后，仍不能对受害人给予足额赔偿的，应当继续履行赔偿义务；受害人发现责任人有其他财产的，可以随时请求人民法院执行。

第七章 附 则

第一百一十二条 本法下列用语的含义：

危险物品，是指易燃易爆物品、危险化学品、放射性物品等能够危及人身安全和财产安全的物品。

重大危险源，是指长期地或者临时地生产、搬运、使用或者储存危险物品，且危险物品的数量等于或者超过临界量的单元(包括场所和设施)。

第一百一十三条 本法规定的生产安全一般事故、较大事故、重大事故、特别重大事故的划分标准由国务院规定。

国务院安全生产监督管理部门和其他负有安全生产监督管理职责的部门应当根据各自的职责分工，制定相关行业、领域重大事故隐患的判定标准。

第一百一十四条 本法自 2014 年 12 月 1 日起施行。

附录二　特种作业人员安全技术培训考核管理规定

（2010 年 5 月 24 日国家安全监管总局令第 30 号公布，根据 2013 年 8 月 29 日国家安全监管总局令第 63 号修正）

第一章　总　则

第一条　为了规范特种作业人员的安全技术培训考核工作，提高特种作业人员的安全技术水平，防止和减少伤亡事故，根据《安全生产法》、《行政许可法》等有关法律、行政法规，制定本规定。

第二条　生产经营单位特种作业人员的安全技术培训、考核、发证、复审及其监督管理工作，适用本规定。

有关法律、行政法规和国务院对有关特种作业人员管理另有规定的，从其规定。

第三条　本规定所称特种作业，是指容易发生事故，对操作者本人、他人的安全健康及设备、设施的安全可能造成重大危害的作业。特种作业的范围由特种作业目录规定。

本规定所称特种作业人员，是指直接从事特种作业的从业人员。

第四条　特种作业人员应当符合下列条件：

（一）年满 18 周岁，且不超过国家法定退休年龄；

（二）经社区或者县级以上医疗机构体检健康合格，并无妨碍从事相应特种作业的器质性心脏病、癫痫病、美尼尔氏症、眩晕症、癔病、震颤麻痹症、精神病、痴呆症以及其他疾病和生理缺陷；

（三）具有初中及以上文化程度；

（四）具备必要的安全技术知识与技能；

（五）相应特种作业规定的其他条件。

危险化学品特种作业人员除符合前款第（一）项、第（二）项、第（四）项和第（五）项规定的条件外，应当具备高中或者相当于高中及以上文化程度。

第五条　特种作业人员必须经专门的安全技术培训并考核合格，取得《中华人民共和国特种作业操作证》（以下简称特种作业操作证）后，方可上岗作业。

第六条　特种作业人员的安全技术培训、考核、发证、复审工作实行统一监管、分级实施、教考分离的原则。

第七条 国家安全生产监督管理总局(以下简称安全监管总局)指导、监督全国特种作业人员的安全技术培训、考核、发证、复审工作；省、自治区、直辖市人民政府安全生产监督管理部门负责本行政区域特种作业人员的安全技术培训、考核、发证、复审工作。

国家煤矿安全监察局(以下简称煤矿安监局)指导、监督全国煤矿特种作业人员(含煤矿矿井使用的特种设备作业人员)的安全技术培训、考核、发证、复审工作；省、自治区、直辖市人民政府负责煤矿特种作业人员考核发证工作的部门或者指定的机构负责本行政区域煤矿特种作业人员的安全技术培训、考核、发证、复审工作。

省、自治区、直辖市人民政府安全生产监督管理部门和负责煤矿特种作业人员考核发证工作的部门或者指定的机构(以下统称考核发证机关)可以委托设区的市人民政府安全生产监督管理部门和负责煤矿特种作业人员考核发证工作的部门或者指定的机构实施特种作业人员的安全技术培训、考核、发证、复审工作。

第八条 对特种作业人员安全技术培训、考核、发证、复审工作中的违法行为，任何单位和个人均有权向安全监管总局、煤矿安监局和省、自治区、直辖市及设区的市人民政府安全生产监督管理部门、负责煤矿特种作业人员考核发证工作的部门或者指定的机构举报。

第二章　培　　训

第九条 特种作业人员应当接受与其所从事的特种作业相应的安全技术理论培训和实际操作培训。

已经取得职业高中、技工学校及中专以上学历的毕业生从事与其所学专业相应的特种作业，持学历证明经考核发证机关同意，可以免予相关专业的培训。

跨省、自治区、直辖市从业的特种作业人员，可以在户籍所在地或者从业所在地参加培训。

第十条 对特种作业人员的安全技术培训，具备安全培训条件的生产经营单位应当以自主培训为主，也可以委托具备安全培训条件的机构进行培训。

不具备安全培训条件的生产经营单位，应当委托具备安全培训条件的机构进行培训。

第十一条 从事特种作业人员安全技术培训的机构（以下统称培训机构），应当制定相应的培训计划、教学安排，并按照安全监管总局、煤矿安监局制定的特种作业人员培训大纲和煤矿特种作业人员培训大纲进行特种作业人员的安全技术培训。

第三章　考 核 发 证

第十二条 特种作业人员的考核包括考试和审核两部分。考试由考核发证机关或其委托的单位负责；审核由考核发证机关负责。

安全监管总局、煤矿安监局分别制定特种作业人员、煤矿特种作业人员的考核标准，并建立相应的考试题库。

考核发证机关或其委托的单位应当按照安全监管总局、煤矿安监局统一制定的考核标准进行考核。

第十三条　参加特种作业操作资格考试的人员，应当填写考试申请表，由申请人或者申请人的用人单位持学历证明或者培训机构出具的培训证明向申请人户籍所在地或者从业所在地的考核发证机关或其委托的单位提出申请。

考核发证机关或其委托的单位收到申请后，应当在60日内组织考试。

特种作业操作资格考试包括安全技术理论考试和实际操作考试两部分。考试不及格的，允许补考1次。经补考仍不及格的，重新参加相应的安全技术培训。

第十四条　考核发证机关委托承担特种作业操作资格考试的单位应当具备相应的场所、设施、设备等条件，建立相应的管理制度，并公布收费标准等信息。

第十五条　考核发证机关或其委托承担特种作业操作资格考试的单位，应当在考试结束后10个工作日内公布考试成绩。

第十六条　符合本规定第四条规定并经考试合格的特种作业人员，应当向其户籍所在地或者从业所在地的考核发证机关申请办理特种作业操作证，并提交身份证复印件、学历证书复印件、体检证明、考试合格证明等材料。

第十七条　收到申请的考核发证机关应当在5个工作日内完成对特种作业人员所提交申请材料的审查，作出受理或者不予受理的决定。能够当场作出受理决定的，应当当场作出受理决定；申请材料不齐全或者不符合要求的，应当当场或者在5个工作日内一次告知申请人需要补正的全部内容，逾期不告知的，视为自收到申请材料之日起即已被受理。

第十八条　对已经受理的申请，考核发证机关应当在20个工作日内完成审核工作。符合条件的，颁发特种作业操作证；不符合条件的，应当说明理由。

第十九条　特种作业操作证有效期为6年，在全国范围内有效。

特种作业操作证由安全监管总局统一式样、标准及编号。

第二十条　特种作业操作证遗失的，应当向原考核发证机关提出书面申请，经原考核发证机关审查同意后，予以补发。

特种作业操作证所记载的信息发生变化或者损毁的，应当向原考核发证机关提出书面申请，经原考核发证机关审查确认后，予以更换或者更新。

第四章　复　审

第二十一条　特种作业操作证每3年复审1次。

特种作业人员在特种作业操作证有效期内，连续从事本工种10年以上，严格遵守有关安全生产法律法规的，经原考核发证机关或者从业所在地考核发证机关同意，特种作业操作证的复审时间可以延长至每6年1次。

第二十二条　特种作业操作证需要复审的，应当在期满前60日内，由申请人或者申请人的用人单位向原考核发证机关或者从业所在地考核发证机关提出申请，并提交下列材料：

（一）社区或者县级以上医疗机构出具的健康证明；

（二）从事特种作业的情况；

（三）安全培训考试合格记录。

特种作业操作证有效期届满需要延期换证的，应当按照前款的规定申请延期复审。

第二十三条 特种作业操作证申请复审或者延期复审前，特种作业人员应当参加必要的安全培训并考试合格。

安全培训时间不少于 8 个学时，主要培训法律、法规、标准、事故案例和有关新工艺、新技术、新装备等知识。

第二十四条 申请复审的，考核发证机关应当在收到申请之日起 20 个工作日内完成复审工作。复审合格的，由考核发证机关签章、登记，予以确认；不合格的，说明理由。

申请延期复审的，经复审合格后，由考核发证机关重新颁发特种作业操作证。

第二十五条 特种作业人员有下列情形之一的，复审或者延期复审不予通过：

（一）健康体检不合格的；

（二）违章操作造成严重后果或者有 2 次以上违章行为，并经查证确实的；

（三）有安全生产违法行为，并给予行政处罚的；

（四）拒绝、阻碍安全生产监管监察部门监督检查的；

（五）未按规定参加安全培训，或者考试不合格的；

（六）具有本规定第三十条、第三十一条规定情形的。

第二十六条 特种作业操作证复审或者延期复审符合本规定第二十五条第（二）项、第（三）项、第（四）项、第（五）项情形的，按照本规定经重新安全培训考试合格后，再办理复审或者延期复审手续。

再复审、延期复审仍不合格，或者未按期复审的，特种作业操作证失效。

第二十七条 申请人对复审或者延期复审有异议的，可以依法申请行政复议或者提起行政诉讼。

第五章 监督管理

第二十八条 考核发证机关或其委托的单位及其工作人员应当忠于职守、坚持原则、廉洁自律，按照法律、法规、规章的规定进行特种作业人员的考核、发证、复审工作，接受社会的监督。

第二十九条 考核发证机关应当加强对特种作业人员的监督检查，发现其具有本规定第三十条规定情形的，及时撤销特种作业操作证；对依法应当给予行政处罚的安全生产违法行为，按照有关规定依法对生产经营单位及其特种作业人员实施行政处罚。

考核发证机关应当建立特种作业人员管理信息系统，方便用人单位和社会公众查询；对于注销特种作业操作证的特种作业人员，应当及时向社会公告。

第三十条 有下列情形之一的，考核发证机关应当撤销特种作业操作证：

（一）超过特种作业操作证有效期未延期复审的；

（二）特种作业人员的身体条件已不适合继续从事特种作业的；

（三）对发生生产安全事故负有责任的；

（四）特种作业操作证记载虚假信息的；

（五）以欺骗、贿赂等不正当手段取得特种作业操作证的。

特种作业人员违反前款第（四）项、第（五）项规定的，3 年内不得再次申请特种作业操作证。

第三十一条 有下列情形之一的，考核发证机关应当注销特种作业操作证：

（一）特种作业人员死亡的；

（二）特种作业人员提出注销申请的；

（三）特种作业操作证被依法撤销的。

第三十二条 离开特种作业岗位 6 个月以上的特种作业人员，应当重新进行实际操作考试，经确认合格后方可上岗作业。

第三十三条 省、自治区、直辖市人民政府安全生产监督管理部门和负责煤矿特种作业人员考核发证工作的部门或者指定的机构应当每年分别向安全监管总局、煤矿安监局报告特种作业人员的考核发证情况。

第三十四条 生产经营单位应当加强对本单位特种作业人员的管理，建立健全特种作业人员培训、复审档案，做好申报、培训、考核、复审的组织工作和日常的检查工作。

第三十五条 特种作业人员在劳动合同期满后变动工作单位的，原工作单位不得以任何理由扣押其特种作业操作证。

跨省、自治区、直辖市从业的特种作业人员应当接受从业所在地考核发证机关的监督管理。

第三十六条 生产经营单位不得印制、伪造、倒卖特种作业操作证，或者使用非法印制、伪造、倒卖的特种作业操作证。

特种作业人员不得伪造、涂改、转借、转让、冒用特种作业操作证或者使用伪造的特种作业操作证。

第六章 罚 则

第三十七条 考核发证机关或其委托的单位及其工作人员在特种作业人员考核、发证和复审工作中滥用职权、玩忽职守、徇私舞弊的，依法给予行政处分；构成犯罪的，依法追究刑事责任。

第三十八条 生产经营单位未建立健全特种作业人员档案的，给予警告，并处 1 万元以下的罚款。

第三十九条 生产经营单位使用未取得特种作业操作证的特种作业人员上岗作业的，

责令限期改正；逾期未改正的，责令停产停业整顿，可以并处2万元以下的罚款。

煤矿企业使用未取得特种作业操作证的特种作业人员上岗作业的，依照《国务院关于预防煤矿生产安全事故的特别规定》的规定处罚。

第四十条 生产经营单位非法印制、伪造、倒卖特种作业操作证，或者使用非法印制、伪造、倒卖的特种作业操作证的，给予警告，并处1万元以上3万元以下的罚款；构成犯罪的，依法追究刑事责任。

第四十一条 特种作业人员伪造、涂改特种作业操作证或者使用伪造的特种作业操作证的，给予警告，并处1000元以上5000元以下的罚款。

特种作业人员转借、转让、冒用特种作业操作证的，给予警告，并处2000元以上10000元以下的罚款。

第七章 附 则

第四十二条 特种作业人员培训、考试的收费标准，由省、自治区、直辖市人民政府安全生产监督管理部门会同负责煤矿特种作业人员考核发证工作的部门或者指定的机构统一制定，报同级人民政府物价、财政部门批准后执行，证书工本费由考核发证机关列入同级财政预算。

第四十三条 省、自治区、直辖市人民政府安全生产监督管理部门和负责煤矿特种作业人员考核发证工作的部门或者指定的机构可以结合本地区实际，制定实施细则，报安全监管总局、煤矿安监局备案。

第四十四条 本规定自2010年7月1日起施行。1999年7月12日原国家经贸委发布的《特种作业人员安全技术培训考核管理办法》(原国家经贸委令第13号)同时废止。

附录三 井下作业现场三项应急演练

为进一步加强井下作业现场施工安全，提高安全事故应急处置能力，作业人员应熟练掌握井控、有毒有害气体、消防等三项应急演练知识和技能。

一、井控应急演练

1. 启动程序

1)应急信号

统一用作业机气喇叭信号声作为应急报警、指挥的信号。

报警信号：一声长鸣；

关闭防喷器信号：两声短鸣；

解除信号：三声短鸣；

长鸣喇叭声为10s以上，短鸣喇叭声为2s。

2)启动程序

现场作业队进行四级应急演练的时候，按照公司制定的现场四级应急处置预案程序执行；若进行三级及以上演练，则按照相应的应急处置预案执行。

2. 处置程序

1)起、下钻时发生溢流的关井程序

(1)发信号(发)。

人员：司钻。

规范：接到井口出现溢流汇报时，司钻发出报警信号。

(2)停止作业(停)。

人员：全体施工人员。

规范：停止起、下钻作业，各岗位按照岗位职责分工，迅速进入井控操作位置，一岗确认油管旋塞(防喷井口或采油树)处于开启状态，二岗确认套放管线处于开启状态，三岗检查工具，准备关井。

(3)抢装井口控制装置(抢)。

抢装方案由值班干部(技术员)根据现场情况合理选择并负责协调指挥，一般情况下优先选择安装防喷井口，情况危急时选择安装油管旋塞。如井内管柱带有大直径工具或井内管柱数量少且选择了安装油管旋塞时，必须有防上顶措施。

①抢装油管旋塞阀。

人员：司钻、一岗、二岗。

规范：司钻迅速将吊卡下放坐在井口防喷器上法兰上，一岗和二岗取掉吊环，司钻上提游车到一定高度，一岗和二岗抢装油管旋塞阀。司钻下放游车到适当高度，一岗和二岗迅速挂好吊卡，司钻上提游车至关闭防喷器的适当高度，刹住。使用远程液控防喷器时，司钻应发关闭防喷器的信号。

②抢装防喷井口。

人员：司钻、一岗、二岗、三岗。

规范：司钻下放吊卡座在防喷器上法兰平面上，一岗和二岗取掉吊环，三岗放好钢圈，下放游车吊起防喷井口并与井内管柱连接上紧，下放防喷井口座在防喷器上并用螺栓固定。

(4)关井(关)。

人员：司钻、一岗、二岗。

规范：

①关闭防喷器。

液动防喷器——班长听到警报后，迅速跑到防喷器控制台检查防喷器控制台是否处于正常状态，在听到关井信号后关闭防喷器控制台的半封手柄，一岗观察半封闸板到位，司钻下放管柱到位后，一岗和二岗同时进行手动锁紧，锁紧手轮顺时针旋转到位，并回旋1/4～1/2圈,关闭防喷器，再关闭油管旋塞。

手动防喷器——在接到关井信号后，一岗和二岗同时手动关闭防喷器，一岗观察半封闸板到位，司钻下放管柱到位后，一岗和二岗同时进行手动关紧防喷器，再关闭油管旋塞。

②关闭防喷井口。

一岗和二岗关闭防喷井口阀门。

③关闭套放阀门。

一岗和二岗关闭套放阀门。

(5)观察油套压力(看)。

人员：技术员(资料员)、三岗。

规范：技术员(资料员)安装油、套压力表。三岗和资料员观察记录油套压力，并向技术员、班长汇报，由技术员、班长在收集有关资料后，按程序向上级汇报。

2)电缆射孔时发生溢流的关井程序

(1)发信号(发)。

人员：司钻。

规范：接到井口出现溢流汇报时，司钻发出报警信号。

(2)停止作业(停)。

人员：全体施工人员

规范：停止射孔作业及其他作业，各岗位按照井控岗位职责分工，迅速进入井控操作位置，一岗确认防喷井口或采油树处于开启状态，二岗确认套放管线处于开启状态，三岗负责准备剪线钳或液压剪。

(3)抢剪电缆(抢)。

出现井喷时执行此程序。

人员：值班干部(技术员)、司钻、一岗、二岗。

规范：值班干部(技术员) 指挥一岗、二岗剪断电缆。

如果电缆被剪断，则按空井筒工况抢装防喷井口程序执行。

(4)关井(关)。

人员：司钻、一岗、二岗。

规范：

①关闭防喷器。

液动防喷器——班长听到警报后，迅速跑到防喷器控制台检查防喷器控制台是否处于正常状态，在听到关井信号后关闭防喷器控制台的半封手柄，三岗扶正电缆，一岗和二岗同时进行手动锁紧，锁紧手轮顺时针旋转到位后，回旋 1/4 ~ 1/2 圈。

手动防喷器——在接到关井信号后，三岗扶正电缆，一岗和二岗同时手动关闭防喷器。

②关闭套放闸门。

一岗和二岗关闭套放阀门。

(5)观察压力(看)。

人员：技术员(资料员)、三岗。

规范：技术员(资料员)安装压力表。三岗和资料员观察记录井口压力，并向技术员、班长汇报，由技术员、班长在收集有关资料后，按程序向上级汇报。

3)空井时发生溢流的关井程序

(1)发信号(发)。

人员：司钻。

规范：接到井口出现溢流汇报时，司钻发出报警信号。

(2)停止作业(停)。

人员：全体施工人员。

规范：停止一切作业，各岗位按照井控岗位职责分工，迅速进入井控操作位置，一岗确认防喷井口或采油树处于开启状态，二岗确认套放管线处于开启状态。

(3)抢装防喷井口(抢)。

人员：司钻、一岗、二岗、三岗。

规范：司钻下放游车吊起防喷井口，三岗放好钢圈，下放防喷井口坐在防喷器上并用螺栓固定。

(4)关井(关)。

人员：司钻、一岗、二岗。

规范：

①关闭防喷井口。

一岗和二岗关闭防喷井口阀门。

②关闭套放阀门。

一岗和二岗关闭套放阀门。

(5)观察油套压力(看)。

人员：技术员(资料员)、三岗。

规范：技术员(资料员)安装油、套压力表。三岗和资料员观察记录油套压力，并向技术员、班长汇报，由技术员、班长在收集有关资料后，按程序向上级汇报。

4)旋转作业时发生溢流的关井程序

(1)发信号(发)。

人员：司钻。

规范：接到井口出现溢流汇报时，司钻发出报警信号。

(2)停止作业(停)。

人员：全体施工人员。

规范：停止旋转作业，泵注车停泵，各岗位按照岗位职责分工，迅速进入井控操作位置，一岗确认油管旋塞(防喷井口或采油树)处于开启状态，二岗确认套放管线处于开启状态，三岗检查工具，准备关井。

(3)上提钻具、抢装井口控制装置(抢)。

抢装方案由值班干部(技术员)根据现场情况合理选择并负责协调指挥，一般情况下优先选择安装防喷井口，情况危急时选择安装油管旋塞，必须有防上顶措施。

人员：司钻、一岗、二岗。

规范：司钻提出一根油管(钻杆)，将油管(钻杆)接箍提至井口平面0.5m以上，刹死刹车，一岗和二岗扣好吊卡，司钻下放管柱坐在井口吊卡上，一岗和二岗卸下油管(钻杆)，抢装油管旋塞阀。司钻下放吊环提起井口吊卡0.1m左右。使用远程液控防喷器时，司钻应发关闭防喷器的信号。

①抢装防喷井口。

人员：司钻、一岗、二岗、三岗。

规范：司钻将吊卡下放坐在防喷器上法兰平面上，一岗和二岗取掉吊环，三岗放好钢圈，下放游车吊起防喷井口并与井内管柱连接上紧，下放防喷井口坐在防喷器上并用螺栓固定。

②抢装油管旋塞阀。

人员：司钻、一岗、二岗。

规范：司钻迅速将吊卡下放坐在井口防喷器上法兰平面，一岗和二岗取掉吊环，司钻上提游车到一定高度，一岗和二岗抢装油管旋塞阀。司钻下放游车到适当高度，一岗和二岗迅速挂好吊卡，司钻上提游车至关闭防喷器的适当高度，刹住。使用远程液控防喷器时，司钻应发关闭防喷器的信号。

(4)关井(关)。

人员：司钻、一岗、二岗。

规范：

①关闭防喷器。

液动防喷器——班长听到警报后，迅速跑到防喷器控制台检查防喷器控制台是否处于正常状态，在听到关井信号后关闭防喷器控制台的半封手柄，一岗观察半封闸板到位，司钻下放管柱到位后，一岗和二岗同时进行手动锁紧，锁紧手轮顺时针旋转到位后，回旋1/4～1/2圈,防喷器关闭后，再关闭油管旋塞。

手动防喷器——在接到关井信号后，一岗和二岗同时手动关闭防喷器，一岗观察半封闸板到位，司钻下放管柱到位后，一岗和二岗同时进行手动关紧防喷器，再关闭油管旋塞。

②关闭防喷井口。

一岗和二岗关闭防喷井口阀门。

③关闭套放阀门。

一岗和二岗关闭套放阀门。

(5) 观察油套压力(看)。

人员：技术员(资料员)、三岗

规范：技术员(资料员)安装油、套压力表。三岗和资料员观察记录油套压力，并向技术员、班长汇报，由技术员、班长在收集有关资料后，按程序向上级汇报。

5) 起、下大直径工具时发生溢流的关井程序(工具在井口)

(1)发信号(发)。

人员：司钻。

规范：接到井口出现溢流汇报时，司钻发出报警信号。

(2)停止作业(停)。

人员：全体施工人员。

规范：停止起、下钻作业，各岗位按照岗位职责分工，迅速进入井控操作位置，一岗确认防喷井口或采油树(油管旋塞)处于开启状态。二岗确认套放管线处于开启状态，三岗检查工具，准备关井。

(3)抢装井口控制装置(抢)。

抢装方案由值班干部(技术员)根据现场情况合理选择并负责协调指挥抢装防喷单根(井口)。

人员：司钻、一岗、二岗、三岗。

规范：司钻上提或下放钻具，将吊卡坐在井口防喷器上法兰(大直径工具已提出井口时一岗和二岗卸掉大直径工具)，抢装防喷井口或油管旋塞。使用远程液控防喷器时，司钻应发关闭防喷器的信号。

①抢装防喷井口。

人员：司钻、一岗、二岗、三岗。

规范：司钻将吊卡下放座在防喷器上法兰平面上，一岗和二岗取掉吊环，三岗放好钢圈，下放游车吊起防喷井口并与井内管柱连接上紧，下放防喷井口座在防喷器上并用螺栓固定。

②抢装油管旋塞阀。

人员：司钻、一岗、二岗。

规范：司钻迅速将吊卡下放坐在井口防喷器上法兰平面，一岗和二岗取掉吊环，司钻上提游车到一定高度，一岗和二岗抢装油管旋塞阀。司钻下放游车到适当高度，一岗和二岗迅速挂好吊卡，司钻上提游车至关闭防喷器的适当高度，刹住。使用远程液控防喷器时，司钻应发关闭防喷器的信号。

(4)关井(关)。

人员：司钻、一岗、二岗。

规范：

①关闭防喷器。

液动防喷器——班长听到警报后，迅速跑到防喷器控制台检查防喷器控制台是否处于正常状态，在听到关井信号后关闭防喷器控制台的半封手柄，一岗观察半封闸板到位，司钻下放管柱到位后，一岗和二岗同时进行手动锁紧，锁紧手轮顺时针旋转到位后，回旋1/4~1/2圈，防喷器关闭后，再关闭油管旋塞。

手动防喷器——在接到关井信号后，一岗和二岗同时手动关闭防喷器，一岗观察半封闸板到位，司钻下放管柱到位后，一岗和二岗同时进行手动关紧防喷器，再关闭油管旋塞。

②关闭防喷井口。

一岗和二岗关闭防喷井口阀门。

③关闭套放阀门。

一岗和二岗关闭套放阀门。

(5)观察油套压力(看)。

人员：技术员(资料员)、三岗

规范：技术员(资料员)安装油、套压力表。三岗和资料员观察记录油套压力，并向技术员、班长汇报，由技术员、班长在收集有关资料后，按程序向上级汇报。

6)硫化氢等毒害气体超标时的关井程序

在进行起下管(杆)、大直径工具、电缆射孔、旋转和空井作业时，当发生硫化氢等毒害气体超标时，执行以下关井程序：

(1)当检测到空气中硫化氢浓度达到15mg/m³、一氧化碳浓度达到31.25mg/m³时(无论是否出现溢流、井涌)启动并执行井下作业关井程序。

(2)当检测硫化氢浓度达到30mg/m³、一氧化碳浓度达到62.5mg/m³时(无论是否出现溢流、井涌)，启动四级作业队处置预案，现场应：

①撤离现场的非应急人员；

②清点现场人员；

③迅速佩戴好正压式空气呼吸器；

④切断作业现场可能的着火源；

⑤指派专人至少在主要下风口距井口50m，100m和500m处进行硫化氢或一氧化碳监测，需要时监测点可适当加密；

⑥启动并执行井下作业关井程序，控制硫化氢一氧化碳泄漏源；

⑦发现人员中毒时通知救援机构；

⑧向上级(第一责任人及授权人)报告。

(3)若现场硫化氢达到150mg/m³、一氧化碳浓度达到375mg/m³时，先切断电源，设备立即熄火，并组织现场人员全部撤离；撤离路线依据风向而定，硫化氢向高处、一氧化碳向低处均选择上风向撤离，向上级(第一责任人及授权人)报告，并通知救援机构等待支援。

在人员生命受到威胁，失控井无希望得到控制的情况下，作为最后手段应按抢险作业程序，制定点火安全措施，对油水井井口实施点火，油水井点火决策人应由生产经营单位现场代表来担任(特殊情况下由施工单位自行处置)，并做好人员撤离和安全防护。

3. 关闭程序

当确定井喷险情已得到可靠控制，险情区人员生命和财产已经脱离危险，危险已完全消失，视事故调查、处理情况由应急演练指挥签署《应急状态解除令》，下达井喷事故险情应急解除命令，解除应急状态。

应急救援工作结束判定标准为：在事态恢复常规的情况下井内压力达到平衡、循环正常、无油气侵显示、无井漏；井口处于可控状态；井场周围及大气中有毒有害气体经检测合格，可以进行正常作业。

二、有毒有害气体应急演练

1. 启动程序

1)应急信号

统一用作业机气喇叭信号声作为应急报警、指挥的信号。

报警信号：一声长鸣；

关闭防喷器信号：两声短鸣；

解 除信号：三声短鸣；

长鸣喇叭声为10s以上，短鸣喇叭声为2s。

2)启动程序

现场作业队进行四级应急演练的时候，按照公司制定的现场四级应急处置预案程序执行；若进行三级及以上演练，则按照相应的应急处置预案执行。

2. 处置程序

(1)有毒有害气体中毒事故应急状态启动后，应急救援小组立即赶赴现场组织抢险。

(2)在应急救援未到达现场前，施工现场职务最高的人员负责现场自救与控制。

①所有人员立即停止作业，沿逃生路线撤离至上风方向安全区域。

②抢险迅速配戴正压式呼吸器，关闭现场所有电源，并按照井控关井程序进行关井。

③现场一旦发现中毒者，抢险人员应佩戴正压式空气呼吸器后方可抢救伤员。

④急救时先解开衣扣，但要注意保暖。轻度中毒者，在空气清新处休息2~3h后可基本恢复正常。急救时要谨防中毒者衣服内毒气致人中毒。

⑤若患者的呼吸、心跳停止，应及时进行人工呼吸和心脏按压。同时拨打急救电话，请求救援。

⑥指定专人佩戴正压式空气呼吸器，对井口、排污口、下风口、低洼处等重点部位进行监测，并随时向应急办公室报告现场情况。严禁人员进入危险区，并告知附近的居民，必要时应协助危险区域内的居民疏散。

(3)应急救援小组到达事故现场后，进入中毒现场前均应按规定做好个人防护，佩戴好正压式空气呼吸器等保护设施，方可开展工作。

①调动现场所有人员、物资和装备组织开展险情控制；

②组织危险区无关人员的撤离，并设立警戒线；组织医疗救治人员抢救中毒人员，对中毒人员采取分散、隔离、群体防护等措施；

③监测井场毒害气体浓度和井口压力变化，防止救援过程中事态的进一步扩大；

④对中毒原因进行调查、取证、采样分析及检验，根据中毒原因和应急处理情况制定并上报处置方案，批准后组织实施；

⑤及时向应急指挥部汇报现场处置进展情况。

3. 关闭程序

当确定险情已得到控制，险情区人员生命和财产已经脱离危险，危险已完全解除，视事故调查、处理情况由大队事故应急演练指挥签署《应急状态解除令》，解除应急状态。

应急救援工作结束判定标准：在事态恢复常规的情况下中毒人员得到及时抢救或及时被送到医院救治，身体状况完好或病情得到好转；井场、井场周围及大气中有毒有害气体经检测合格，可以进行正常作业。

三、消防应急演练

1. 启动程序

1) 应急信号

统一用作业机气喇叭信号声作为应急报警、指挥的信号。

报警信号：一声长鸣；

关闭防喷器信号：两声短鸣；

解除信号：三声短鸣；

长鸣喇叭声为10s以上，短鸣喇叭声为2s。

2) 启动程序

现场作业队进行四级应急演练的时候，按照公司制定的现场四级应急处置预案程序执行；若进行三级及以上演练，则按照相应的应急处置预案执行。

2. 处置程序

(1) 在上级部门未到达火灾爆炸事故现场前，施工现场职务最高的人员负责现场自救与控制，并根据火势大小确定是否向就近专业消防队伍求救。

(2) 停止一切其他作业，切断井场电源、设备熄火。

(3) 组织人员利用现场的消防器材进行火灾扑救。

(4) 迅速设置隔离带，阻断排污渠，防止火势蔓延扩大。

(5) 如果火势太大，应迅速撤离现场，保护自身安全，并做好现场安全警戒，维护秩序，等待上级部门和专业队伍救援。

(6) 及时对伤员进行抢救，根据现场情况，联系最近的医院或卫生所，做好医疗救护工作。

3. 关闭程序

火灾事故扑救工作完成，对事故现场检查确认后，由应急演练指挥签署《应急状态解除令》，解除应急状态。

参考文献

[1] 裴润有．低渗透油田压力容器类设备操作安全技术．北京：石油工业出版社，2013.

[2] 中国石油天然气股份有限公司．中国石油天然气股份有限公司勘探与生产工程监督现场技术规范井下作业监督分册．北京：石油工业出版社，2009.

[3] 于胜泓，郭志伟，吴奇，等．井下作业安全手册．北京：石油工业出版社，2010.

[4] 崔凯华，苗崇良．井下作业设备．北京：石油工业出版社，2007.

[5] 王林．井下作业井控技术．北京：石油工业出版社，2007.

[6] 刘圣汉．应急管理学．江苏：中国矿业大学出版社，2009.

[7] 崔凯华，秦旭文，罗宪法．井下作业安全培训教材．东营：中国石油大学出版社，2008.

[8] 乔卫平．井下作业现场风险识别与防范．东营：中国石油大学出版社，2007.

[9] 中国石油天然气集团公司安全环保部．井下作业工安全手册．北京：石油工业出版社，2009.

[10] 中国石油天然气总公司技术监督与安全环保局，石油工业安全专业标准化技术委员会．石油工业特种作业人员安全技术培训教材——司钻．北京：石油工业出版社，1996.

[11] 中国石油天然气集团公司 HSE 指导委员会．井下作业 HSE 风险管理．北京：石油工业出版社，2002.

[12] GB 2893—2008　安全色［S］. 2009.

[13] SY 6355—2010　石油天然气生产专用安全标志 . 2010.

[14] SY 5727—2007　井下作业安全规程 . 2007.

[15] SY/T 5791—2008　液压修井机立放井架作业规程 . 2008.

[16] SY/T 5074—2012　钻井和修井动力钳、吊钳 . 2012.